Tabea Kottke

PRISMA CHEMIE 7|8

Niedersachsen

Wolfram Bäurle
Paul Gietz
Wolfgang Heitland
Barbara Hoppe
Rainer Knetsch
Otfried Müller
Reinhard Peppmeier
Petra Schleusener
Michael Wächter
Burkhard Weizel
Charlotte Willmer-Klumpp
Ulrike Wolf

Ernst Klett Schulbuchverlage
Stuttgart · Leipzig

Autoren: Wolfram Bäurle, Paul Gietz, Wolfgang Heitland, Barbara Hoppe, Rainer Knetsch, Otfried Müller, Reinhard Peppmeier, Petra Schleusener, Michael Wächter, Burkhard Weizel, Charlotte Willmer-Klumpp, Ulrike Wolf

1. Auflage 1 5 4 3 2 1 | 2010 09 08 07 06

Alle Drucke dieser Auflage sind unverändert und können im Unterricht nebeneinander verwendet werden. Die letzten Zahlen bezeichnen jeweils die Auflage und das Jahr des Druckes.

Internetadresse: www.klett.de

Redaktion: Godela Andexser

Layoutkonzeption und Gestaltung: Matthias Balonier, Infografik, Lützelbach
Unter Mitarbeit von: Karin Mall, Berlin
Mediengestaltung: Christine Guntrum

Illustrationen: Matthias Balonier, Lützelbach; Udo Buffler, Marburg; Jeanne Kloepfer, Lindenfels; Angelika Kramer, Stuttgart; Karin Mall, Berlin; Tom Menzel, Rohlsdorf; Otto Nehren, Achern
Umschlaggestaltung: KOMA AMOK®, Kunstbüro für Gestaltung, Stuttgart
Gestaltung Periodensystem: normaldesign, Schwäbisch Gmünd

Reproduktion: Meyle + Müller, Medien-Management, Pforzheim
Druck: J. P. Himmer, Augsburg

Printed in Germany
ISBN-13: 978-3-12-068525-8
ISBN-10: 3-12-068525-9

9 783120 685258

60 Die chemische Reaktion

80 Reaktionen mit Sauerstoff

106 Die chemische Zeichensprache

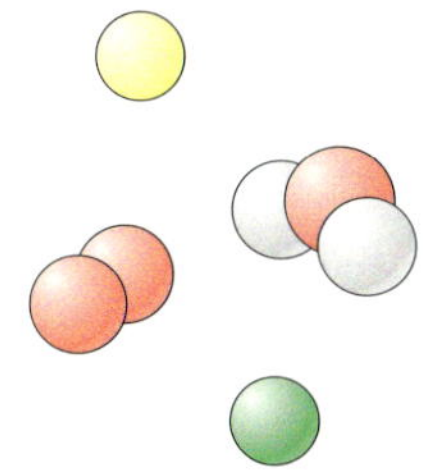

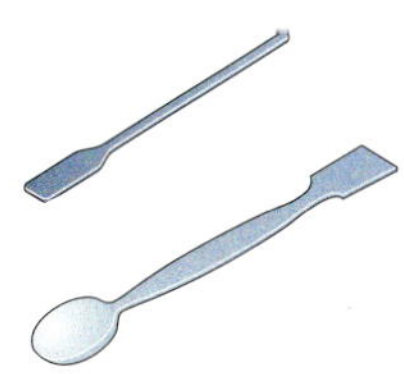

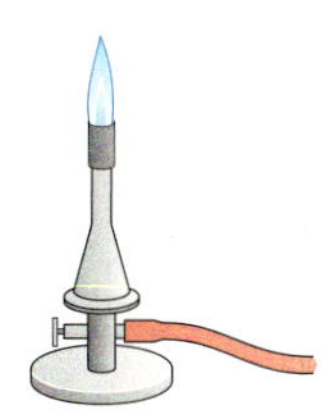

Chemie – es geht nicht ohne

Hände waschen, Zähne putzen, CD hören, Gummibärchen essen, Cola trinken, Blue Jeans und bunte T-Shirts anziehen… alles ganz selbstverständliche Vorgänge. Jeder tut sie tagtäglich und denkt nicht viel darüber nach, woher diese Sachen eigentlich kommen. Verantwortlich sind Entdeckungen in der Chemie. Wie sähe denn der Alltag aus, wenn es keine Chemie gäbe? Es gäbe keine Zahnpasta oder Zahnbürste, keine Gummibärchen, keine Blue Jeans, keine bunten T-Shirts, keine …
Die Chemie trägt ganz wesentlich dazu bei, dass es uns so gut geht.

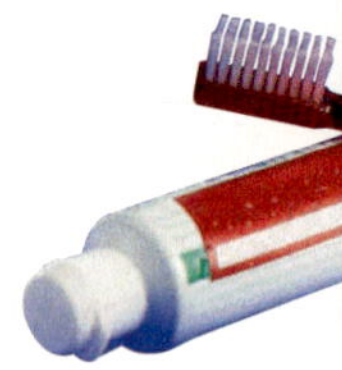

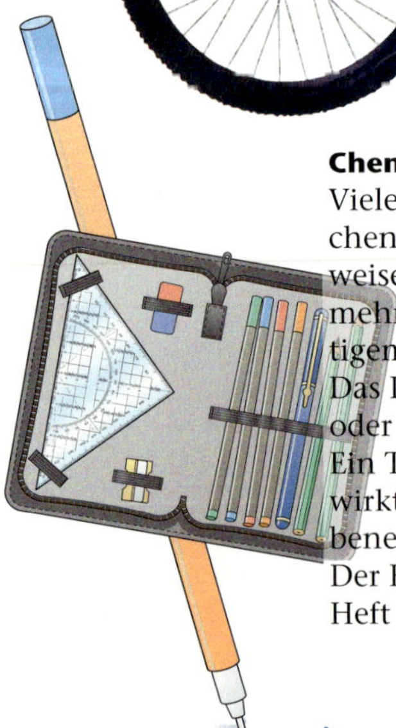

Chemie im Federmäppchen

Viele Gegenstände aus dem Federmäppchen sind Produkte der Chemie. Beispielsweise besteht die Bleistiftmine heute nicht mehr aus giftigem Blei, sondern aus ungiftigem Graphit.
Das Lineal kann aus dem Naturstoff Holz oder einem Kunststoff bestehen.
Ein Tintenkiller lässt uns staunen. Er bewirkt, dass ein vorher mit Tinte geschriebenes Wort einfach wieder verschwindet.
Der Klebstoff aus der Tube klebt Zettel ins Heft oder hilft beim Basteln.

inte lässt sich killen!

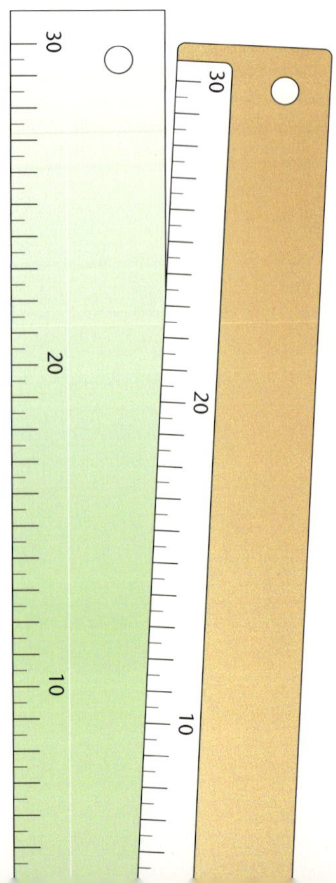

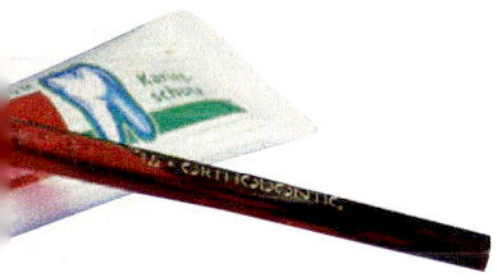

Chemie – um uns und in uns

Chemie steckt in vielen Dingen. Skateboards und Inlineskates haben Kunststoffrollen, die lautlos gleiten. Diese wurden von Chemikern mitentwickelt.
Der Computer besteht aus Kunststoffteilen, Mikrochips und vielen anderen Teilen, die eine Verbindung zur Chemie haben.
Auch wenn es um das Essen geht, spielt die Chemie eine wichtige Rolle. Beispielsweise hat man herausgefunden, dass das Vitamin A der Karotten nur dann dem Körper nützt, wenn es zusammen mit Fett gegessen wird.

In unserer Umgebung ist so viel Chemie verborgen, die es zu erforschen gibt.

Chemie – ein interessantes Unterrichtsfach

Die Chemie bestimmt unseren Alltag noch viel mehr, als man ahnt. Denn Chemie ist um uns, an uns, mit uns und sogar in uns. Chemie ist wie Biologie und Physik eine Naturwissenschaft und ein Unterrichtsfach.
Es gibt viel Interessantes zu entdecken!

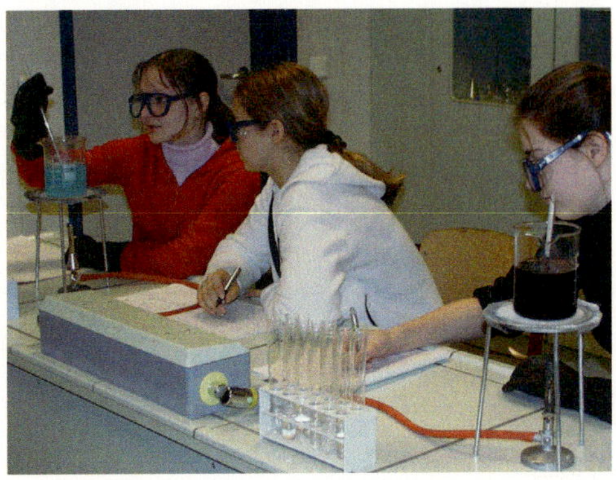

Das war – das ist Chemie

Chemie gibt es schon lange
Die Geschichte der Chemie begann schon vor 4000 bis 5000 Jahren in Ägypten. Obwohl man damals noch nicht von Chemie sprach, beschäftigten sich die Ägypter bereits mit Vorgängen, die aus heutiger Sicht zur Chemie gehören. Sie stellten Parfüme, Öle und Kosmetika her und ihre Toten wurden einbalsamiert. Gefäße aus Ton stammten ebenfalls aus dieser Zeit sowie Schmuck und andere Gegenstände aus Metallen, die aus Erzen gewonnen wurden.

Der Begriff „Chemie"
Der Begriff „Chemie" wurde vermutlich von den Ägyptern geprägt. Wahrscheinlich leitet er sich von „chemia" ab, was „schwarze Erde" bedeutet. Diese schwarze Erde bedeckte nach den regelmäßigen Überschwemmungen des Nils das Land und machte den Boden fruchtbar. Außerdem bedeutete „chemia" auch das „geheimnisvolle Schwarze" im Auge des Menschen, denn Chemie wurde lange Zeit als eine Art Zauberei angesehen.
Die Chemie als Wissenschaft entwickelte sich erst in den letzten 200 Jahren.

Die Alchemisten

Im Mittelalter gab es keine Chemiker im heutigen Sinne. Sie hatten viele Namen: Man nannte sie z. B. Quacksalber, Kräuterfrauen, Bader, Zauberer und Alchemisten. Überliefert ist, dass die Alchemisten versuchten, Gold künstlich herzustellen und nach dem Elixier, das zur ewigen Jugend verhelfen sollte, suchten – was ihnen nie gelang.
Sie beschäftigten sich aber auch mit heute noch bedeutsamen Verfahren. Damals wurde beispielsweise bereits Bier gebraut, Eisen verhüttet, Schießpulver hergestellt oder Alkohol gewonnen. Es wurden auch viele Geräte entwickelt, die noch heute in modernen Labors zu finden sind.

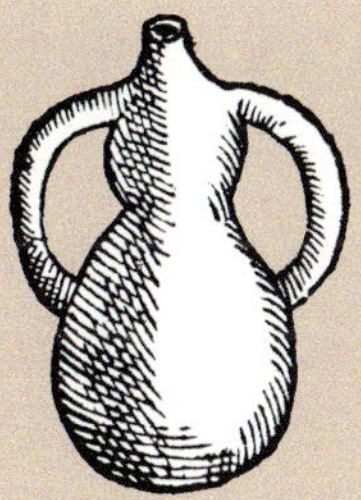

Ein Farbstoff erobert die Welt

Die Geschichte des blauen Farbstoffs begann bereits vor 5 000 Jahren. Beim Zerreiben der Pflanze Indigofera tinctoria entstand ein blauer Farbstoff, der Indigo genannt wurde. Der Farbstoff konnte damals nur mühsam hergestellt werden. Das teure Blau war daher früher nur den Gewändern von Königen vorbehalten.

Im 19. Jahrhundert begannen Chemiker dann gezielt Indigo zu untersuchen. Sie fanden bereits 1897 ein Rezept, mit dem man Indigo im Labor herstellen konnte. Mit der Massenherstellung von Indigo durch die Firma BASF wurde der Stoff in gewünschter Menge verfügbar. Aus dem ehemals „königlichen" Farbstoff wurde der Farbstoff der Arbeitskleidung.

Mittlerweile hat der blaue Farbstoff die Welt erobert: blau, verwaschen, stonewashed, baggy, worker, flair. Die Blue Jeans hat heute in fast jedem Kleiderschrank ihren Platz.

Sicheres Experimentieren

Ein Chemieraum unterscheidet sich in vielen Bereichen von einem Klassenraum. Wenn du dich im Chemieraum einmal umschaust, werden dir sofort Anschlüsse für Gas, Wasser und Strom auffallen.

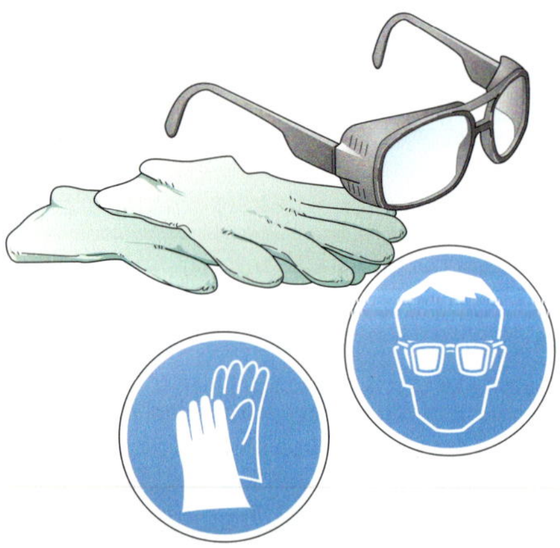

In den Schränken stehen Laborgeräte und Chemikalien für zahlreiche Experimente bereit. Mit einigen Geräten hast du vielleicht schon gearbeitet?

Experimente können viel Spaß machen. Damit jedoch keine Unfälle passieren, sollten stets Sicherheitsvorschriften wie z. B. das Tragen von Schutzbrillen beachtet werden.

Fallen dir im Fachraum Einrichtungen auf, die der Sicherheit dienen? Auch auf vielen Chemikalienflaschen findest du auffällige Symbole. Beschreibe diese Symbole.

99

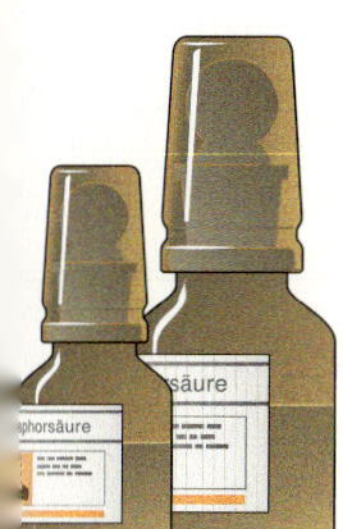

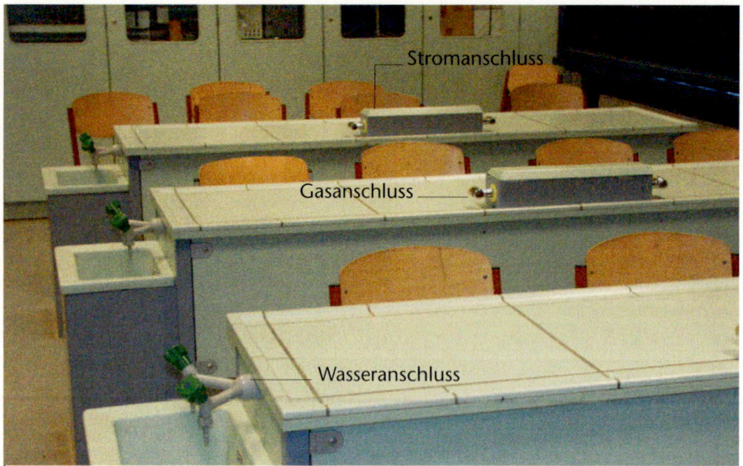

1 Der Fachraum Chemie – ein Raum mit besonderen Einrichtungen

2 Labor-Schutzkleidung

3 Labor-Schutzbrille

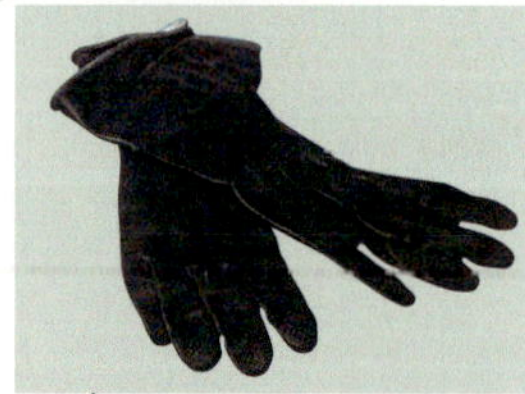
4 Labor-Schutzhandschuhe

Verhalten im Fachraum Chemie
Die besondere Ausstattung des Chemieraums sorgt dafür, dass Experimente gelingen und sicher durchgeführt werden können. Deshalb weist der Chemieraum gegenüber dem Klassenzimmer besondere Einrichtungen auf.

5 Wichtige Sicherheitseinrichtungen im Fachraum Chemie

Die Tischoberflächen bestehen häufig aus Keramikfliesen oder einem widerstandsfähigen Kunststoff. Neben oder auf den Tischen gibt es Anschlüsse für Wasser, Strom und Gas (▷ B 1). Diese Anschlüsse dürfen erst dann in Betrieb genommen werden, wenn mit dem Experimentieren begonnen wird.

Gefährliche Experimente, bei denen z. B. Explosions- oder besondere Spritzgefahr besteht, werden auf dem Lehrerdemonstrationstisch hinter einer **Schutzscheibe** vorgeführt.

Zahlreiche Einrichtungen, wie z. B. der NOT-AUS-Schalter, die Augendusche oder der Feuerlöscher (▷ B 5), dienen der Sicherheit beim Experimentieren.

Persönliche Schutzausrüstung
Damit beim Experimentieren keine Spritzer ins Auge gelangen können, werden bei der Durchführung von Versuchen Schutzbrillen aufgesetzt. **Labor-Schutzbrillen** verfügen über Seitenklappen (▷ B 3), die verhindern, dass seitlich Spritzer ins Auge gelangen. Eine normale Brille ersetzt deshalb keine Labor-Schutzbrille.

Bei vielen Versuchen müssen auch **Schutzhandschuhe** getragen werden. Labor-Schutzhandschuhe sind aus besonderen Materialien hergestellt (▷ B 4), die auch von ätzenden Stoffen nicht durchdrungen werden können.
Um die Kleidung nicht zu verschmutzen, ist es bei einigen Versuchen ratsam, einen Kittel oder eine andere **Schutzkleidung** (▷ B 2) zu tragen.

Feuerlöschen, Feuerlöscher

Kohlenstoffdioxidlöscher
Bei Bränden von Flüssigkeiten und Gasen werden Kohlenstoffdioxidlöscher eingesetzt. Der Löscher enthält unter Druck verflüssigtes **Kohlenstoffdioxid** (▷ B 2; B 3). Kohlenstoffdioxid bildet eine Schicht über der Brandstelle, welche die Flammen erstickt und die weitere Luftzufuhr verhindert. Beim Austritt des Gases entsteht festes Kohlenstoffdioxid (Trockeneis; $\vartheta = -78\,°C$).

Da sich das Gas beim Löschen restlos verflüchtigt, ist es das bevorzugte Löschmittel in der Nähe von Lebensmitteln oder bei teuren technischen Geräten.

Wasserlöscher
Sie sind nur für die Bekämpfung von Feststoffbränden der Brandklasse A geeignet. Damit das Wasser als Sprühstrahl mit vollem Druck herausspritzt, enthält der Löscher eine kleine Treibgasflasche mit Pressluft oder Stickstoff. Wasser wirkt auf Brände stark abkühlend.

Pulverlöscher
Je nach Art des Löschpulvers können Pulverlöscher für alle Brandarten eingesetzt werden. Innen im Löscher ist eine Treibgasflasche, gefüllt mit Stickstoff oder Kohlenstoffdioxid. Betätigt man den Auslösehebel, wird das Treibgas frei und presst das Löschpulver über ein Steigrohr in die Löschpistole. Die Pulverwolke unterbricht die Verbrennung schlagartig. Da das Löschpulver nicht abkühlend wirkt, kann das Feuer nach kurzer Zeit wieder aufflammen. Deshalb sollte man möglichst mit kurzen Pulverstößen löschen.
Von Nachteil ist, dass das Löschpulver starke Verschmutzungen an der Brandstelle verursacht und Personen kurzzeitig die Sicht nimmt.

1 Vorführung Löschdecke, weitere Sicherheitseinrichtungen

Schaumlöscher
Sie sind bei Bränden von flüssigen und manchen festen Stoffen im Einsatz. Heute wird das Löschwasser meist mit einem neuartigen Schaummittel gemischt. Man nennt es Light-Water („leichtes Wasser"), weil der entstehende Schaum auf der brennenden Flüssigkeit schwimmt und eine gasdichte Schicht darüber bildet. Der Schaumteppich verhindert für etwa 20 Minuten ein Wiederaufflammen des Brandes.

Löschdecke
Löschdecken dienen zum Einhüllen brennender Personen. Genormte Löschdecken haben zum Schutz der Hände an zwei Seiten Grifftaschen (▷ B 1). Man hält die Decke zum eigenen Schutz hoch vor den Körper, geht auf die brennende Person zu, legt ihr die Decke um den Hals und wickelt sie darin ein. Dann legt man die Person vorsichtig auf den Boden und versucht, Flammen und Glutstelle sorgfältig auszudrücken.

2 Kohlenstoffdioxidlöscher

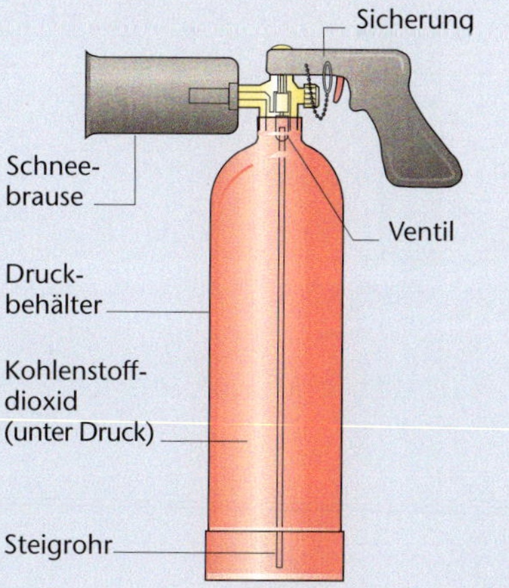

3 Aufbau eines Kohlenstoffdioxidlöschers

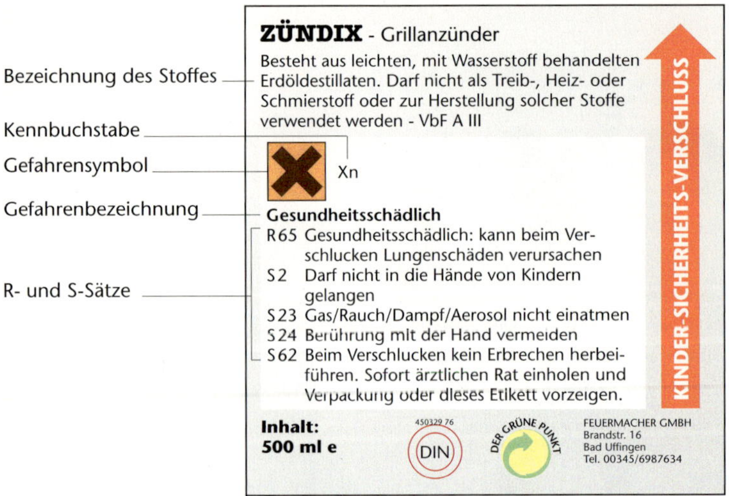

1 Etikett mit Gefahrenhinweisen

Gefährdungen durch Chemikalien
Zahlreiche Vorratsgefäße fallen durch ein Symbol auf orangefarbenem Hintergrund auf. Auch im Haushalt finden wir zum Beispiel Brennspiritus, Entkalker oder Grillanzünder (▷B1), die mit einem solchen Symbol gekennzeichnet sind. Diese Symbole werden Gefahrensymbole genannt. Stoffe, die mit einem solchen Symbol gekennzeichnet sind, nennt man Gefahrstoffe.

▶ Gefahrstoffe sind durch Gefahrensymbole gekennzeichnet.

Gesundheitsgefährdende Stoffe können durch Einatmen, Verschlucken oder sogar durch die Haut in den Körper gelangen (▷B2).

2 Aufnahmewege von Gefahrstoffen

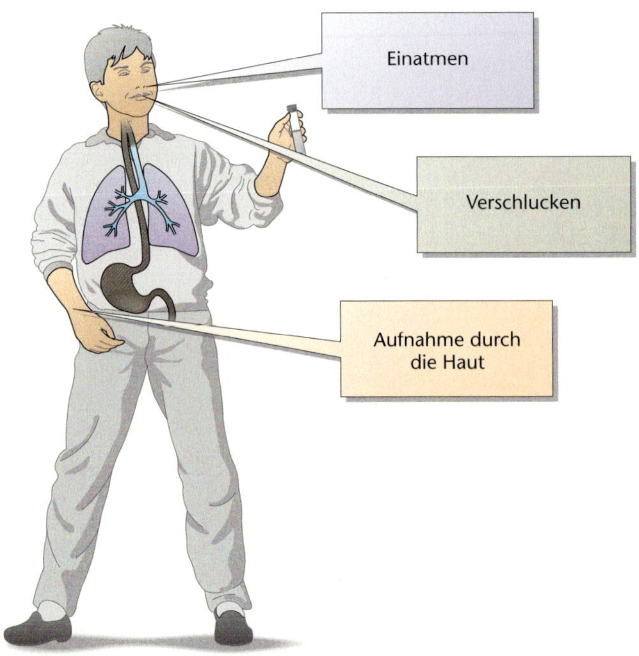

Kennzeichnung von Gefahrstoffen
Für Gefahrstoffe werden Etiketten verwendet, die wichtige Hinweise zum sicheren Umgang mit diesen Stoffen (▷B1) enthalten:
- **Bezeichnung (Name) des Stoffes**
- **Gefahrensymbol**
- **Kennbuchstabe**
- **Gefahrenbezeichnung**
- **Hinweise auf besondere Gefahren (R-Sätze)**
- **Sicherheitsratschläge (S-Sätze)**

Zielgerichtet können dann entsprechende Sicherheitsmaßnahmen wie die Verwendung von Schutzhandschuhen, Schutzbrillen oder das Bereitstellen von Feuerlöschmitteln getroffen werden.

Gefahrensymbol – ein erster Hinweis auf mögliche Gefahren
Das Gefahrensymbol (▷B3) ermöglicht eine schnelle Information über die Hauptgefahr eines Stoffes. Anhand dieses Symbols lässt sich sofort erkennen, ob ein Stoff z.B. giftig, ätzend oder feuergefährlich ist. Einige Gefahrensymbole können jedoch auch mehrere Bedeutungen haben. So steht z.B. das Totenkopfsymbol sowohl für giftige als auch für sehr giftige Stoffe. Deshalb wird dem Symbol noch ein Kennbuchstabe hinzugefügt, z.B. der Buchstabe T für „Giftig“ und der Buchstabe T+ für „Sehr giftig“ (▷B3).

R- und S-Sätze
Neben dem Gefahrensymbol weisen **R-Sätze** (engl.: risk, Gefahr) auf die besonderen Gefahren beim Umgang mit dem Stoff hin. Ein R-Satz kann als Zahl oder als Text angegeben werden, z.B. R23 oder „Giftig beim Einatmen“.
Sicherheitsratschläge werden durch **S-Sätze** (engl.: security, Sicherheit) angegeben. Auch diese können als Zahl oder als Text aufgedruckt sein (siehe Anhang).

Aufgaben

1 Suche im Anhang alle R-Sätze heraus, die sich auf die Giftwirkung eines Stoffes beziehen.

2 Welcher S-Satz weist auf das Tragen einer Schutzbrille hin?

3 Es gibt Gefahrensymbole, die mehrere Bedeutungen haben. Welche Symbole gehören dazu?

Symbol	Kennbuchstabe	Gefahrenbezeichnung	Gefährlichkeitsmerkmale	Symbol	Kennbuchstabe	Gefahrenbezeichnung	Gefährlichkeitsmerkmale
	T+	Sehr giftig	Sehr giftige Stoffe können schon in sehr geringen Mengen zu schweren Gesundheitsschäden führen.		E	Explosionsgefährlich	Dieser Stoff kann unter bestimmten Bedingungen explodieren.
	T	Giftig	Giftige Stoffe können in geringen Mengen zu schweren Gesundheitsschäden führen.		O	Brand fördernd	Brand fördernde Stoffe können brennbare Stoffe entzünden, Brände fördern und Löscharbeiten erschweren.
	Xn	Gesundheitsschädlich	Gesundheitsschädliche Stoffe führen in größeren Mengen zu Gesundheitsschäden.		F+	Hochentzündlich	Hochentzündliche Stoffe können schon bei Temperaturen unter 0 °C entzündet werden.
	Xi	Reizend	Dieser Stoff hat Reizwirkung auf Haut und Schleimhäute, er kann Entzündungen auslösen.		F	Leicht entzündlich	Leicht entzündliche Stoffe können schon bei niedrigen Temperaturen entzündet werden. Mit der Luft können sie explosionsfähige Gemische bilden.
	C	Ätzend	Dieser Stoff kann lebendes Gewebe zerstören.		N	Umweltgefährlich	Wasser, Boden, Luft, Klima, Pflanzen oder Mikroorganismen können durch diesen Stoff so verändert werden, dass Gefahren für die Umwelt entstehen.

3 Gefahrensymbole und ihre Bedeutung (vereinfacht)

Umgang mit Chemikalien

Mit Chemikalien muss man sehr sorgfältig umgehen, damit man sich und andere nicht gefährdet und gute Experimentierergebnisse erhält. Chemikalien werden niemals mit den Fingern angefasst, sondern mit einem Spatel oder Spatellöffel entnommen. Chemikalien sollten nur sehr sparsam entnommen werden. Einmal entnommene Chemikalien können verunreinigt sein. Sie werden deshalb nicht in das Originalgefäß zurückgegeben, sondern verbraucht oder entsorgt. Restchemikalien werden in einem entsprechenden Gefäß entsorgt (▷B 4).

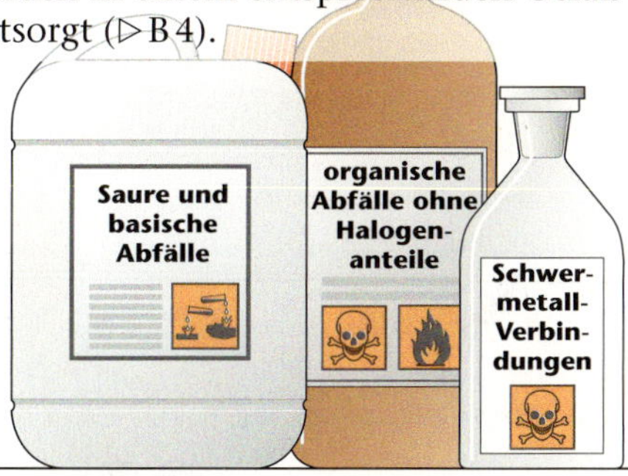

4 Entsorgungsgefäße

Der MAK-Wert

Beim Umgang mit besonders gefährlichen Stoffen sind besondere Schutz- und Vorsichtsmaßnahmen erforderlich. So können schon geringe Mengen Chlor in der Luft zu Gesundheitsschäden führen. Deshalb wurden genaue Werte für die am Arbeitsplatz vertretbaren Konzentrationen festgelegt. Für Chlor sind dies z. B. 1,5 mg Chlor pro Kubikmeter Luft. Dieser Wert wird als **m**aximale **A**rbeitsplatz**k**onzentration oder MAK-Wert (▷B 5) bezeichnet. Das bedeutet: Ein gesunder Arbeiter darf an seinem Arbeitsplatz während eines Achtstundentages keiner höheren Konzentration von Chlor ausgesetzt sein.

	MAK-Wert	
Halogen	**mg/m³**	**ml/m³**
Fluor	0,2	0,1
Chlor	1,5	0,5
Brom	0,7	0,1
Iod	1	0,1

5 Einige MAK-Werte

Brennpunkt

Gefährlichen Stoffen auf der Spur

Gefahrstoffen kannst du überall begegnen. Viele Stoffe des täglichen Lebens gehören dazu. Häufig macht gerade die Gefährlichkeit die besondere Verwendung dieser Stoffe erst möglich. Was würdest du über Brennspiritus denken, wenn dieser nicht brennen würde?

Gefahrstoffe im Alltag
Gehe einmal zu Hause auf die Suche nach gefährlichen Stoffen. Besonders geeignet dafür ist der Hobbykeller.

- Findest du Stoffe mit einem Gefahrensymbol? Notiere diese Stoffe und die dazugehörigen Gefahrensymbole.
- Fallen dir Maßnahmen ein, mit denen die Umweltgefährdung durch Haushaltschemikalien verringert werden könnte?
- Erkundige dich nach umweltverträglichen Putz und- Reinigungsmethoden.
- Notiere die Sicherheitsratschläge von den Packungen.
- Beurteile den Einsatz dieser Stoffe unter den Gesichtspunkten von Sicherheit und Umweltverträglichkeit.

Stoffe auf ihre Umweltverträglichkeit testen
Zahlreiche Stoffe im Haushalt, wie z. B. einige Putz- und Reinigungsmittel, können die Umwelt schädigen. Manchmal tragen sie ein Symbol, das auf diese Gefahr hindeutet. Aber nicht immer ist die Umweltgefährlichkeit „auf den ersten Blick" zu erkennen.

- Plane einen einfachen Versuch, der einen Hinweis auf die Umweltgefährdung eines Stoffes gibt.

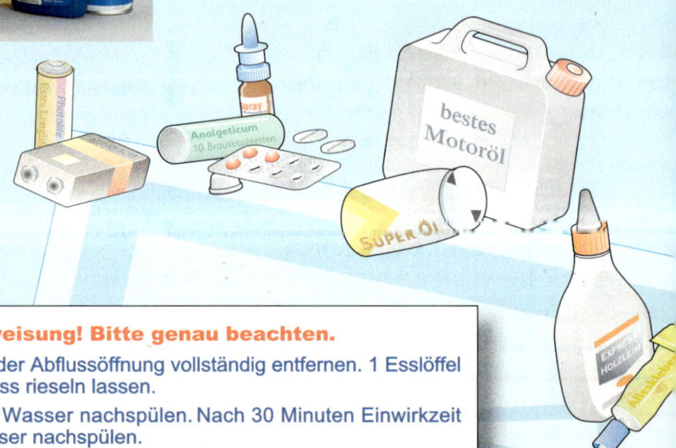

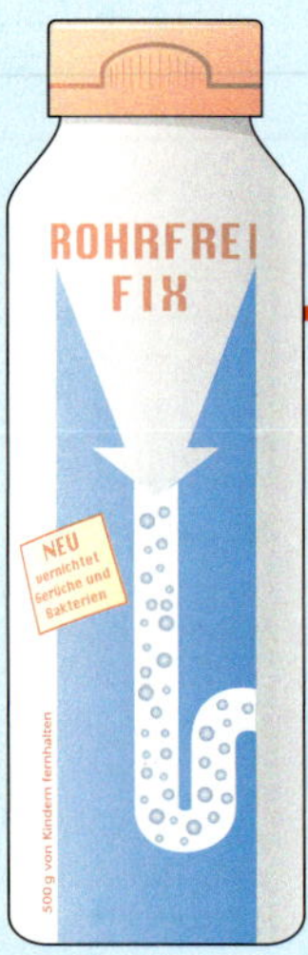

Der Rohrreiniger – eine ätzende Angelegenheit
Betrachtest du das Etikett eines Rohrreinigers, dann fallen dir sofort einige Warnhinweise auf.

Gebrauchsanweisung! Bitte genau beachten.

Wasser oberhalb der Abflussöffnung vollständig entfernen. 1 Esslöffel direkt in den Abfluss rieseln lassen.

Mit 200 ml kaltem Wasser nachspülen. Nach 30 Minuten Einwirkzeit gründlich mit Wasser nachspülen.

Die Dosierungsvorschrift ist unbedingt zu beachten. Nach Gebrauch Verschlusskappe wieder fest aufschrauben.

Ätzend!

Verursacht schwere Verätzungen.

Darf nicht in die Hände von Kindern gelangen.

Bei Kontakt mit den Augen sofort gründlich mit Wasser ausspülen und Arzt benachrichtigen.

Beschmutzte Kleidung sofort ausziehen.

Geeignete Schutzhandschuhe tragen.

Enthält Natriumhydroxid.

- Warum muss beim Einsatz von Rohrreinigern sehr vorsichtig vorgegangen werden?
- Plane Versuche, mit denen man die Wirkung von Rohrreinigern auf unterschiedliche Stoffe überprüfen kann. Warum ist bei diesen Versuchen das Tragen von Schutzhandschuhen unbedingt notwendig?
- Ist es wichtig, dass nach Gebrauch des Rohrreinigers die Verschlusskappe fest aufgeschraubt wird?
- Wenn Rohrreiniger ins Auge gelangt: Was ist zu tun?

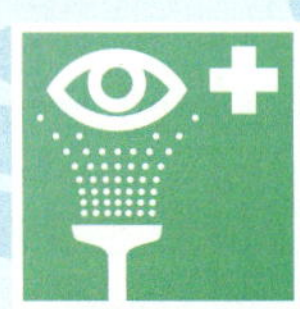

Stoffe, die feuergefährlich sind

Im Haushalt lassen sich auch Stoffe aufspüren, die feuergefährlich sind.

- Gibt es bei dir zu Hause feuergefährliche Stoffe?
- Was ist besonders zu beachten, wenn du Experimente mit solchen Stoffen durchführst?
- Erkundige dich bei der örtlichen Feuerwehr oder im Internet nach besonders feuergefährlichen Stoffen.

Gefährliche Stoffe richtig entsorgen

Können gefährliche Stoffe nicht mehr verwendet werden, müssen sie als Abfall entsorgt werden. Häufig werden sie aus Unkenntnis in den Ausguss oder in den Abfalleimer geschüttet. Auf diese Weise kann jedoch die Umwelt erheblich belastet werden.

- Es gibt im Haushalt viele Problemabfälle, die sachgerecht entsorgt werden müssen. Zähle sie auf!

- Gib etwas Rohrreiniger in eine Petrischale. Versuche mithilfe eines Zahnstochers das Gemisch zu trennen. Zähle und beschreibe die Bestandteile.
- Welchen „Wirkstoff" des Rohrreinigers vermutest du aufgrund des Etikettes?

- Suche nach sachgerechten „Entsorgungswegen" für Problemabfälle.
- Verfolge den „Weg" von Problemstoffen, wenn sie in den Ausguss geschüttet werden. Was ist auf dieser „Reise" der Abfallstoffe zu befürchten?

Brennpunkt

Von Teelichtern und anderen Wärmequellen

1 Teelicht

2 Warmhalteplatte

3 Tauchsieder

4 Heizplatte

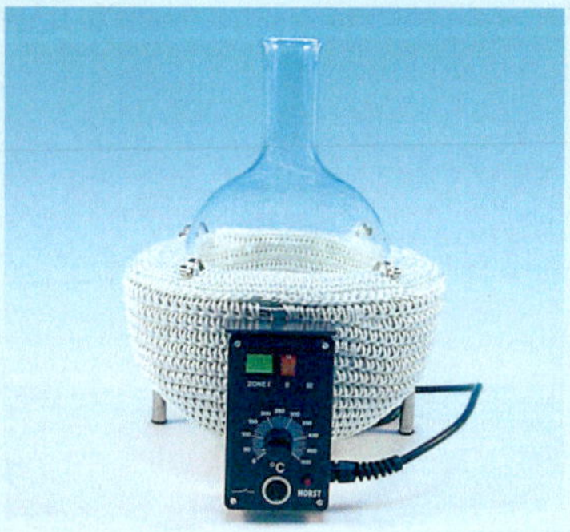

5 Heizhaube

6 Thermoblock

7 und 8 Spiritusbrenner aus Glas und Edelstahl

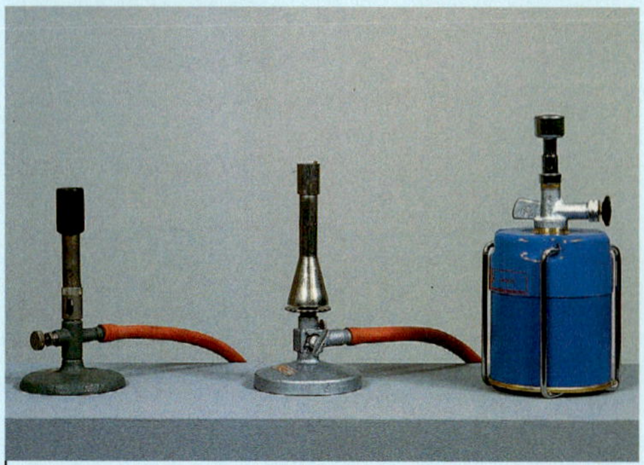

9 Bunsenbrenner, Teclubrenner, Kartuschenbrenner

10 Lötlampe

Erwärmen mit Wachs oder elektrisch
Ein brennendes Teelicht hält den Tee in der Kanne warm (▷ B 1). Auf einer elektrischen Warmhalteplatte bleiben Speisen länger heiß (▷ B 2). Tauchsieder bringen Wasser rasch zum Kochen (▷ B 3).

Im Labor werden elektrische Heizgeräte zum gefahrlosen Erhitzen von brennbaren Stoffen verwendet. Auf Heizplatten werden Flüssigkeiten im Becherglas erwärmt (▷ B 4). Mit passenden Heizhauben lassen sich Stoffe im Rundkolben gefahrlos erhitzen (▷ B 5).

Im elektrisch beheizten Thermoblock können leicht entzündliche Flüssigkeiten im Reagenzglas, in der Porzellanschale oder im Rundkolben sicher erhitzt werden (▷ B 6). Von Nachteil ist, dass elektrische Heizgeräte meistens einige Zeit benötigen, bis sie genügend Wärme liefern.

Erhitzen mit Brennspiritus
Spiritus verbrennt rußfrei mit heißer Flamme. Die Hitze reicht aus, um im Wok Gemüse zu garen oder im Fonduetopf Fleisch zu braten.

Zum Erhitzen im Labor gibt es einfache Spiritusbrenner aus Glas oder Spiritusbrenner aus Edelstahl (▷ B 7; B 8) mit verstellbarem Docht. Der Spiritusdampf verbrennt dabei gefahrlos am Docht.

Erhitzen mit Gas – heiß und schnell
Zum Experimentieren im Labor wird meistens ein Gasbrenner verwendet. Er liefert in kurzer Zeit hohe Temperaturen.

In Räumen mit Gasanschluss arbeitet man mit einem Bunsenbrenner oder einem Teclubrenner (▷ B 9). Die beiden Brennertypen gibt es in unterschiedlichen Ausführungen, für den Betrieb mit Erdgas oder mit Propangas. In Räumen ohne Gasanschluss werden Kartuschenbrenner eingesetzt (▷ B 9). Die Kartuschen enthalten Propan- oder Butangas, auch bekannt als Campinggas oder Feuerzeuggas. Das Gas in den Kartuschen ist unter Druck verflüssigt und strömt aus dem Brenner beim Öffnen des Ventils gasförmig aus. Auch Lötlampen werden mit Kartuschengas betrieben (▷ B 10). Mit einem Lötaufsatz auf dem Brenner können sehr hohe Temperaturen bis zu 1 700 °C erreicht werden.

Sicher erhitzen mit verschiedenen Gasbrennern

1 Mit dem Teclubrenner erhitzen

Material

Schutzbrille, Teclubrenner, Reagenzglas, Reagenzglashalter, feuerfeste Unterlage, Siedesteinchen, Wasser

Versuchsanleitung

a) Stelle den Teclubrenner sicher in die Tischmitte auf eine feuerfeste Unterlage. Entzünde den Gasbrenner in der vorgeschriebenen Reihenfolge.

b) Fülle ein Reagenzglas zu einem Viertel mit Wasser und gib einige Siedesteinchen dazu. Bewege das Reagenzglas über der Brennerflamme auf und ab. Achte darauf, dass die Öffnung des Reagenzglases nicht auf Personen gerichtet ist.

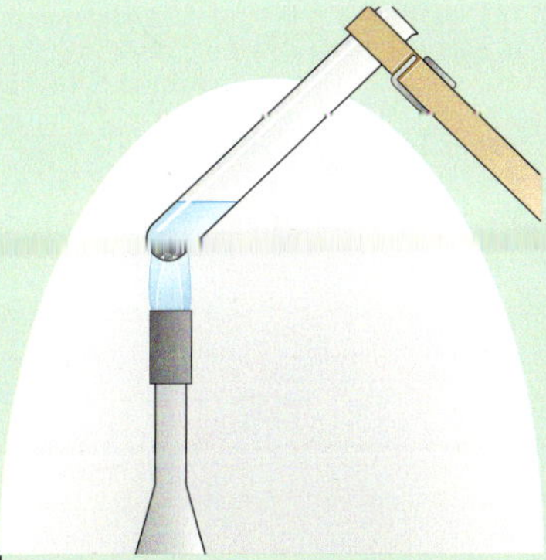

1 Erhitzen von Wasser mit dem Teclubrenner

Aufgaben

1. Welche Tätigkeiten müssen beim Entzünden des Gasbrenners durchgeführt werden? Notiere sie in der richtigen Reihenfolge.

2. Welche Sicherheitsmaßnahmen sind zu treffen, wenn Flüssigkeiten im Reagenzglas erhitzt werden?

3. Beim Umgang mit dem Gasbrenner ist Vorsicht geboten. Welche Gefahr zeigt Abbildung 2?

2 Gefahr beim Umgang mit dem Gasbrenner

2 Mit dem Kartuschenbrenner erhitzen

Material

Schutzbrille, Kartuschenbrenner, 2 Reagenzgläser, Reagenzglashalter, feuerfeste Unterlage, Siedesteinchen, Wasser, Zinkoxid

Versuchsanleitung

a) Stelle den Kartuschenbrenner senkrecht und kippsicher auf eine feuerfeste Unterlage. Ein Kartuschenbrenner darf nie umfallen, während er in Betrieb ist (▷ B 3)! Das Butangas strömt sofort unkontrolliert aus und bildet auf dem Tisch eine Schicht, die auf größerer Fläche weiterbrennen kann.

b) Öffne die Gaszufuhr und entzünde das ausströmende Gas sofort. Reguliere die Luftzufuhr am Brennerrohr, sodass eine nicht leuchtende Flamme entsteht.

c) Wiederhole Versuch 1 b mit dem Kartuschenbrenner.

d) Erhitze im Reagenzglas eine kleine Portion Zinkoxid (▷ B 4). Lass es danach abkühlen.

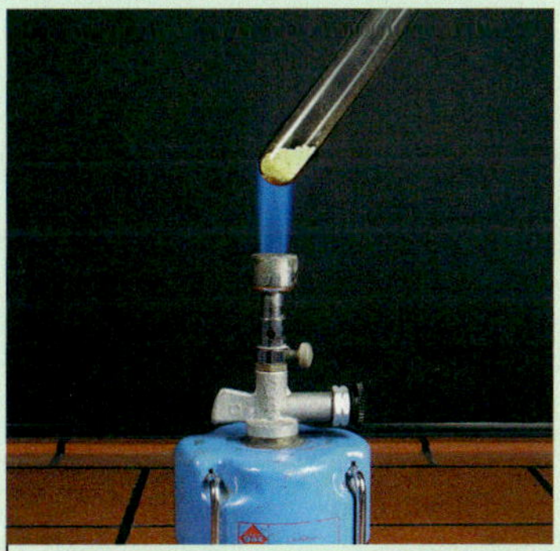

4 Erhitzen von Zinkoxid mit dem Kartuschenbrenner

Aufgaben

1. Das Butangas ist schwerer als Luft und fließt beim Ausströmen aus dem Kartuschenbrenner nach unten. Welche Gefahr ist damit verbunden?

2. Fertige für die beiden Versuche jeweils ein Versuchsprotokoll an.

3 Ein umgefallener Kartuschenbrenner ist gefährlich!

Strategie

Experimente sicher planen

Liegt eine Versuchsanleitung vor, sind alle nötigen Geräte, Materialien und Chemikalien genau angegeben.
Willst du einen Versuch selbst planen, musst du dir genau überlegen, in welchem Gefäß der Versuch durchgeführt werden soll und welche Chemikalien du dazu benötigst. Besondere Vorsicht ist beim Erhitzen geboten und beim Umgang mit Gefahrstoffen.

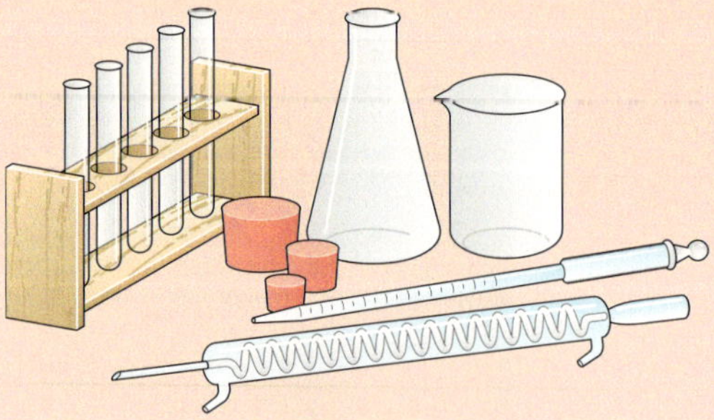

A. Welches Gefäß ist für den Versuch geeignet?
Im Reagenzglas kannst du mit kleinen Portionen experimentieren. Ein Erlenmeyerkolben lässt sich mit einem Stopfen verschließen.
- Überlege Vor- und Nachteile verschiedener Glasgefäße.
- Wie werden Gase aufgefangen?

B. Welche Chemikalien werden benötigt?
Mit feuergefährlichen Stoffen darfst du nur in kleinen Mengen arbeiten. Andere Gefahrstoffe dürfen nicht in Berührung mit Haut oder Schleimhäuten kommen.
- Diskutiere den Umgang mit Gefahrstoffen.
- In welchen Fällen muss im Abzug gearbeitet werden?
- Was muss beim Erhitzen beachtet werden?

C. Welche Materialien sind zur Durchführung nötig?
Ein Stativ hilft oft, Gefäße sicher zu befestigen.
- Welche Gefahren sind mit dem Einsatz von Stativen verbunden?

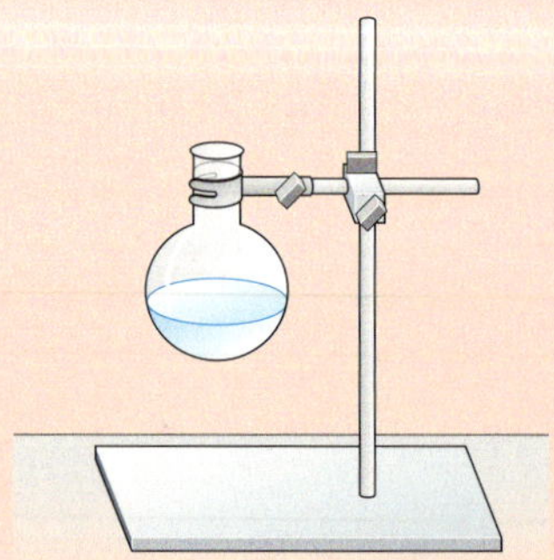

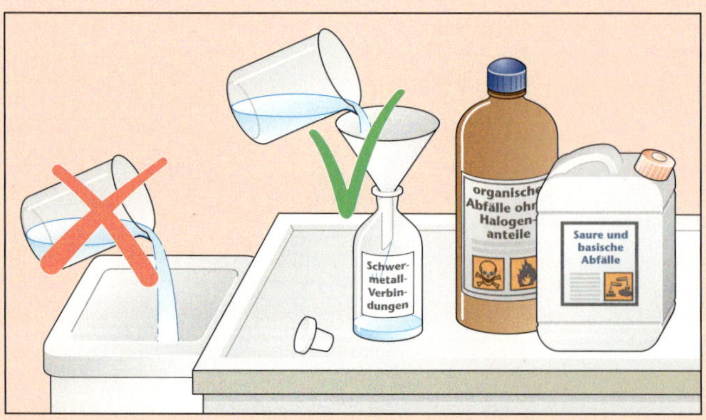

D. Welches Heizgerät soll verwendet werden?
Gasbrenner, Kartuschenbrenner, Tauchsieder und Heizplatten sind wichtige Wärmequellen.
- Überlege Einsatzmöglichkeiten unterschiedlicher Heizgeräte.

E. Wohin mit dem Müll?
Beim Experimentieren können Chemikalienreste, Glas- und Papierabfälle entstehen.
- Informiere dich über geeignete Entsorgungsmöglichkeiten.

Strategie

Ein Experiment sicher durchführen

Experimentiere im Unterricht nur mit Erlaubnis der Lehrerin oder des Lehrers.
Erarbeite in der Gruppe, welche Sicherheitsvorkehrungen vor, während und nach einem Experiment getroffen werden müssen.

A. Welche Sicherheitsvorkehrungen sind vor dem Experiment zu treffen?
- Chemikalienliste auf Gefahrstoffe überprüfen.
- Hinweise auf besondere Gefahren (R-Sätze) und Sicherheitsratschläge (S-Sätze) lesen und berücksichtigen.

B. Welche Sicherheitsvorkehrungen sind während des Experiments zu treffen?
- Schutzbrille, Schutzkleidung und evtl. geeignete Schutzhandschuhe tragen.
- Nie ein Experiment unbeaufsichtigt lassen.

C. Welche Sicherheitsratschläge sind im Protokoll zu notieren?
- Hinweise auf besondere Gefahren
- Veränderungen der Versuchsanleitung

D. Welche Sicherheitsmaßnahmen sind nach dem Experiment zu beachten?
- Prüfen, ob alle Leitungen für Gas, Strom und Wasser geschlossen sind.
- Chemikalienreste vorschriftsmäßig entsorgen.

Versuchsprotokoll

Fragestellung
Was geschieht, wenn man einen brennenden Holzspan einer Porzellanschale mit Brennspiritus nähert?

Geräte/Materialien
Schutzbrille, Gasbrenner, Holzspan, Porzellanschale, Metallplatte

Chemikalien
Brennspiritus

Versuchsaufbau

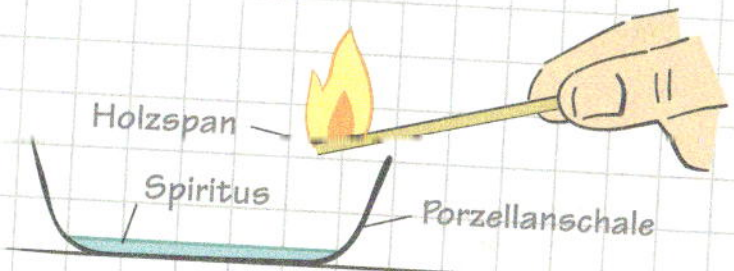

Sicherheitsmaßnahmen
Es darf keine offene Flamme und kein weiterer brennbarer Stoff in der Nähe sein!

Versuchsanleitung
1. Gib wenige Tropfen Brennspiritus in die Porzellanschale.
2. Nähere der Schale vorsichtig einen brennenden Holzspan.
3. Lösche den brennenden Spiritus, indem du die Porzellanschale mit einer Metallplatte abdeckst.

Beobachtung
1. Die Flamme springt bereits über, bevor der brennende Holzspan die Flüssigkeit berührt.
2. Spiritus brennt mit fahler, fast unsichtbarer Flamme ohne Rückstand.

Auswertung
1. Über der Flüssigkeit müssen sich leicht entzündliche Dämpfe gebildet haben.
2. Für Stoffe, deren Dämpfe leicht entzündlich sind, gelten besondere Sicherheitshinweise für die Aufbewahrung.

Einfache Glasgeräte selbst hergestellt

1 Schneiden und Brechen

Material

Schutzbrille, Glasbiegerohr (Ø 3–6 mm), 2 Tücher, Gasbrenner, Glasschneider (ersatzweise: Feile)

Versuchsanleitung

Ritze das Biegerohr an der gewünschten Stelle mithilfe eines Glasschneiders oder einer Feile ein. Umwickle das Glasrohr zum Schutz der Hände mit einem Tuch. Nimm das Rohr zwischen beide Hände. Brich jetzt mit geringem Druck die Teile auseinander (Bewegung vom Körper weg!) (▷ B 1).

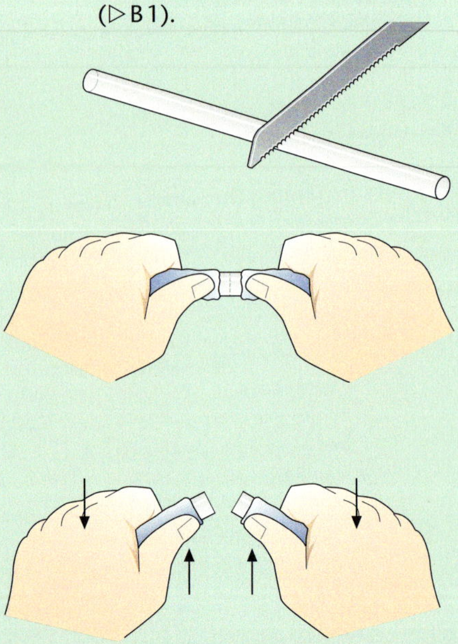

1 Schneiden und Brechen

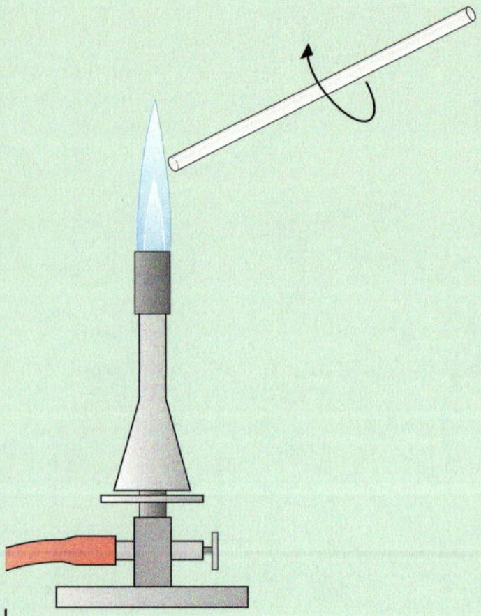

2 Rundschmelzen

2 Rundschmelzen

Material

Schutzhandschuhe (hitzebeständig), Schutzbrille, Glasrohrstücke aus Versuch 1, Gasbrenner, feuerfeste Unterlage

Versuchsanleitung

Drehe mit möglichst gleichmäßiger Geschwindigkeit die scharfkantigen Glasrohrstücke am Rande der rauschenden Flamme (▷ B 2). Lege die Glasrohrstücke dann auf einer feuerfesten Unterlage ab. Prüfe nach dem Erkalten, ob die Kanten rundgeschmolzen sind. Falls sie noch scharfkantig sind, muss das Rundschmelzen wiederholt werden.

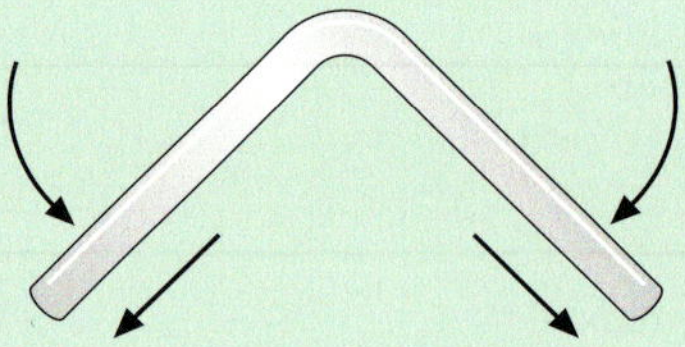

3 Herstellen eines Winkelrohres

3 Herstellen eines Winkelrohres

Material

Schutzbrille, Schutzhandschuhe (hitzebeständig), rundgeschmolzene Glasrohrstücke, Gasbrenner, feuerfeste Unterlage

Versuchsanleitung

Erhitze ein rundgeschmolzenes Glasrohrstück in der Mitte. Drehe dabei das Glasrohrstück in der rauschenden Flamme. Wenn dieses auf einer längeren Strecke erweicht ist, nimm es aus der Flamme. Biege dann außerhalb der Flamme einen Winkel von 90° (▷ B 3) und lass das Winkelrohr abkühlen. Beim Biegen muss das Glasrohr ohne Druck zu beiden Enden hin gezogen werden.

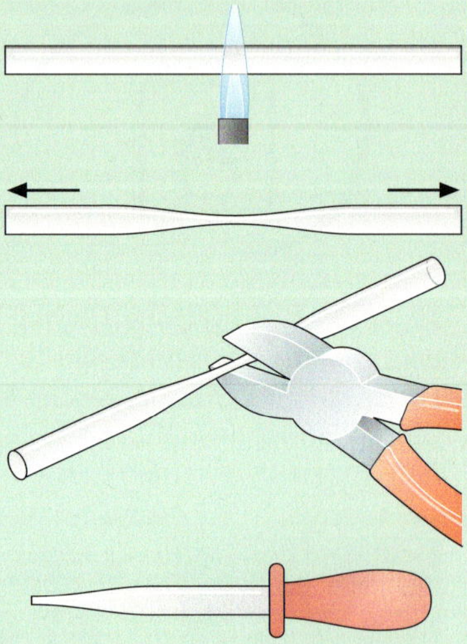

4 Herstellen einer Tropfpipette

4 Herstellen einer kleinen Tropfpipette

Material

Schutzhandschuhe (hitzebeständig), Schutzbrille, rundgeschmolzene Glasrohrstücke, feuerfeste Unterlage, Zange, 2 Gummihütchen

Versuchsanleitung

Erwärme in der rauschenden Flamme ein Glasrohrstück aus Versuch 2 in der Mitte. Drehe dabei das Glasstück, bis es weich ist. Ziehe dann außerhalb der Flamme die beiden Enden des Glasrohres auseinander. Durchtrenne nach dem Erkalten mithilfe einer Zange die beiden Enden und runde scharfkantige Stellen ab.
Setze auf die Glasrohrenden je ein Gummihütchen. Auf diese Weise erhält man zwei kleine Tropfpipetten, die sich bei späteren Versuchen einsetzen lassen (▷ B 4).

Entsorgung

Glasreste werden in einen Abfallbehälter für Glasbruch gegeben.

Strategie

Wir erstellen eine Laborordnung

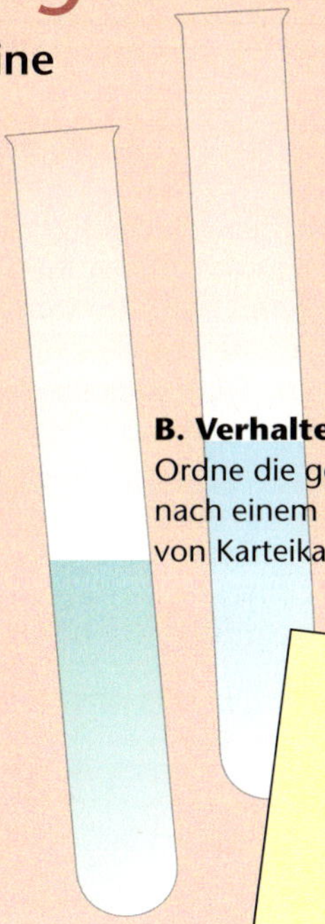

A. Verhaltensregeln sammeln
Sammle in einem Gespräch in deiner Gruppe möglichst viele Vorschläge für Verhaltensregeln im Labor.
Beispiel: „Reagenzglasöffnungen beim Erhitzen nie auf andere Schülerinnen und Schüler richten“, „Versuchsanleitungen genau einhalten“, usw.

B. Verhaltensregeln ordnen
Ordne die gesammelten Regeln nach einem System, z. B. in Form von Karteikarten.

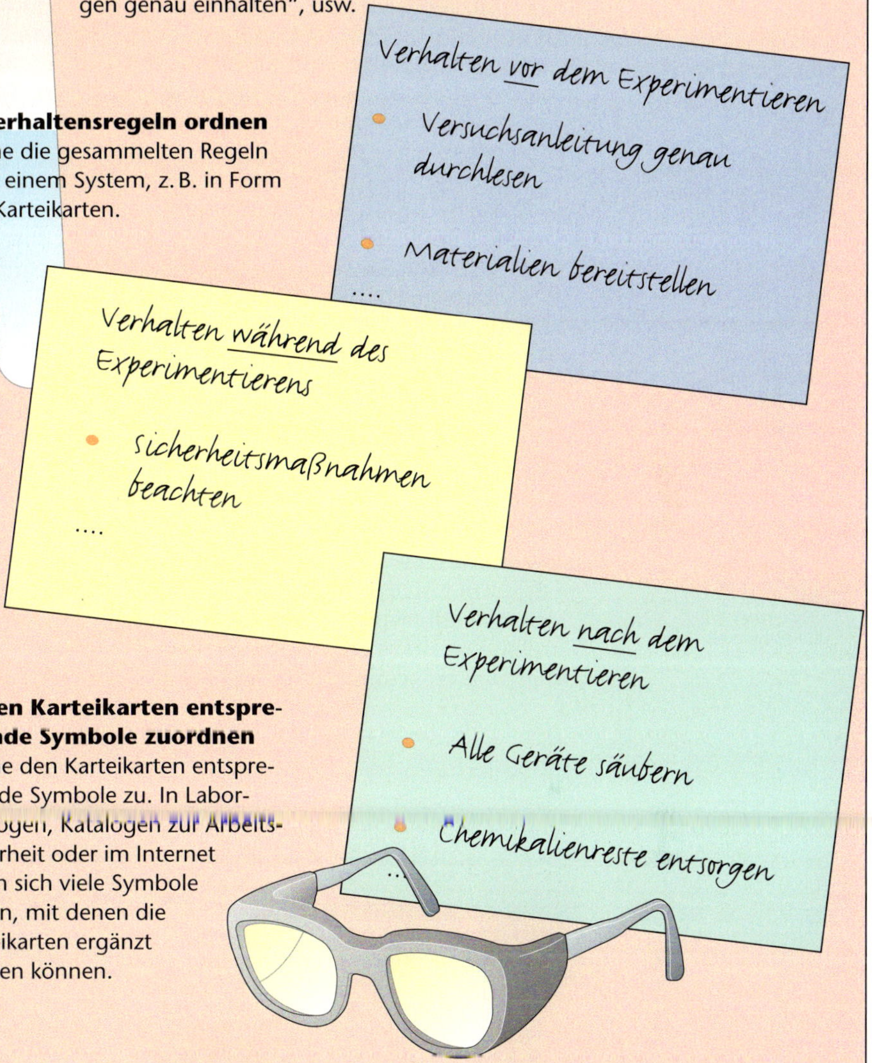

C. Den Karteikarten entsprechende Symbole zuordnen
Ordne den Karteikarten entsprechende Symbole zu. In Laborkatalogen, Katalogen zur Arbeitssicherheit oder im Internet lassen sich viele Symbole finden, mit denen die Karteikarten ergänzt werden können.

Giftige Stoffe

Ätzende Stoffe

Feuergefährliche Stoffe

D. Karteikarten und Symbole zu einer Laborordnung zusammenfügen
Füge die Karteikarten z. B. auf einem Plakat oder einer Wandtafel zu einer Laborordnung zusammen. Ergänze diese durch passende Begleittexte und kleine Skizzen.

Hinweis auf erste Hilfe

Standort des nächsten Telefons (Feuerwehr 112, Notruf 110)

Schutzbrille tragen

Schutzhandschuhe tragen

Feuer, offenes Licht verboten

Treten Abfälle auf?

ja → Handelt es sich um Problemabfälle?

nein → Keine Entsorgungsprobleme

Handelt es sich um Problemabfälle?

ja → Problemabfälle in geeignete Sammelgefäße geben

nein → Entsorgung über den Abfluss oder den Hausmüll

Problemabfälle in geeignete Sammelgefäße geben

↓

Entsorgung der Problemabfälle durch Entsorgungsunternehmen

Chemische Abfälle sind häufig Problemabfälle

Häufig bleiben nach der Durchführung eines Versuches Chemikalienreste übrig. Diese Chemikalienreste können nicht in das Vorratsgefäß zurückgegeben werden, da sie durch den Gebrauch mehr oder weniger verunreinigt sind. Bleiben nach einem Versuch z. B. Benzinreste übrig, dann können diese Reste aber auch nicht in den Ausguss gegeben werden. Benzin ist wassergefährdend. Über den Ausguss würde das Benzin in die Kanalisation und schließlich in das Klärwerk gelangen.
Im Klärwerk können wassergefährdende Stoffe erhebliche Schäden anrichten. Wassergefährdende Stoffe werden vier Wassergefährdungsklassen zugeordnet. Nur Stoffe der **Wassergefährdungsklasse** (WGK) **0** gefährden das Abwasser nicht oder nur sehr gering und können deshalb in den Ausguss gegeben werden. Abfälle der WGK 1 bis 3 müssen gesammelt werden.

Jeder Abfallstoff gehört in ein geeignetes Entsorgungsgefäß

Problemabfälle wie Benzin oder Petroleum werden deshalb in geeigneten Entsorgungsgefäßen gesammelt (▷ B 1). In der Regel sind die Entsorgungsgefäße aus Glas oder Kunststoff, manchmal auch aus Metall. Die Verschlüsse sind häufig gasdurchlässig, da sich beim Zusammengießen unterschiedlicher Abfallstoffe Gase bilden können. Das Etikett auf dem Entsorgungsgefäß zeigt die Sammelgruppe, z. B. „Organische Lösungsmittel" an.
Die Sammelgefäße werden in regelmäßigen Abständen von einem Entsorgungsunternehmen abgeholt. Das Entsorgungsunternehmen entscheidet dann, ob die Problemabfälle wieder aufbereitet, einer Sondermülldeponie oder einer Sondermüllverbrennung zugeführt werden.

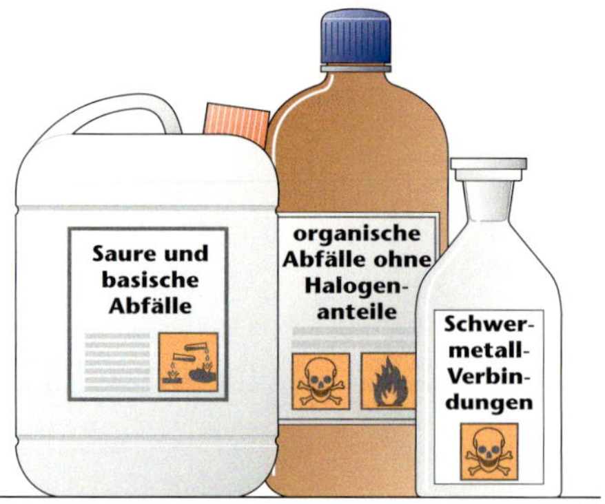

1 Entsorgungsgefäße im Labor

Brennpunkt

Das Schadstoffmobil

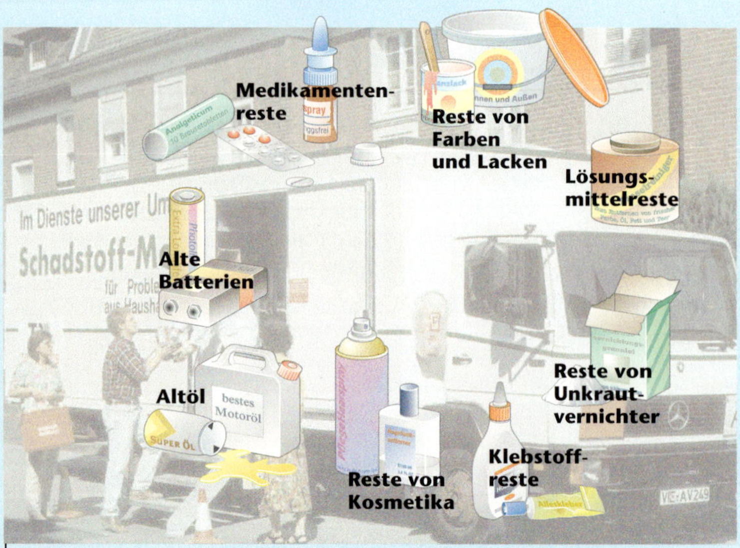

1 Schadstoffhaltige Abfälle müssen sachgerecht entsorgt werden.

Schadstoffhaltige Abfälle fallen nicht nur im Labor und in der Industrie an. Auch häusliche Abfälle wie Batterien, Farben und Lacke, Klebstoffe, Schädlingsbekämpfungs- und Unkrautvernichtungsmittel, Holzschutzmittel und viele andere Stoffe sind Problemabfälle. Diese Abfälle werden häufig aus Unkenntnis in den Ausguss oder in den Abfalleimer geschüttet.
Um auch diese Abfälle sachgerecht zu entsorgen, gibt es in vielen Städten Annahmestellen für Sondermüll. Die Annahmestellen werden von einem Schadstoffmobil angefahren.

Aufgabe

1 Erkundige dich nach den Sammelterminen in deiner Gemeinde. Sammeltermine und Sammelorte können der Tagespresse entnommen oder beim Entsorgungsunternehmen erfragt werden.

Sicheres Experimentieren

Sicherheitseinrichtungen und Schutzausrüstung

Sicherheitseinrichtungen und das Tragen einer Schutzausrüstung dienen der Sicherheit beim Experimentieren (▷ B 1).

Gefahrstoffe, Gefahrensymbole

Gefahrstoffe sind durch Gefahrensymbole gekennzeichnet. Gefahrensymbole und Kennbuchstaben geben eine schnelle Information über die Gefährlichkeit eines Stoffes (▷ B 2).

R- und S-Sätze

Die R-Sätze geben die besonderen Gefahren, die S-Sätze die Sicherheitsratschläge für Gefahrstoffe an.

Entsorgung

Chemikalienabfälle sind meist Sonderabfälle. Sie müssen in geeigneten Sammelgefäßen der Entsorgung zugeführt werden. Nur Abfälle der Wassergefährdungsklasse 0 dürfen nach entsprechender Verdünnung in den Ausguss gegeben werden.

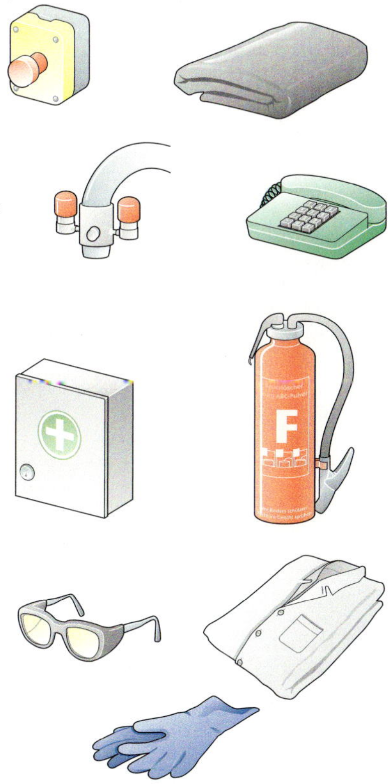

1 Sicherheitseinrichtungen und Schutzausrüstung

	T+	Sehr giftig		E	Explosionsgefährlich
	T	Giftig		O	Brand fördernd
	Xn	Gesundheitsschädlich		F+	Hochentzündlich
	Xi	Reizend		F	Leicht entzündlich
	C	Ätzend		N	Umweltgefährlich

2 Gefahrensymbole und Kennbuchstaben

Aufgaben

1 Umweltgefährdende Stoffe sind mit besonderen Gefahrensymbolen gekennzeichnet.
a) Welche Bedeutung hat das Gefahrensymbol in Bild 3?
b) Warum muss auf Etiketten neben dem Gefahrensymbol noch die Gefahrenbezeichnung oder der Kennbuchstabe angegeben sein?

3 Zu Aufgabe 1

2 Das Chemikalienetikett in Bild 4 ist kaum noch zu erkennen.
a) Was sollte man bei der Entsorgung dieser Flasche beachten?
b) Wie sollte man allgemein mit gefährlichen Stoffen verfahren, die nicht mehr identifiziert werden können?

4 Zu Aufgabe 2

Stoffe, Teilchen, Eigenschaften

Wir sind von Gegenständen aus sehr verschiedenen Stoffen umgeben. Wir werden die Eigenschaften der Stoffe untersuchen und der Frage nachgehen, wie die Stoffe aufgebaut sind. Stoffe werden gemischt, Stoffgemische werden getrennt.

Gips, Zucker und Salz sind weiße Stoffe. Überlege, wie du die Stoffe unterscheiden und identifizieren kannst.

Mit dem bloßen Auge können wir Muster und Farben von Hemden erkennen. Was machen Lupe, Mikroskop und Elektronenmikroskop sichtbar?

Trenn- und Mischvorgänge laufen im Haushalt, in der Industrie und im Labor ab. Bei der Tee- und Kaffeezubereitung beispielsweise laufen Trennprozesse ab, denn das heiße Wasser löst Farb- und Aromastoffe aus den Teeblättern bzw. dem Kaffeepulver heraus. Fallen dir weitere Trennvorgänge ein?

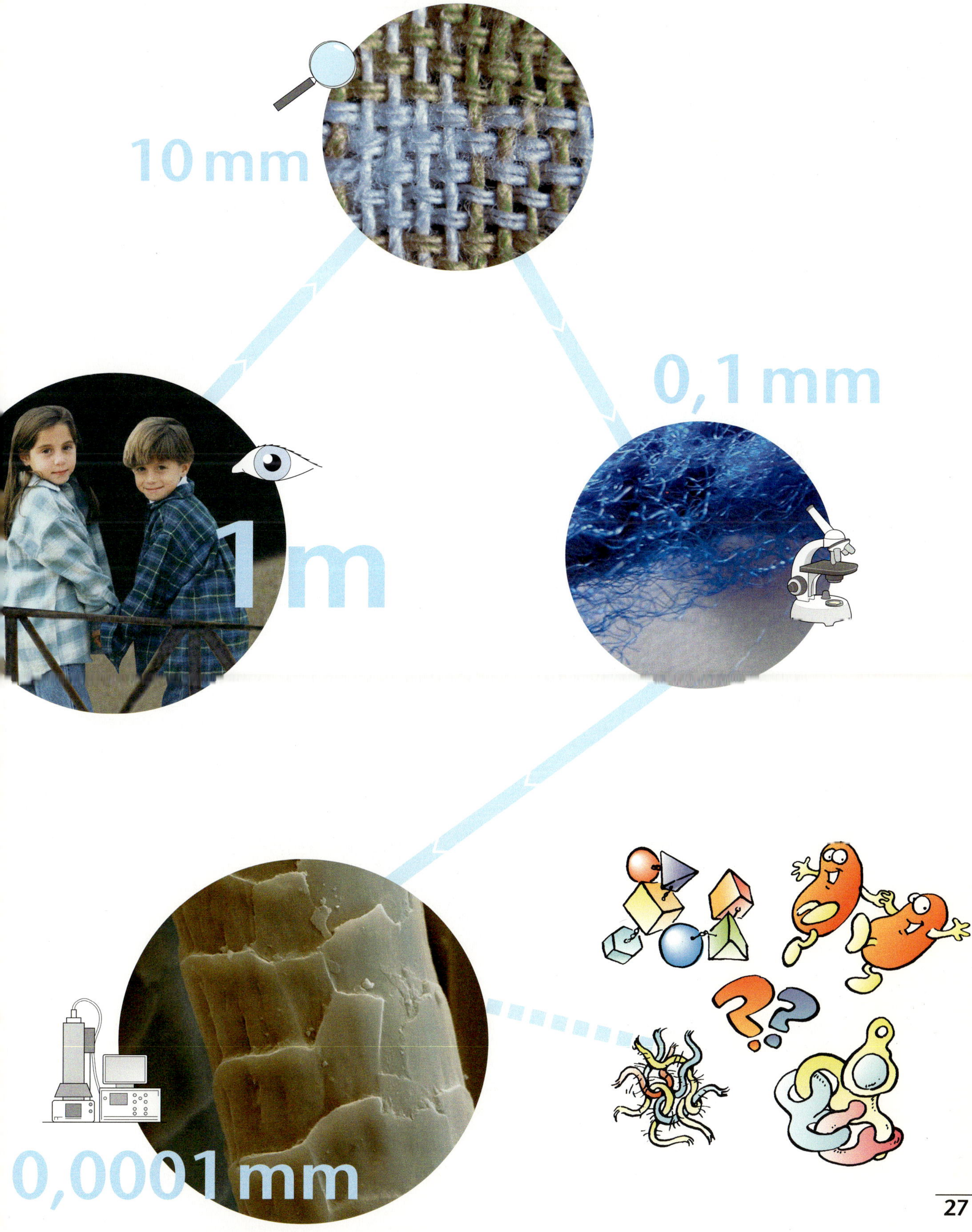
10 mm
0,1 mm
1 m
0,0001 mm

Werkstatt

Wir untersuchen Stoffe

1 Wir betrachten Stoffe

Material

Uhrgläser, Lupe, Spatel, Stück Kunststoff, Stück Gummischlauch, Stück Glas, Holzstück, Kupferblech, Eisenblech, Kochsalz, Kandiszucker, Essig, Wachs, Citronensäure, Zimt, Wasser

Versuchsanleitung

Gib jeweils eine kleine Stoffprobe auf ein Uhrglas und betrachte die Stoffe mit der Lupe. Notiere ihr Aussehen (Farbe, Glanz, Oberflächenbeschaffenheit) und lege dazu eine Tabelle an (▷ B 1).

Stoff	Aussehen
Kupfer	
Gummi	
Glas	
Holz	

1 Das Aussehen der Stoffe

2 Wir betasten Stoffe

Material

Kupferblech, Eisenblech, Holzstück, Radiergummi, Münze, Kreide, Wachs, Kandiszucker

Versuchsanleitung

a) Befühle die Stoffe mit den Fingern. Gib an, ob sie sich kalt oder warm, weich, hart, rau oder glatt anfühlen.

b) Versuche mit einer Ecke des Kupferbleches das Eisenblech anzuritzen (Vorsicht vor Schnittwunden!). Versuche danach auch umgekehrt, mit dem Eisenblech auf dem Kupfer einen Kratzer zu erzeugen (▷ B 2).

2 Ritzversuche

c) Wiederhole solche Ritzversuche auch mit den anderen Stoffen. Vergleiche deren Ritzhärten miteinander und ordne die Stoffe nach ihrer Härte.

3 Wir riechen Stoffe

Material

Essig, Zimt, Pfeffer, Parfüm, Kochsalz

Versuchsanleitung

Prüfe vorsichtig den Geruch von Essig, Zimt, Pfeffer, Parfüm sowie Kochsalz (▷ B 3).
Versuche, den Geruch mit Worten wie zum Beispiel scharf, beißend, süßlich, säuerlich, geruchlos, faulig und fruchtig zu beschreiben.

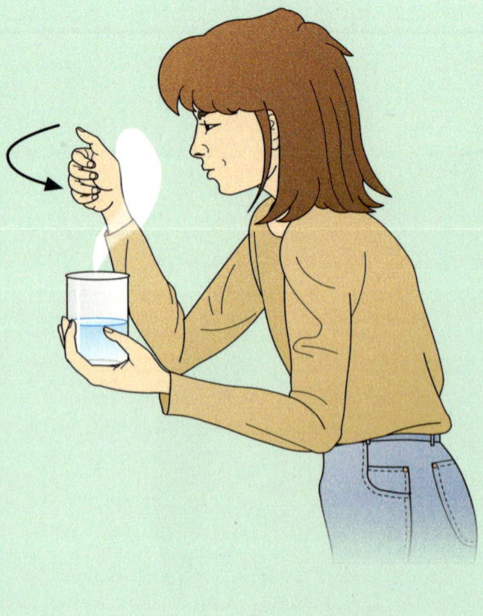

3 Den Geruch von Stoffen immer nur durch Zufächeln prüfen!

4 Wir ertasten die Wärmeleitfähigkeit von Stoffen

Material

Schutzbrille, Becherglas (250 ml), Glas- und Metallstab (jeweils ca. 30 cm), Gasbrenner, Dreifuß mit Keramik-Drahtnetz, Handtuch, Metallbecher und Kunststoffbecher (gleich groß), Stoppuhr, Wasser

Versuchsanleitung

a) Erhitze Wasser im Becherglas zum Sieden. Tauche den Glas- und den Metallstab gleichzeitig ca. 10 Sekunden in das Wasser ein. Ziehe die Stäbe dann gleichzeitig wieder aus dem Wasser heraus, trockne sie mit dem Handtuch kurz ab und befühle sie (▷ B 4). Welcher Stab wird schneller warm?

b) Gib in den Kunststoff- und den Metallbecher gleiche Mengen heißes Wasser und befühle die Becher vorsichtig. Welcher Becher ist außen schneller warm?

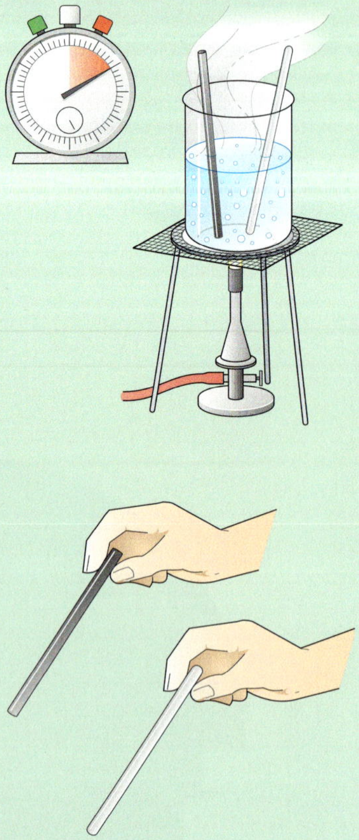

4 Was wird schneller warm, Metall oder Glas?

Verschiedene Gegenstände können aus den gleichen oder verschiedenen Materialien bestehen. Betrachtet man beispielsweise verschiedene Kupfergegenstände (▷B 1), interessiert sich der Physiker für die Masse der Körper und der Mathematiker für die Berechnung der Oberflächen. Der Chemiker dagegen setzt sich in erster Linie mit den Eigenschaften der Materialien auseinander. In der Chemie werden diese Materialien **Stoffe** genannt.

Die Bestimmung der Stoffeigenschaften ist ein wesentliches Aufgabengebiet der Chemie. Viele Stoffeigenschaften können wir bereits mit den Sinnen oder einfachen Hilfsmitteln bestimmen, ohne die Stoffeigenschaften messen zu müssen.

Aussehen eines Stoffes
Mithilfe der Augen erkennen wir die Farbe eines Stoffes und seinen Oberflächenglanz (▷V1). Viele Stoffe besitzen ein charakteristisches Aussehen, z. B. rötlich glänzendes Kupfer oder gelber, nicht glänzender Schwefel. Manche Stoffe wie zum Beispiel Wasser sind farblos. Einige Feststoffe zeigen typische **Kristallformen** (▷B 2).

Geschmack eines Stoffes
Mithilfe der Zunge erkennen wir den Geschmack eines Stoffes. Geschmacksproben dürfen nur an Lebensmitteln, auf keinen Fall aber an unbekannten Stoffen durchgeführt werden, um Gesundheitsschäden zu vermeiden.

Oberflächenbeschaffenheit und Wärmeleitfähigkeit eines Stoffes
Mithilfe der Haut ertasten wir die Oberflächenbeschaffenheit und die Wärmeleitfähigkeit eines Stoffes (▷V 2). Metallische Gegenstände besitzen eine glatte Oberfläche und leiten die Wärme gut.

Härte und Verformbarkeit eines Stoffes
Die Verformbarkeit eines Stoffes ist ebenfalls eine typische Stoffeigenschaft. So lassen sich zum Beispiel Gummi und Wachs mit den Händen verformen oder mit dem Fingernagel bzw. einem Messer anritzen. Andere Stoffe wie Kochsalz sind spröde.
Der Diamant ist der härteste aller natürlich vorkommenden Stoffe. Aufgrund dieser Stoffeigenschaft sind viele Bohrer mit Diamanten besetzt.

1 Kupfergegenstände – gleicher Stoff, verschiedene Formen

Im Unterschied zu Holz und Glas, die beim Biegen zerbrechen können, sind Metalle gut verformbar. Ein Stück Gummi nimmt nach seiner Verformung die alte Form wieder an, es ist elastisch.

Geruch eines Stoffes
Mithilfe der Nase unterscheiden wir Stoffe wie Parfüm, Essig oder Alkohol (▷V 3). Geruchsproben können in der Chemie jedoch gefährlich sein, denn viele Stoffe geben gesundheitsschädliche, stark reizende oder gar giftige Dämpfe ab (Gefahrstoffe). Geruchsproben erfolgen nur durch Zufächeln mit der Hand, niemals durch direktes Riechen mit der Nase.

Sinnlich wahrnehmbare Stoffeigenschaften sind Farbe und Glanz, Geruch und Geschmack, Härte, Verformbarkeit und Wärmeleitfähigkeit eines Stoffes.

Versuche

1 Betrachte und beschreibe das Aussehen (Farbe, Glanz) von einem Eisen- und einem Kupferblech, Stangenschwefel, einem Gummischlauch, einem Glasstab und Kochsalz.

2 Befühle die in Versuch 1 genannten Stoffe. Teste ihre Härte, Glätte und Verformbarkeit. Gib an, ob sie sich eher warm oder eher kalt anfühlen.

3 Nimm vorsichtig durch Zufächeln Geruchsproben von Alkohol, Wasser, Parfüm und Essig.

2 Verschiedene Kristalle

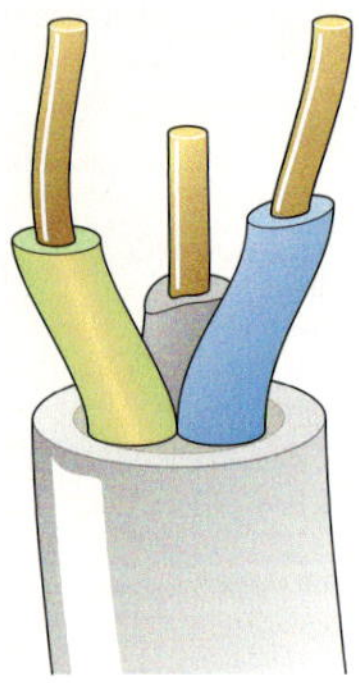

1 Leiter mit Isolation

Hilfsmittel und Messgeräte nutzen
Viele Stoffeigenschaften lassen sich mithilfe unserer Sinnesorgane nicht erfassen. Deswegen werden weitere Hilfsmittel oder Messgeräte benötigt. Hilfsmittel sind beispielsweise die Waage, das Thermometer oder der Messzylinder (▷B2). Als Messgeräte werden häufig das Voltmeter oder der Leitfähigkeitsmesser benutzt.

Elektrische Leitfähigkeit
Die elektrische Leitfähigkeit eines Stoffes kann in einem Stromkreis (▷Werkstatt) festgestellt werden.
Metalle sowie eine Kochsalzlösung leiten den elektrischen Strom.

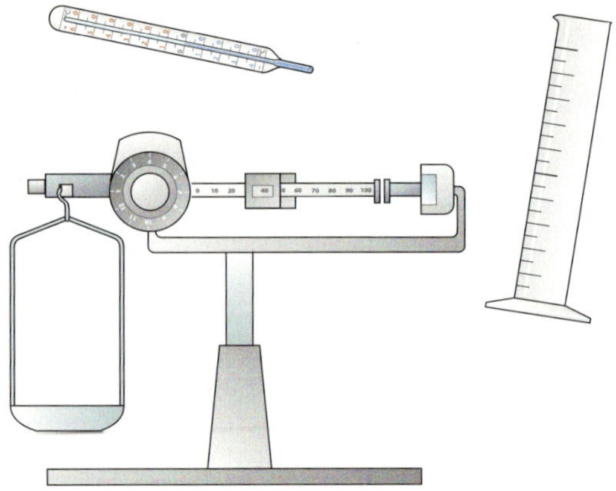

2 Hilfsmittel zur Bestimmung von Stoffeigenschaften

Werkstatt

Wir messen die elektrische Leitfähigkeit von Stoffen

1 Die elektrische Leitfähigkeit von Feststoffen

Material
Schutzbrille, Batterie (4,5 V), 4 Krokodilklemmen, 3 Experimentierkabel, Glühlämpchen (4 V; 0,04 A) mit Fassung, Holzstück, Kreide, Glasstab, Eisenblech, Kupferblech, Papier

Versuchsanleitung
Baue einen Stromkreis wie in Bild 1 beschrieben auf. Klemme dabei den jeweiligen Feststoff zwischen zwei Krokodilklemmen und überprüfe die Leitfähigkeit. Welche Stoffe sind elektrisch leitfähig und welche nicht?
Lege eine Tabelle an.

2 Die elektrische Leitfähigkeit von Flüssigkeiten

Material
Schutzbrille, 2 Bechergläser (250 ml), Glasstab, Batterie (4,5 V), 4 Krokodilklemmen, Unterputzkabel (mit abisolierten Enden), Glühlämpchen (4 V; 0,04 A) mit Fassung, 3 Experimentierkabel, destilliertes Wasser, Kochsalz, Zucker

Versuchsanleitung
Baue eine Versuchsapparatur nach Bild 2 auf. Fülle ein Becherglas zu einem Drittel mit destilliertem Wasser und prüfe mithilfe des Unterputzkabels, ob destilliertes Wasser den Strom leitet. Löse nun etwas Kochsalz in Wasser, rühre mit dem Glasstab um und überprüfe nach Auflösen der Kristalle erneut die elektrische Leitfähigkeit. Wiederhole den Versuch im zweiten Becherglas mit Zucker statt Kochsalz.

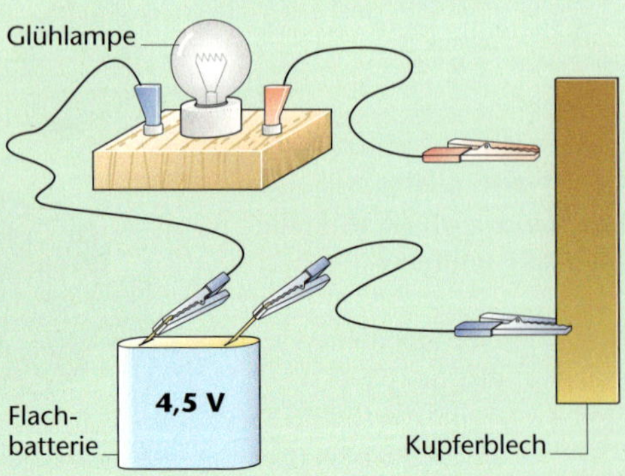

1 Leitfähigkeitsmessung an Feststoffen

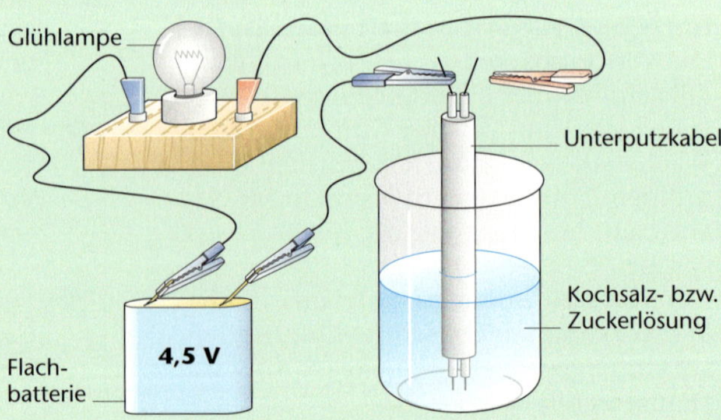

2 Leitfähigkeitsmessung in Flüssigkeiten

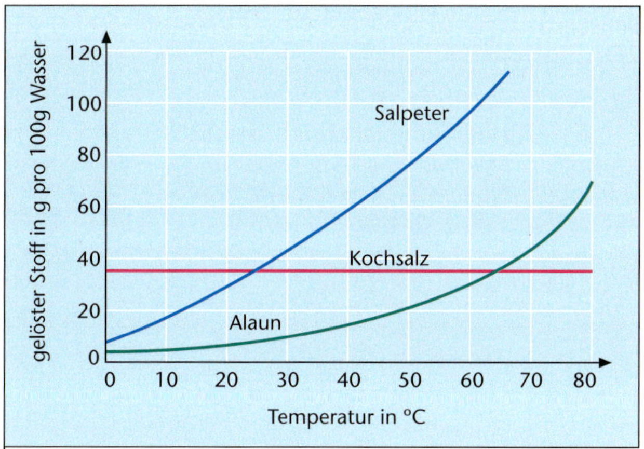

3 Die Löslichkeit vieler Stoffe ist temperaturabhängig.

Stoff	Schmelztemperatur t_{sm} (°C)	Siedetemperatur t_{sd} (°C)
Sauerstoff	−219	−183
Alkohol	−117	78
Quecksilber	−39	356
Wasser	0	100
Schwefel	119	444
Blei	327	1 740
Eisen	1 535	2 750

4 Schmelz- und Siedetemperatur einiger Stoffe bei Normdruck

Lösung und Löslichkeit
Limonade kann man sehr einfach selbst herstellen, indem man Zucker, Citronensäure und ein wenig Natron (Natriumhydrogencarbonat) in Wasser auflöst. Dabei stellt man fest, dass man in einem Liter Wasser sehr viel mehr Zucker lösen kann als Natron: Die Löslichkeit dieser beiden Stoffe im **Lösungsmittel** Wasser ist offensichtlich unterschiedlich groß. Will man beispielsweise die Löslichkeit eines Salzes in Wasser bestimmen (▷ V 1), wird portionsweise unter ständigem Rühren so lange Salz zugefügt, bis sich das Salz nicht mehr weiter löst und sich am Boden absetzt. Sobald sich ein Bodensatz bildet, ist die Lösung gesättigt.

Flüssigkeiten die Stoffe lösen, heißen Lösungsmittel. Die Löslichkeit ist eine messbare Stoffeigenschaft. Sie gibt an, wie viel Gramm eines Stoffes sich in 100 g Wasser lösen.

Aber nicht nur Feststoffe, sondern auch Flüssigkeiten und Gase können mit Wasser Lösungen bilden. Alkoholische Getränke sind im Wesentlichen Lösungen aus Alkohol und Wasser. In Sprudelwasser ist Kohlenstoffdioxid gelöst.

Die Löslichkeit vieler Stoffe in Wasser ist temperaturabhängig (▷ B 3; B 5). Zur Angabe der Löslichkeit eines Stoffes in Wasser gehört deshalb auch eine Temperaturangabe.

Schmelz- und Siedetemperaturen
Möchte man die Schmelztemperatur von Eis bestimmen, so erwärmt man dieses. Ist die Hälfte des Eises geschmolzen, wird die **Schmelztemperatur** am Thermometer abgelesen. Wird weiter erhitzt, steigt die Temperatur weiter an und Wasser verdampft. Die **Siedetemperatur** ist erreicht, wenn bei weiterem Erhitzen die Temperatur nicht mehr ansteigt.

Bild 4 gibt die Schmelz- und Siedetemperaturen einiger Stoffe an. Im Anhang sind die Schmelz- und Siedetemperaturen weiterer Stoffe zu finden.

Die Schmelz- und die Siedetemperatur eines Stoffes sind messbare Stoffeigenschaften, die man mithilfe eines Thermometers bestimmt.

Stoff	Löslichkeit in g/100 g Wasser
Zucker	203,9
Kochsalz	35,88
Kaliumnitrat	31,66
Soda	21,66
Gips	0,20
Sauerstoff	0,0043
Stickstoff	0,0019

5 Löslichkeit einiger Stoffe in Wasser bei 20 °C

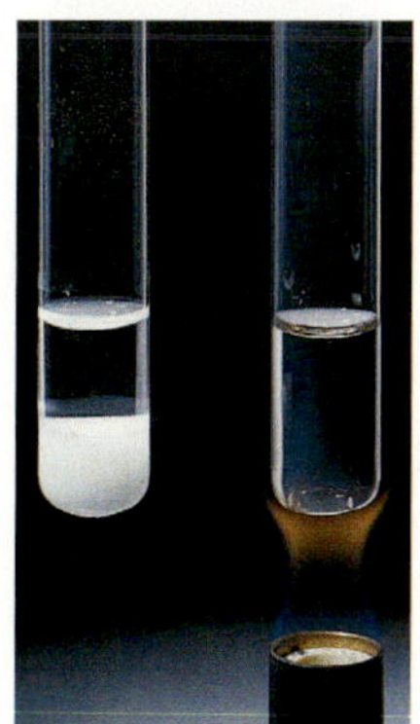

6 Im heißen Wasser löst sich mehr Alaun.

Versuch

1 Gib in 100 ml Wasser unter ständigem Rühren portionsweise so viel abgewogenes Kochsalz, bis sich kein Kochsalz mehr löst. Wie viele g Kochsalz konnten in 100 ml Wasser gelöst werden? Erhitze dann die Lösung auf ca. 50 °C und löse erneut. Wie viel Kochsalz kann jetzt gelöst werden?
Wiederhole den Versuch mit Alaun und vergleiche.

Aufgaben

1 Beschreibe den Unterschied zwischen Meerwasser und Trinkwasser.

2 Ist Stickstoff oder Sauerstoff besser in Wasser löslich?

3 In einer Tasse bleibt nach dem Umrühren und Austrinken des gesüßten Kaffees Zucker zurück. War der Kaffee eine gesättigte Zuckerlösung?

Schmelz- und Siedetemperatur

1 Schmelzen von Eis

Material

Schutzbrille, großes Reagenzglas, Stativ, 2 Doppelmuffen, 2 Universalklemmen, Gasbrenner, Thermometer, Stoppuhr, Hammer, Handtuch, Millimeterpapier, Bindfaden, Eiswürfel aus dem Eisfach

Versuchsanleitung

a) Befestige das Reagenzglas mit Klemme und Doppelmuffe am Stativ wie in Bild 1 beschrieben. Hänge das Thermometer an der oberen Klemme auf (▷ B 1).

b) Wickle 2 bis 3 Eiswürfel in ein Handtuch und zerkleinere diese vorsichtig mit dem Hammer. Gib die Bruchstücke anschließend in das Reagenzglas. Das Thermometer muss mithilfe der Muffe so verschoben werden, dass das untere Ende von Eisstücken umschlossen ist (▷ B 1).

c) Erwärme das Reagenzglas von unten gleichmäßig mit der nicht leuchtenden Flamme. Lies mit Beginn des Erwärmens alle 20 Sekunden die Temperatur ab und notiere die Messwerte (▷ B 2). Der Versuch ist beendet, wenn das Eis vollständig geschmolzen ist.

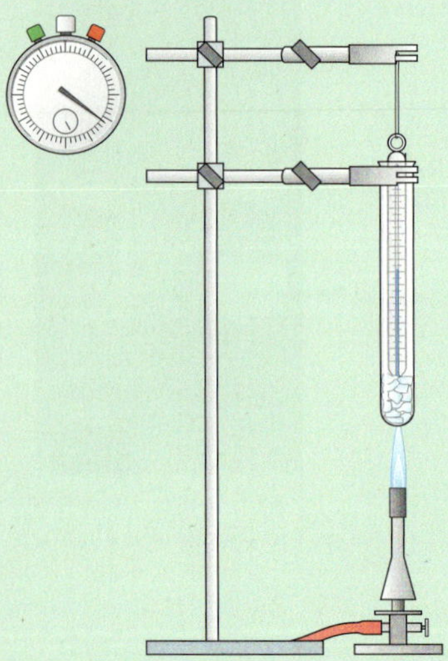

1 Bestimmung der Schmelztemperatur von Eis

Zeit	Temperatur
20 s	
40 s	
60 s	
80 s	
100 s	
120 s	

2 Tabelle für Messzeiten und Temperaturen

d) Erstelle ein Temperatur-Zeit-Diagramm. Benutze dazu Millimeterpapier. Trage auf der x-Achse die Zeit und auf der y-Achse die Temperatur ab (▷ B 4).

e) Übertrage die Messwerte in das Diagramm. Verbinde dann die Punkte zu einer Kurve. Markiere den Schmelzbereich durch zwei kleine senkrechte Striche. Setze in der Mitte des Schmelzbereiches eine Markierung auf die Kurve. Zeichne durch diesen Punkt eine Gerade parallel zur Zeitachse. Lies dort, wo diese Gerade die Temperaturachse schneidet, die Schmelztemperatur t_{sm} des Eises ab.

2 Sieden von Wasser

Material

Schutzbrille, Becherglas (400 ml, breite Form), Thermometer, Dreifuß mit Keramik-Drahtnetz, Gasbrenner, Siedesteinchen, Stativ, Doppelmuffe, Universalklemme, Bindfaden, Millimeterpapier, Wasser

Versuchsanleitung

a) Baue eine Versuchsapparatur nach Bild 3 auf. Befestige das Thermometer an der Klemme mithilfe eines Fadens.
Gib ca. 200 ml Wasser in das Becherglas und hänge das Thermometer so in die Flüssigkeit, dass das untere Ende etwa 1 cm in das Wasser eintaucht (▷ B 3).

b) Gib einige Siedesteinchen in das Becherglas und erwärme das Wasser mit der rauschenden Flamme des Gasbrenners. Sobald die Flüssigkeit erhitzt wird, lies alle 20 Sekunden die Temperatur ab. Notiere auch diese Werte in einer Tabelle (▷ B 2).

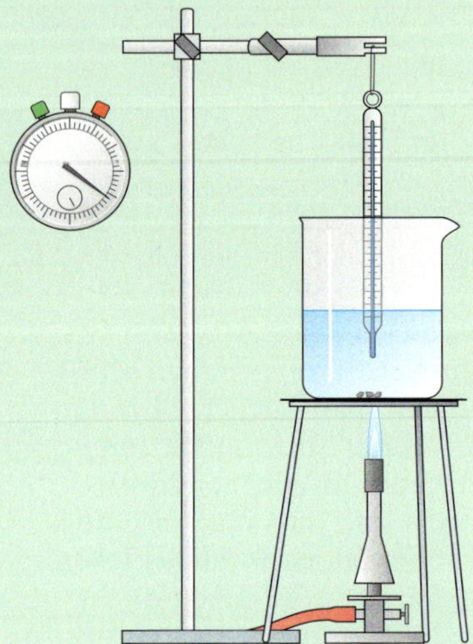

3 Bestimmung der Siedetemperatur von Wasser

Der Versuch ist beendet, wenn die Temperatur über einen längeren Zeitraum nicht mehr ansteigt.

c) Übertrage auch diese Messwerte in ein geeignetes Temperatur-Zeit-Diagramm. Verfahre zur Bestimmung der Siedetemperatur wie in 1 e) beschrieben.

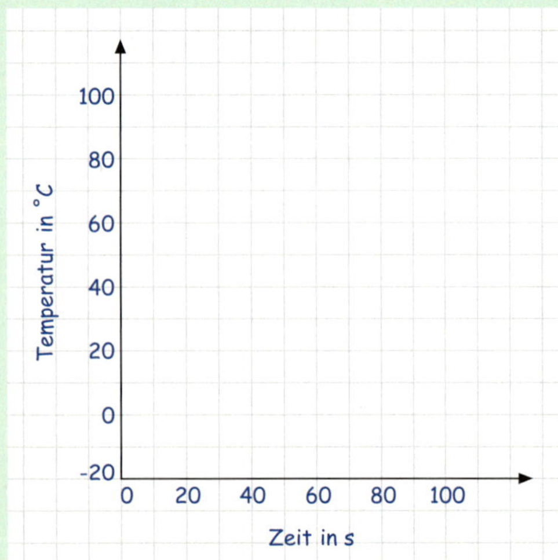

4 Temperatur-Zeit-Diagramm

Aggregatzustände und ihre Übergänge

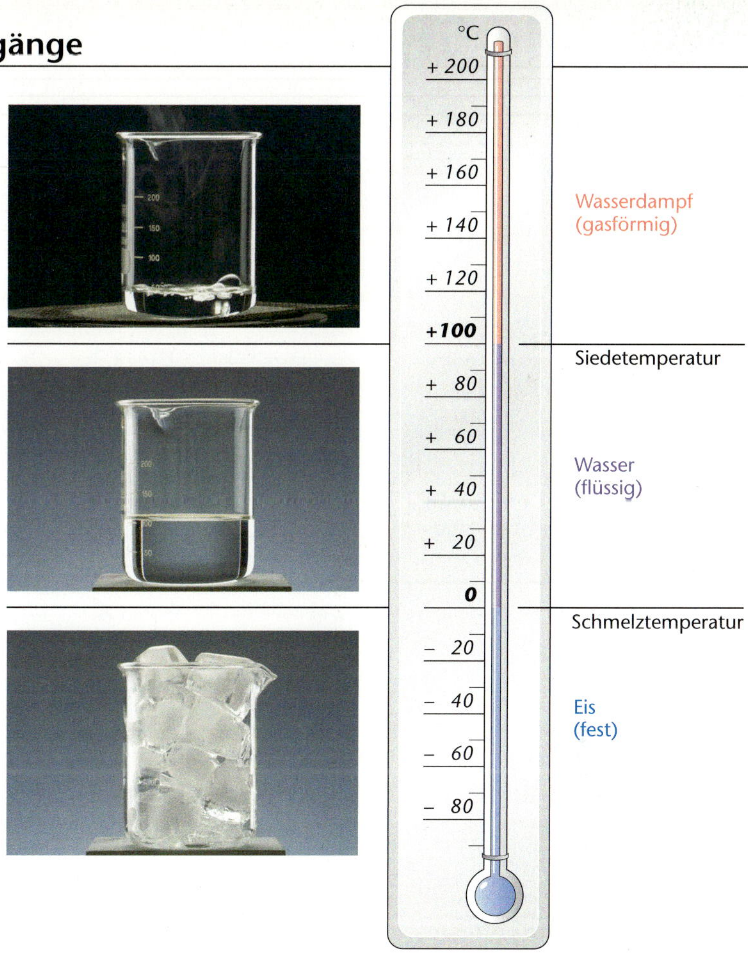

1 Wasser in drei Aggregatzuständen

Aggregatzustände der Stoffe

Eis, Wasser und Wasserdampf sind drei unterschiedliche Zustandsformen des Stoffes Wasser. Die drei Zustandsformen fest, flüssig und gasförmig nennt man **Aggregatzustände** (▷ B 1).
Der Aggregatzustand eines Stoffes hängt von der Temperatur und dem Druck ab. Wenn man einen Stoff als Feststoff, Flüssigkeit oder Gas beschreibt, bezieht man sich auf die Raumtemperatur (20 °C) und einen Druck von 1013 hPa.

▶ Fest, flüssig und gasförmig sind die Zustandsformen eines Stoffes. Man nennt sie auch Aggregatzustände.

Aggregatzustände können sich ändern

Alle Stoffe können ihren Aggregatzustand bei Erreichen von bestimmten Temperaturen ändern (▷ B 2).

Ein Feststoff wie Eis kann bei Wärmezufuhr **schmelzen**. Dieser Übergang von fest nach flüssig vollzieht sich bei der **Schmelztemperatur** eines Stoffes. Wasser kann sieden und **verdampfen**. Wenn die **Siedetemperatur** von Wasser erreicht ist, entsteht Wasserdampf (▷ B 1).

Bei Wärmeentzug (Abkühlen) kann ein Gas wie z. B. Wasserdampf wieder flüssig werden, der Stoff **kondensiert** (▷ V 1). Ebenso kann eine Flüssigkeit beim weiteren Abkühlen zum Feststoff **erstarren**. Manche Stoffe können sogar vom festen Aggregatzustand direkt in den gasförmigen übergehen (▷ V 2; B 3).

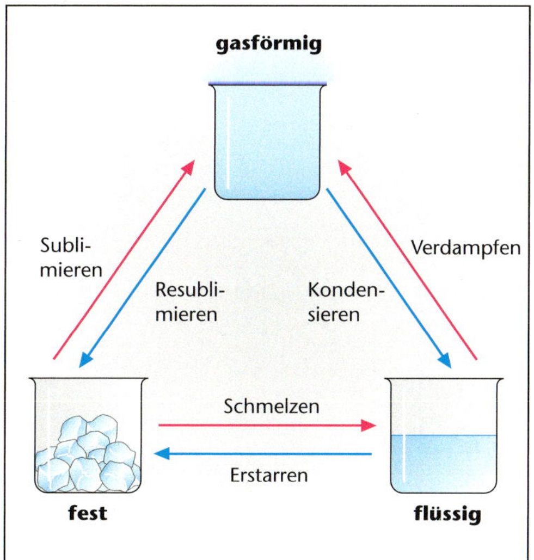

2 Benennung der Übergänge zwischen den Aggregatzuständen

Diese Zustandsänderung nennt man **Sublimieren**. Wenn ein Gas durch Abkühlen fest wird, so bezeichnet man das als **Resublimieren** (▷ B 2).

▶ Schmelzen und Erstarren, Verdampfen und Kondensieren, Sublimieren und Resublimieren beschreiben Übergänge zwischen den Aggregatzuständen.

Versuche

1 Erhitze 1 bis 2 ml Wasser mit Siedesteinchen im Reagenzglas und beobachte den Reagenzglasrand.

2 Man gibt einige Iodkristalle in einen Weithalserlenmeyerkolben und bedeckt diesen mit einem Uhrglas, auf das etwas kaltes Wasser gegeben wird. Dann wird der Kolben im Wasserbad unter dem Abzug erwärmt. Nach Versuchsende nimmt man das Uhrglas vorsichtig ab und betrachtet den „Iodbart" (das Resublimat).

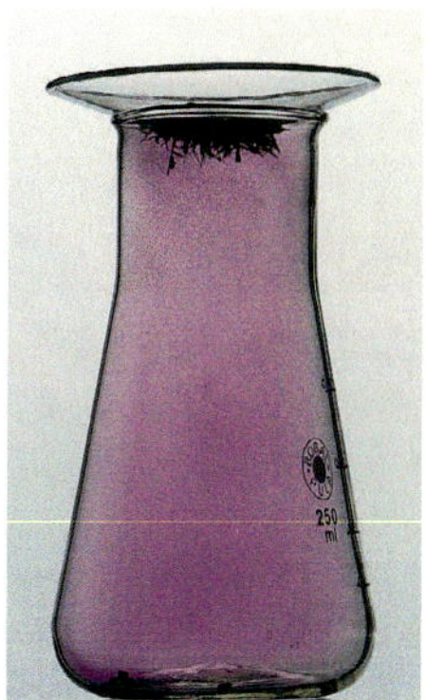

3 Iodkristalle sublimieren und resublimieren.

Wir bestimmen die Dichte

1 Wir bestimmen die Dichte von Kupfer

Material

Kupferwürfel (1 cm^3), Waage, quadratische Kupfersäule (ca. 6 cm × 1 cm × 1 cm)

Versuchsanleitung

a) Wiege den Kupferwürfel (▷ B 1). Bestimme dann die Dichte ρ des Kupferwürfels: Dividiere dazu die Masse m des Würfels durch sein Volumen V.

b) Wiege danach die Kupfersäule. Berechne das Volumen V und die Dichte ρ der quadratischen Säule. Vergleiche die Dichte des Kupferwürfels mit der Dichte der Kupfersäule.

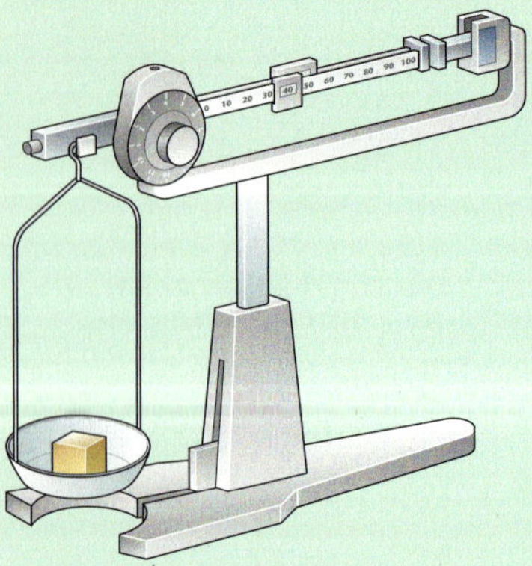

1 Bestimmung der Masse

2 Wir bestimmen die Dichte von Murmeln

Material

10 Tonmurmeln (Ø ca. 1,4 cm), Waage, Messzylinder (50 ml), Wasser, Handtuch

Versuchsanleitung:

a) Wiege drei Murmeln und notiere ihre Masse.

b) Bestimme danach das Volumen V der 3 Murmeln. Fülle dazu 20 ml Wasser in den Messzylinder. Zum richtigen Ablesen des Wasserstandes muss der Messzylinder senkrecht auf den Tisch gestellt werden.

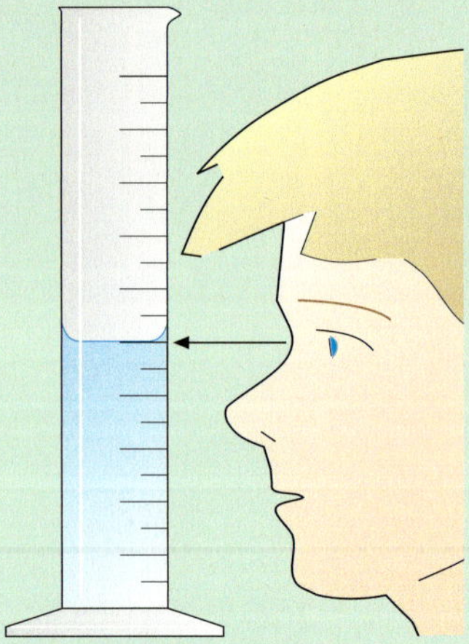

2 Ablesen des Wasserstandes

Schaue dann waagerecht gegen den Wasserrand. Entscheidend für die Wasserhöhe ist die tiefste Stelle des Wasserspiegels (▷ B 2). Gib dann die 3 Murmeln in den mit Wasser gefüllten Messzylinder und lies den neuen Wasserstand ab. Das Volumen der 3 Murmeln entspricht dem verdrängten Wasservolumen (▷ B 3).

c) Berechne die Dichte: Dividiere die Masse m durch das Volumen V.

d) Trockne alle Murmeln mit dem Handtuch ab. Wiederhole den Versuch nun mit 5 und mit 10 Murmeln und berechne deren Dichten. Notiere und vergleiche die Ergebnisse.

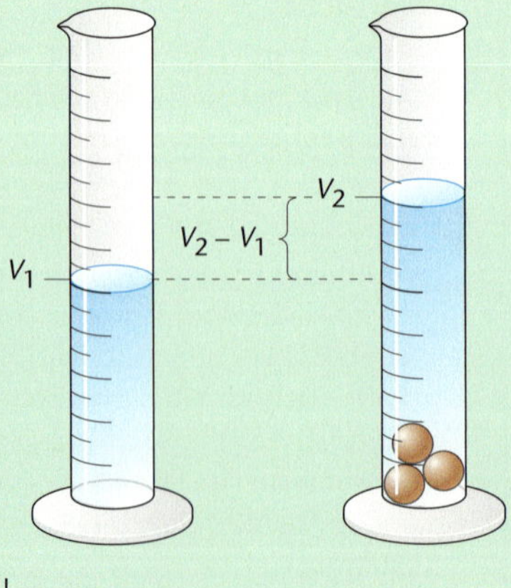

3 Volumenmessung durch Wasserverdrängung

3 Wer hat die größere Dichte?

Material

Messzylinder (50 ml), Wasser, Isopropylalkohol, Waage

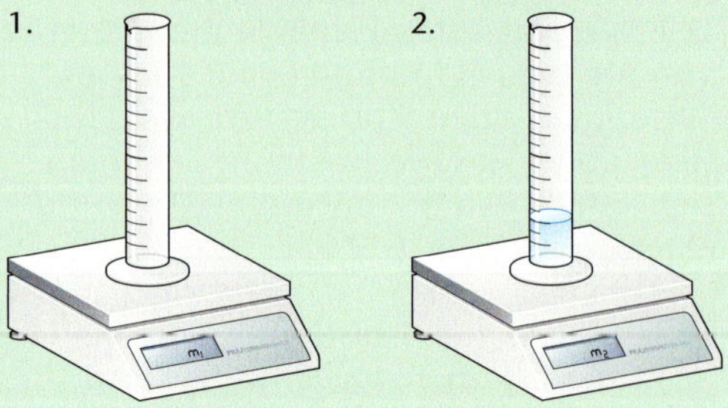

4 Bestimmung der Massen

Versuchsanleitung

Stelle den leeren Messzylinder auf die Waage und bestimme seine Masse m_1 (▷ B 4). Fülle genau 10 ml (= 10 cm^3) Wasser in den Messzylinder und bestimme die Masse m_2 (▷ B 4). Bestimme auch die Masse m_3 von 20 ml und die Masse m_4 von 30 ml Wasser in dem Messzylinder. Wie erhältst du die Masse von 10 ml, 20 ml und 30 ml Wasser? Wiederhole den Versuch mit Isopropylalkohol.

Aufgabe

1. a) Zeichne ein Masse-Volumen-Diagramm (ähnlich wie in ▷ B 5).
b) Trage dann alle Messergebnisse der Versuche ein.
c) Was für Linien ergeben sich?
d) Lies die Dichten der beiden Stoffe aus dem Diagramm ab und berechne sie auch.

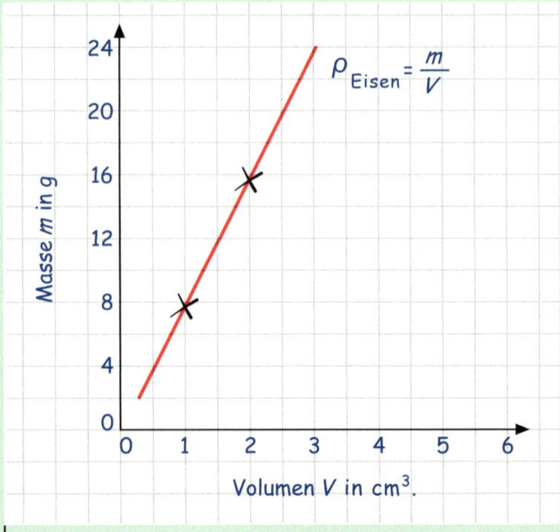

5 Beispiel für ein Masse-Volumen-Diagramm

Die Dichte – eine messbare Stoffeigenschaft

Ein Würfel mit einer Kantenlänge von 1 cm hat ein Volumen von 1 cm^3. Bestimmt man die Massen verschiedener Kubikzentimeter-Würfel, stellt man Unterschiede fest (▷ V 1; B 1). Ein Bleiwürfel ist schwerer als ein Aluminiumwürfel. Beide haben unterschiedlich große Massen, aber das gleiche Volumen. Die Eigenschaft, in der sich Aluminium und Blei unterscheiden, ist ihre **Dichte** ρ (sprich „rho"). Die Dichte ist der Quotient aus der Masse und dem Volumen eines Stoffes. Sie ist eine messbare, charakteristische Stoffeigenschaft. Die Einheit der Dichte ist Gramm pro Kubikzentimeter (g/cm^3).

▶ Die Dichte ρ ist eine charakteristische, messbare Stoffeigenschaft.

$$\text{Dichte} = \frac{\text{Masse}}{\text{Volumen}}; \qquad \rho = \frac{m}{V}$$

Dichtebestimmung von Flüssigkeiten
An einem Messzylinder kann man das Volumen einer Flüssigkeitsmenge direkt ablesen. Dabei ist 1 ml Flüssigkeit gleich einem Volumen von 1 cm^3. Durch Wiegen bestimmt man die Masse der Flüssigkeitsmenge und berechnet aus Masse und Volumen die Dichte des Stoffes.

Dichtebestimmung von Feststoffen
In der Regel liegen die Stoffe nicht als Kubikzentimeter-Würfel vor. Es gibt Platten, eckige und runde Stangen oder ganz unregelmäßig geformte Körper.
Die Bestimmung der Masse ist auch bei unregelmäßigen Körpern einfach. Schwieriger ist es allerdings, ihr Volumen zu ermitteln. Hier kannst du die Methode der Wasserverdrängung anwenden (▷ B 2).

1 Gleich große Würfel aus verschiedenen Stoffen sind unterschiedlich schwer.

Dazu füllst du einen Standzylinder mit Wasser und liest das Volumen ab. Gib nun den zu untersuchenden Körper dazu und miss das Volumen erneut. Das gesuchte Volumen ergibt sich aus der Differenz der beiden Messwerte. Aus Masse und Volumen kannst du dann die Dichte bestimmen. Dichteangaben zu den chemischen Elementen (für 20 °C und 1013 hPa) findest du im Anhang.

Versuch

1 Nimm einige Kubikzentimeter-Würfel aus verschiedenen Stoffen nacheinander in die Hand. Bringe die Würfel in eine Reihenfolge von „leicht" bis „schwer". Überprüfe deine Reihenfolge mit der Waage.

Aufgabe

1 Ein Koffer mit den Maßen: $l = 100$ cm, $b = 50$ cm, $h = 20$ cm soll mit Goldbarren vollständig gefüllt werden.
Welche Masse hat der Koffer, der selbst nur 2 kg wiegt, mit den Goldbarren?

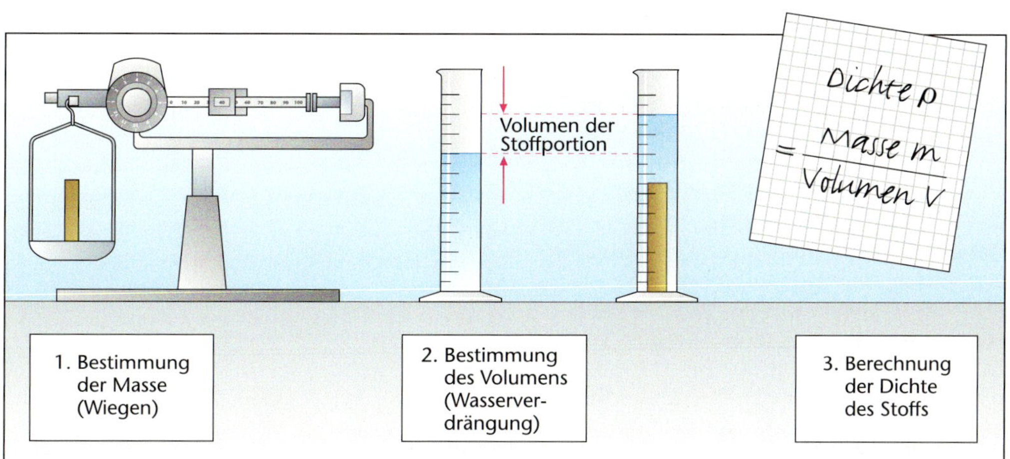

2 Bestimmung der Dichte von Feststoffen

Stoff (bei 20 °C)	**Dichte** ρ in g/cm^3
Holz	ca. 0,80
Wasser	1,00
Aluminium	2,70
Zink	7,14
Eisen	7,87
Kupfer	8,92
Blei	11,40
Gold	19,32

3 Dichten einiger Stoffe

Die Entdeckung des Archimedes

Die Entdeckung in der Badewanne
„Heureka!" schrie der Mann in der Badewanne, „Ich habe es gefunden!", sprang auf und lief jubelnd, nackt wie er war, durch die Straßen der Stadt Syrakus.

1 ARCHIMEDES

Dem großen Erfinder ARCHIMEDES (▷ B 1; 285–212 v. Chr.) war aufgefallen, dass sein Körper in der Wanne aufstieg, wenn er tief einatmete und wenn er ausatmete, sank sein Bauch wieder unter Wasser. So entdeckte er, dass sein Körper in der Wanne durch Einatmen scheinbar um so viel leichter wird, wie das von ihm verdrängte Flüssigkeitsvolumen wiegt. Dieses von ihm entdeckte Naturgesetz nennt man noch heute das **archimedische Prinzip**.

Das archimedische Prinzip
Ein untergetauchter Körper verdrängt so viel Wasser, wie sein Volumen groß ist. Im Wasser wird er um das Gewicht der verdrängten Wassermenge leichter. Nicht die Masse des Körpers bestimmt, ob er schwimmt, sondern die Dichte des Körpers. Beim Einatmen wird die Dichte kleiner, beim Ausatmen größer.

Demnach kann man die Dichte eines Stoffes durch Wägung und Wasserverdrängung bestimmen. Und was für seinen eigenen Körper in der Badewanne gilt, das, so merkte ARCHIMEDES, gilt auch für das Problem seines Königs. Dieser hatte ihn nämlich um Rat gefragt, weil er vermutete, dass eine vom Schmied für ihn gefertigte Zweitkrone aus Falschgold bestand.
Die Zweitkrone sah unglaublich echt aus, gelb glänzend und edel. Und sie wog genau so viel wie eine Krone aus echtem Gold. Wie also kann man echtes Gold von Falschgold unterscheiden?

Wie man Falschgold-Betrüger entlarvt
Auch hier wendete ARCHIMEDES seine Entdeckung an: Er tauchte beide Kronen in Wasser und maß das verdrängte Wasservolumen ab. Er berechnete dann die Dichten der beiden Kronen, indem er jeweils die Masse durch deren Volumen teilte. Denn die Dichte ist bei der Krone aus Falschgold anders als bei der gleich schweren Königskrone aus echtem Gold (▷ B 2).

Die Wägung und Volumenbestimmung der beiden Kronen verhalf hier zur Unterscheidung der Stoffe und zur Überführung des Betrügers. Dieser hatte nämlich andere Metalle im Herdfeuer zu Falschgold zusammengeschmolzen.
ARCHIMEDES wurde königlich belohnt, der Betrüger aber büßte lange Zeit im Kerker.

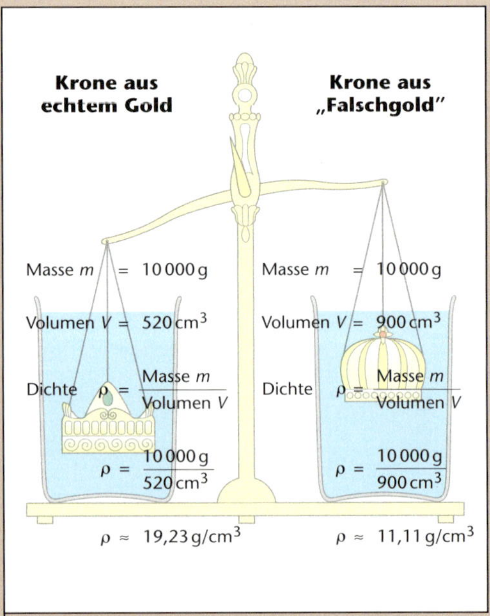

2 Masse-Volumen-Verhältnisse einer Goldkrone und einer Falschgoldkrone

Steckbrief von Trinkalkohol

1 Wie sind Alkohol und Wasser zu unterscheiden?

Material
Schutzbrille, Reagenzglasgestell, 2 Reagenzgläser, Messzylinder, wasserfester Filzstift, reiner Alkohol, destilliertes Wasser

Versuchsanleitung
a) Gib ca. 15 ml Alkohol und ca. 15 ml destilliertes Wasser in je ein Reagenzglas. Kennzeichne das Reagenzglas mit dem Alkohol mit dem Filzstift. Halte beide Gläser gegen das Licht und vergleiche. Gibt es einen Unterschied?

b) Rieche am Wasser und am Alkohol. Notiere die Ergebnisse.

2 Welche Dichte hat Alkohol?

Material
Schutzbrille, Messzylinder (50 ml), Waage, Alkohol

Versuchsanleitung
a) Wiege den leeren Messzylinder und notiere seine Masse m_1.
b) Gib 10 ml (= 10 cm³) Alkohol in den Messzylinder und wiege wieder. Notiere die Masse m_2 (▷ B 1).
c) Berechne die Masse von 10 ml Alkohol.
d) Berechne die Dichte von Alkohol: $\rho_{\text{Alkohol}} = \frac{m_{\text{Alkohol}}}{10\,\text{cm}^3}$ (▷ B 1).

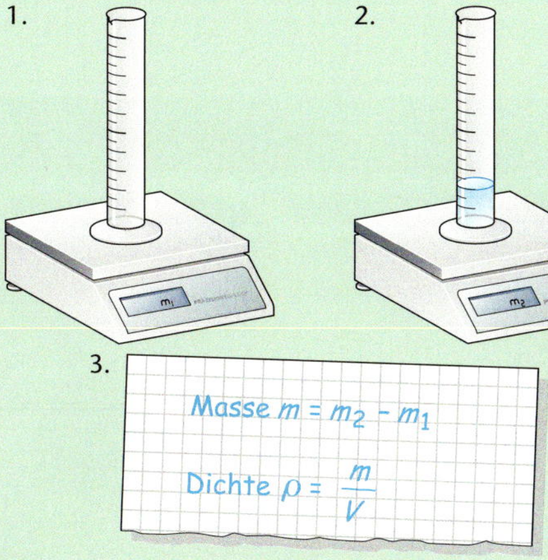

1 Bestimmung der Dichte von Alkohol

3 Brennt Alkohol?

Material
Schutzbrille, Tropfpipette, Ceranplatte, Streichhölzer, Alkohol

Versuchsanleitung
Tropfe maximal 5 bis 6 Tropfen Alkohol mithilfe der Tropfpipette auf die Ceranplatte. Sorge dafür, dass in der näheren Umgebung kein brennbarer Stoff steht. Zünde dann ein Streichholz an und prüfe, ob der Alkohol brennt.

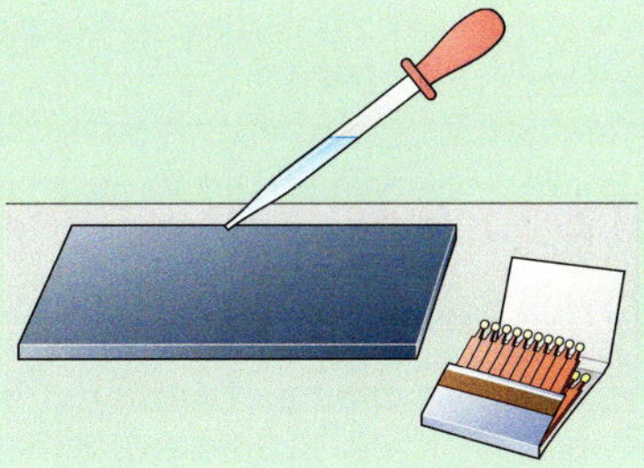

2 Bestimmung der Brennbarkeit

4 Wann siedet Alkohol?

Material
Schutzbrille, Becherglas (250 ml), Reagenzglas, Thermometer, Dreifuß mit Keramik-Drahtnetz, Gasbrenner, Stativ, 2 Doppelmuffen, 2 Universalklemmen, Siedesteinchen, Bindfaden, Wasser, Alkohol

Versuchsanleitung
Fülle das Becherglas etwa zur Hälfte mit Wasser und stelle es auf den Dreifuß über den Gasbrenner.
Gib in das Reagenzglas 1 bis 2 cm hoch Alkohol und 2 Siedesteinchen. Befestige das Reagenzglas so am Stativ, dass es durch Absenken gut in das Becherglas getaucht werden kann. Das Stativ mit dem Reagenzglas wird zunächst weit weg vom Gasbrenner gestellt. Erhitze jetzt das Wasser auf dem Dreifuß zum Sieden (▷ B 3a). Schließe dann die Gaszufuhr zum Brenner. Senke nun das Reagenzglas am Stativ so ab, dass es in das Wasserbad eintaucht. Der Alkohol im Reagenzglas muss sich dabei vollständig im Wasserbad befinden. Hänge ein Thermometer ins Reagenzglas (▷ B 3b).
Lies die Temperatur ab, wenn diese nicht mehr ansteigt.

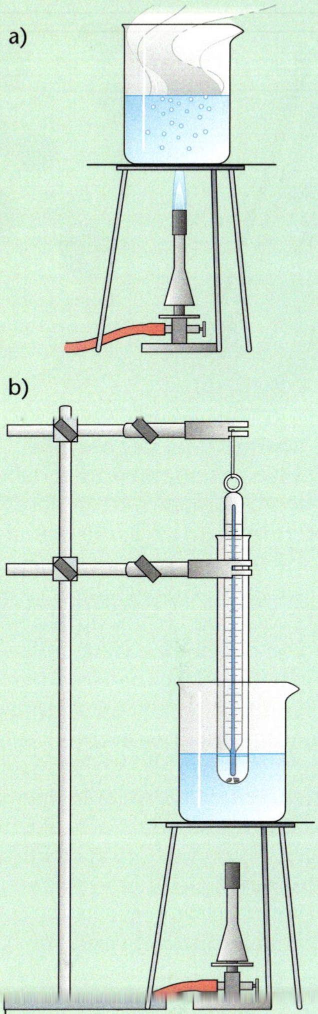

3 Bestimmung der Siedetemperatur

Aufgabe
Erstelle mit den Ergebnissen aus den Versuchen einen Steckbrief für Alkohol.
Vergleiche mit dem Steckbrief von Wasser (▷ B 4).

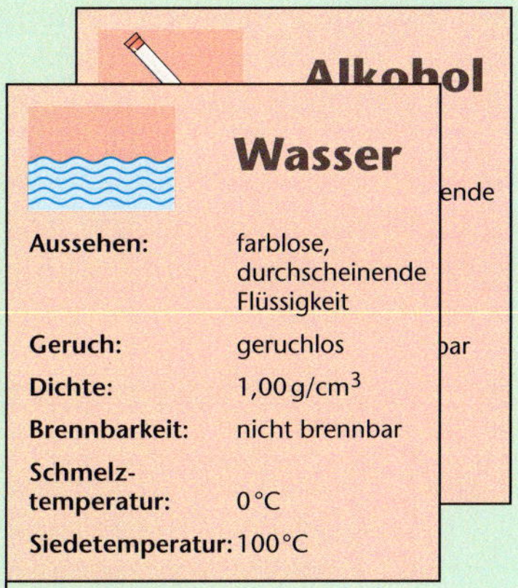

4 Steckbriefe

1 Quecksilber ist das einzige bei Raumtemperatur flüssige Metall.

Leichtmetalle	Dichte (g/cm³)
Magnesium	1,74
Aluminium	2,7
Schwermetalle	**Dichte (g/cm³)**
Eisen	7,87
Kupfer	8,92
Blei	11,4
Quecksilber	13,6
Gold	19,32
Platin	21,4

2 Einteilung der Metalle nach ihrer Dichte

Name der Legierung	Verwendung
Glockenbronze (20-25% Zinn)	Glocken, Plastiken
Messing, rot (20% Zink)	unechtes Blattgold
Messing, gelb (30-40% Zink)	Beschläge, Blasinstrumente
Neusilber (12–44% Zink, 11–26% Nickel)	Essbestecke
Konstantan (45% Nickel)	Widerstandsdraht

3 Einige Kupferlegierungen und ihre Verwendung

Die Stoffgruppe der Metalle

Stoffeigenschaften können dabei helfen, Stoffe in Gruppen einzuteilen. Stoffe einer Stoffgruppe, wie z. B. die Metalle, haben einander ähnliche oder gemeinsame Eigenschaften. Die Metalle erkennt man an vier typischen Eigenschaften (▷V 1): Alle Metalle haben eine glänzende Oberfläche. Wegen ihres Aussehens werden Metalle oft zu Schmuckstücken oder Münzen verarbeitet. Aufgrund ihrer leichten Verformbarkeit werden Metalle als Werkstoffe verwendet. Zudem leiten alle Metalle den elektrischen Strom und sind gute Wärmeleiter. Deswegen werden sie oft in elektrischen und technischen Geräten verwendet.

▶ Metalle sind gut verformbar, glänzend, elektrisch leitfähig und gute Wärmeleiter.

Daneben gibt es sehr viele Stoffe, die diese Eigenschaftskombination nicht aufweisen. Diese Stoffe zählt man deshalb zur Stoffgruppe der **Nichtmetalle**. Typische Nichtmetalle sind z. B. Schwefel (▷B 4; B 5), Iod, Kohlenstoff und Phosphor.

Einteilung der Metalle

Die Vielzahl der Metalle macht es notwendig, diese in weitere Untergruppen einzuteilen. So werden die Metalle nach ihrer Dichte in Leicht- und Schwermetalle eingeteilt (▷B 2). Metalle ab einer Dichte von $\rho = 4{,}50\,g/cm^3$ werden als **Schwermetalle** bezeichnet (▷B 2). Metalle mit einer geringeren Dichte zählt man zu den **Leichtmetallen**.

Versuch

1 ▶ Prüfe das Aussehen, die elektrische Leitfähigkeit, die Wärmeleitfähigkeit und die Härte von verschiedenen Metallen.

Weiterhin kann man die Metalle in unedle und edle Metalle einteilen. **Unedle Metalle** (z. B. Blei, Zink) zeigen ihren metallischen Glanz nur, nachdem man ihre Oberflächen bearbeitet hat. Dagegen behalten die **Edelmetalle** (z. B. Gold, Platin) ihren Glanz.

Legierungen

Werden verschiedene Metalle miteinander verschmolzen, so erhält man Legierungen, die wie reine Metalle aussehen. In ihren Eigenschaften unterscheiden sie sich von den reinen Metallen, aus denen sie bestehen. Bekannte Legierungen sind z. B. **Messing** und **Bronze** (▷B 3). **Weiß- und Rotgold** sind Legierungen aus Gold und Silber bzw. Gold und Kupfer.

Aufgaben

1 Nenne einige Leicht- und Schwermetalle.

2 Aus welchem Werkstoff wird eine Tuba hergestellt?

3 Nenne zwei wichtige Legierungen.

4 Schwefelkristall

5 Schwefelpulver

Goldmacher und Goldsucher

Der Goldrausch im Wilden Westen
Es war der 17. August 1896. George Washington Carmack, ein einsamer Jäger, Trapper, Abenteurer und Digger (Goldgräber), wusch in seiner Goldwäscherschale etwas Flusssand am Klondike River in Yukon / Nordkanada. Plötzlich funkelte ihm etwas gelb Glänzendes entgegen, das viel schwerer war als der leicht wegwaschbare Flusssand. Das muss es sein, dachte sich Carmack. Sein Herz schlug ihm bis zum Hals, wie wahnsinnig durchwühlte er das Bachbett und machte den Fund seines Lebens: riesige Goldnuggets!

Schon bald waren viele Menschen vom Goldrausch ergriffen. Tausende von Familienvätern brachen trotz hereinbrechenden Winters Hals über Kopf in Richtung Alaska auf, selbst der Bürgermeister von Seattle verließ plötzlich seine Stadt. Nach wenigen Wochen kamen über 100 000 Menschen aus vielen Ländern in die Goldgräberstadt Dawson City. Wie besessen steckten sie „claims“ ab und tauten den inzwischen gefrorenen Boden mit Feuer auf, um an den Goldsand und die Nuggets zu kommen. Tausende von Diggern erfroren in diesem Winter 1896/97.

Goldgewinnung heute
Die meist verwendeten Verfahren zur Gewinnung von Gold aus Gestein sind heute das Amalgamverfahren und das Cyanidverfahren. Beim **Amalgamverfahren** wird das Gestein in flüssiges Quecksilber getaucht. Gold bildet mit Quecksilber eine Amalgamlegierung und kann so vom „tauben Gestein“ getrennt werden. Nach dem Verdampfen des giftigen Quecksilbers bleibt dann Gold zurück. Bei dem **Cyanidverfahren** wird Gold mithilfe einer hochgiftigen Cyanidlösung aus dem Erz herausgelöst.

Dass die Verfahren zur Goldgewinnung gefährlich sind und Unfälle passieren können, zeigte sich am 30. Januar 2000 in Baia Mare (Rumänien). Hier hatte man die Cyanidabfälle, die eine große Menge giftiges Cyankali enthielten, in einem offenen Becken aufbewahrt. Regengüsse ließen es überlaufen, die Dämme brachen und die giftige Lösung gelangte in die Umwelt. Viele Fische in den fischreichen Flüssen Theiß und Donau überlebten diese Katastrophe nicht.

1 Goldgewinnung

Aufgaben

1 Welche Stoffeigenschaften von Gold nutzt man aus, um es von Quarzsand und Gestein zu trennen?

2 Gold ist sehr teuer. Deswegen werden heute beträchtliche Mengen Gold aus Altgold wiedergewonnen.
Aus welchen Gegenständen kann Gold wiedergewonnen werden?

3 Welche Stoffeigenschaften des Goldes nutzt man aus, wenn es
a) in der Elektroindustrie,
b) bei der Folien- / Blattgoldherstellung,
c) als Schmuckmetall verwendet wird?

Modell- und Teilchenvorstellung

Modell und Wirklichkeit
Du kennst Modellautos, Modelleisenbahnen oder Puppenhäuser.

- Vergleiche die Modelle mit ihren Vorbildern: einem Auto, einer Lokomotive, einem Waggon, einem Haus.

- Beschreibe die Gemeinsamkeiten und Unterschiede von Modellen und ihren Vorbildern.

Funktionsmodelle
In der Automobilindustrie werden Automodelle eingesetzt. An ihnen testet man im Windkanal die Strömungseigenschaften der Karosserie.

- In welchen Eigenschaften muss ein solches Automodell mit einem wirklichen Auto übereinstimmen?

- Welche Teile benötigt das Modell nicht?

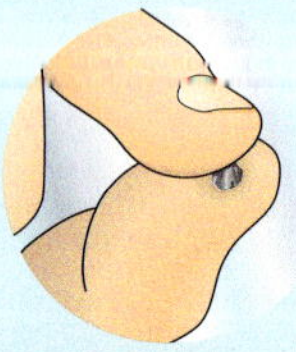

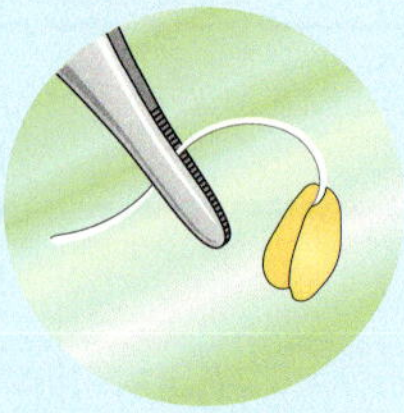

Was ist wohl das Allerkleinste?
Überlege einmal genau: Was ist das Allerkleinste, was du dir vorstellen kannst? Eine Ameise meinst du, oder ein Staubkörnchen?

- Gibt es nicht vielleicht noch viel kleinere Dinge als ein Staubkörnchen? Diskutiere mit deinen Klassenkameraden und -kameradinnen.

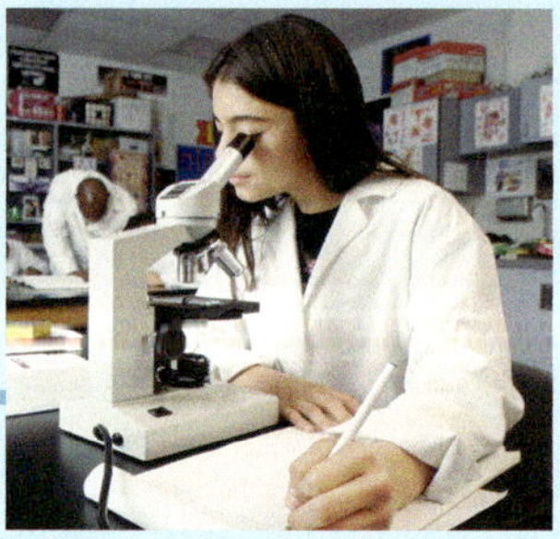

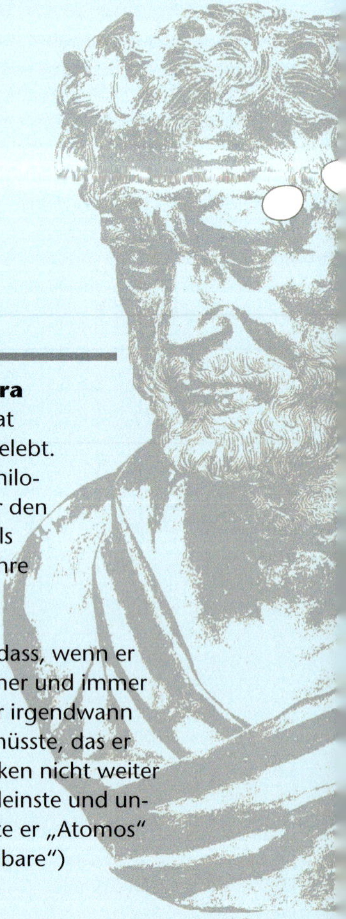

Demokrit von Abdera
DEMOKRIT VON ABDERA hat von 460 – 371 v. Chr. gelebt. Eigentlich war er ein Philosoph, doch heute ist er den Chemikern vor allem als Begründer der Atomlehre bekannt.

Er hatte sich gedacht, dass, wenn er einen Gegenstand immer und immer wieder teilen würde, er irgendwann ein Teilchen erhalten müsste, das er selbst in seinen Gedanken nicht weiter teilen könnte. Dieses kleinste und unteilbare Teilchen nannte er „Atomos" (griech. für „das Unteilbare")

Ein eigenes Modell finden

Niemand hat bisher die kleinsten Teilchen, von denen schon DEMOKRIT gesprochen hat, mit eigenen Augen gesehen.
Trotzdem haben sich Vorstellungen über den Aufbau und das Aussehen dieser Teilchen entwickelt. Diese Vorstellungen sind aus der Beobachtung von Naturerscheinungen, aus der Phantasie und aus der Deutung von Experimenten entstanden.

● Lege zu Hause einen Gegenstand in einen Schuhkarton und verschließe den Karton. Befestige den Deckel am besten mit einem Klebestreifen.

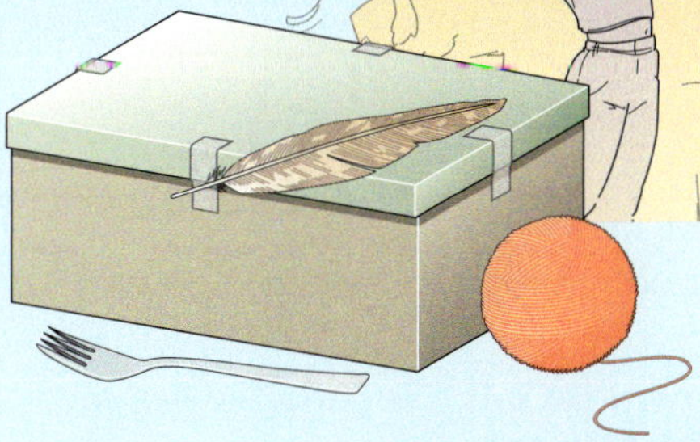

Tauscht in der Klasse die Kartons aus, ohne sie zu öffnen. Bildet Kleingruppen und sammelt gemeinsam Informationen über den nicht sichtbaren Gegenstand im verschlossenen Karton.

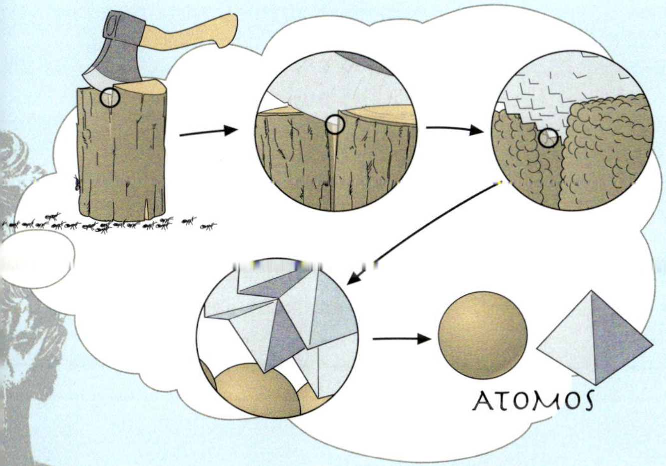

● Was haltet ihr von seiner Idee? Wie könntet ihr sie nachprüfen?

● Sind all die Dinge, die uns umgeben, nur aus einer Art unteilbarer Teilchen aufgebaut, oder gibt es verschiedene Sorten davon?

Wir sind Künstler

Künstler können alles. Sie können Teile von etwas herausnehmen oder welche hinzufügen. Oder sie stellen die Dinge auf den Kopf, machen sich einen Spaß aus etwas Ernstem oder verwandeln etwas Lustiges zu etwas bitter Ernstem. Damit helfen sie uns, die Welt mit anderen Augen zu betrachten und immer wieder neue Ideen zu finden.

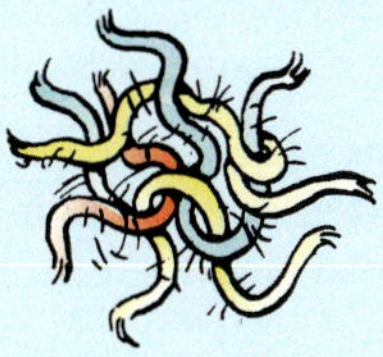

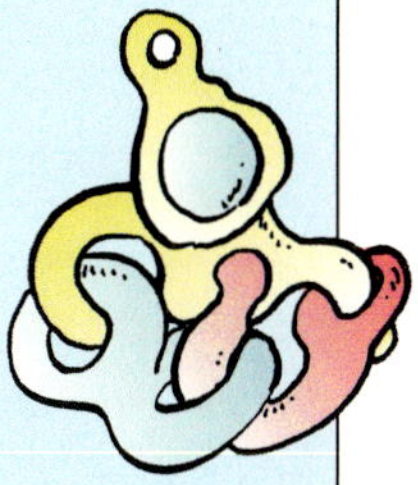

● Probiere es doch einfach mal aus. Sei ein Künstler! Male oder bastele dir kleinste Teilchen, so wie du sie dir vorstellst.

1 Die Heliumteilchen „schlüpfen" durch die Hülle des Luftballons (Längsschnitt).

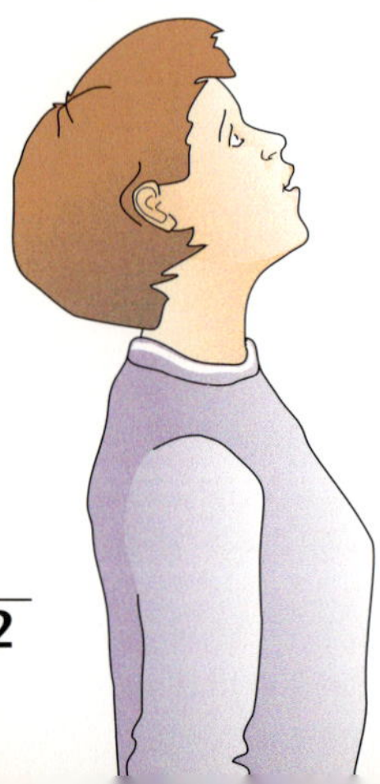

Warum wird ein mit Gas gefüllter Ballon allmählich kleiner?
Füllt man einen Luftballon mit dem nicht brennbaren Gas Helium und einen weiteren Luftballon aus gleichem Material mit Sauerstoff, so schrumpft bei gleicher Ausgangssgröße der mit Helium gefüllte Ballon viel schneller (▷V 1).

Diese Beobachtung lässt sich leicht erklären, wenn wir davon ausgehen, dass die beiden Gase aus kleinen Teilchen bestehen. Die Hülle eines Luftballons enthält viele winzige Öffnungen. Wird der Ballon mit Gas gefüllt, so dehnt sich die Hülle aus und die Öffnungen werden größer. Durch diese Öffnungen „schlüpfen" die kleinen Teilchen (▷B 1).
Ein Heliumteilchen ist kleiner als ein Sauerstoffteilchen. Die Heliumteilchen können deshalb schneller durch Öffnungen der Ballonhaut schlüpfen als die Sauerstoffteilchen.

Verallgemeinert man diese Deutung, so bestehen Stoffe aus kleinen Teilchen. Die Teilchen verschiedener Stoffe sind unterschiedlich groß.

Ein überraschendes Ergebnis
Wenn du zwei Flüssigkeiten mit dem gleichen Volumen in ein Gefäß gießt, so erwartest du, dass das Gemisch das doppelte Volumen einnimmt.

Gießt man 50 ml Alkohol sehr vorsichtig zu 50 ml Wasser, bilden sich zwei Flüssigkeitsschichten. Das Gesamtvolumen beträgt 100 ml. Mischt man die beiden Flüssigkeiten, stellt sich eine Volumenverminderung ein. Dagegen zeigt eine Wägung, dass die Masse sich nicht ändert (▷V 2). Es ist also nichts verloren gegangen.

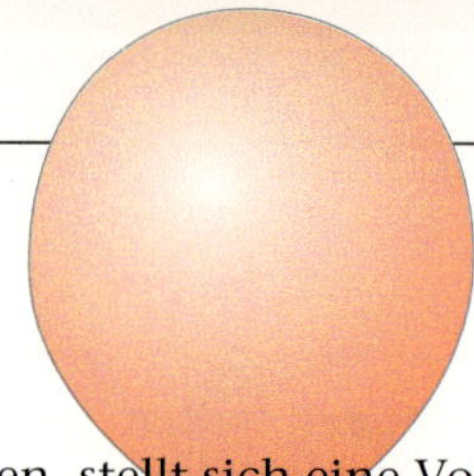

Wie kann diese Volumenverminderung gedeutet werden?

Ein Modellversuch zur Veranschaulichung der Volumenverminderung
Auch Wasser und Alkohol bestehen aus kleinen Teilchen. Geht man davon aus, dass die Alkoholteilchen größer sind als die Wasserteilchen, können beim Durchmischen einige der kleineren Wasserteilchen in die Lücken zwischen den größeren Alkoholteilchen „schlüpfen".

Ein Modellversuch (▷B 2) bestätigt diese Überlegungen. Gießt man 50 ml Erbsen zu 50 ml Senfkörnern, so ist zunächst keine Volumenverringerung zu erkennen. Diese tritt aber beim Durchmischen ein. Die kleineren Senfkörner sind in die Lücken zwischen den Erbsen gerutscht.

Versuche

1 a) Man füllt einen runden Luftballon mit Helium. Dann bestimmt man an der breitesten Stelle den Umfang. Der Ballon wird mit einer Schnur an einem Stativ befestigt. Nach ca. 15 Minuten, ca. 30 Minuten, einigen Stunden und Tagen wird der Umfang erneut bestimmt.
b) Mit einem Luftballon aus gleichem Material wiederholt man den Versuch. Den Ballon füllt man mit Sauerstoff.

2 Fülle einen Messzylinder genau mit 50 ml Alkohol. Gieße dann langsam den Alkohol in einen Messzylinder, der mit 50 ml Wasser gefüllt ist. Betrachte die Flüssigkeit im durchscheinenden Licht und lies das Volumen ab. Wiege den Messzylinder mit dem Gemisch und notiere das Ergebnis. Vermische mit einem Glasstab die Lösungen intensiv. Achte darauf, dass keine Flüssigkeit herausspritzt. Wenn die Flüssigkeit sich beruhigt hat, lies erneut das Volumen ab und wiege nochmals.

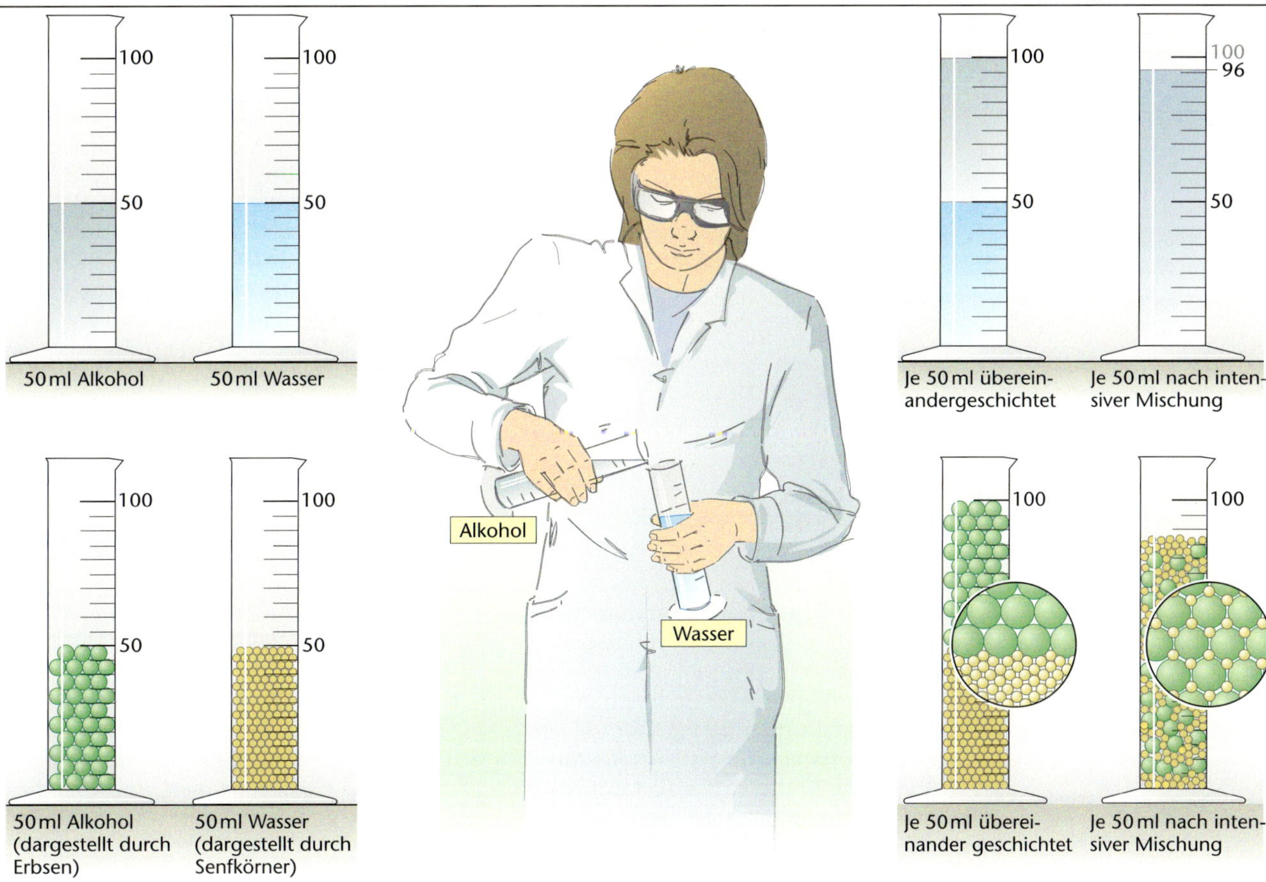

2 Ein Modellversuch zur Erklärung der Volumenverminderung

Diese Beobachtungen und Deutungen führen zu einer Modellvorstellung über den Aufbau der Stoffe. Danach sind alle Stoffe aus kleinsten kugelförmigen Teilchen aufgebaut. Dieses Modell nennt man **Kugelteilchen-Modell**.

> Merkmale des Kugelteilchen-Modells: Alle Stoffe bestehen aus kleinsten kugelförmigen Teilchen.
> Die Teilchen eines Stoffes sind untereinander gleich. Sie haben die gleiche Größe und Masse.

Man spricht von kleinsten Teilchen, weil man diese Teilchen zunächst als nicht weiter teilbar ansieht. Später werden wir Tatsachen kennenlernen, die uns zwingen, die Vorstellung über den Aufbau dieser Teilchen zu ändern.

Der Modellbegriff

Modelle sind aus dem Alltag bereits bekannt. Sie stellen mehr oder weniger gute Abbilder eines Originals dar. Eine Modelleisenbahn gibt zum Beispiel viele Details einer echten Eisenbahn verkleinert aber wirklichkeitsgetreu wieder.

Hingegen versuchen viele Modelle in den Naturwissenschaften – so auch das Kugelteilchen-Modell –, Beobachtungen zu erklären.

> Modelle in der Chemie sind keine Abbilder eines Originals, sondern Vorstellungs- und Erklärungshilfen.

Modelle haben Grenzen

Mit dem Kugelteilchen-Modell lassen sich viele Erscheinungen anschaulich erklären. Stoffe können aber Eigenschaften haben, für die das Modell keine Erklärung liefert. Erbsen und Senfkörner haben eine Farbe, über die Farbe der kleinsten Teilchen können wir aber nichts aussagen. Beim Mischen von Wasser und Alkohol tritt eine Erwärmung auf, auch diese lässt sich nicht mit dem Kugelteilchen-Modell erklären. Wir müssen uns etwas Neues überlegen.

Aufgabe

1 Du lässt einen mit Helium gefüllten Ballon an die Decke deines Zimmers steigen. Nach drei Tagen liegt der Ballon schlaff auf dem Boden. Erkläre!

1 Wie schnell breitet sich der Duft aus?

Ein Duft breitet sich aus

Der Duft eines stark riechenden Parfüms, das in einem offenen Gefäß auf dem Experimentiertisch steht, ist nach kurzer Zeit im ganzen Raum wahrnehmbar. Man könnte vermuten, dass der Geruchsstoff durch Luftströmungen im Raum transportiert wird. Allerdings breitet sich der Geruchsstoff auch in einem geschlossenen Raum ohne Luftströmungen aus. Bei dieser Ausbreitung findet eine vollständige Durchmischung des Geruchsstoffs mit der Luft statt.

Diffusion

Die Durchmischung von Geruchsstoff und Luft lässt sich gut erklären, wenn man davon ausgeht, dass die kleinsten Teilchen in ständiger Bewegung sind.
Die kleinsten Teilchen des Geruchsstoffs wandern in die Lücken zwischen den Teilchen der Luft. Ebenso wandern die Teilchen der Luft in die Lücken zwischen den Teilchen des Geruchsstoffs.
Eine solche selbstständige Durchmischung verschiedener Stoffe heißt **Diffusion**.
Die Diffusion beruht auf der Eigenbewegung der kleinsten Teilchen. Die Bewegung der Teilchen ist dabei völlig regellos und ungeordnet. Nicht nur die kleinsten Teilchen eines Gases, sondern auch die einer Flüssigkeit oder eines Feststoffs führen eine Eigenbewegung aus.

Aufgabe

1 Gibt man ein Stück Würfelzucker in Wasser, so löst es sich langsam auf. Beschreibe anhand der Abbildungen in Bild 2 die Bildung der Zuckerlösung mithilfe des Teilchenmodells.

2 Lösen von Zucker im Teilchenmodell

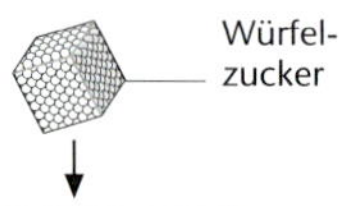

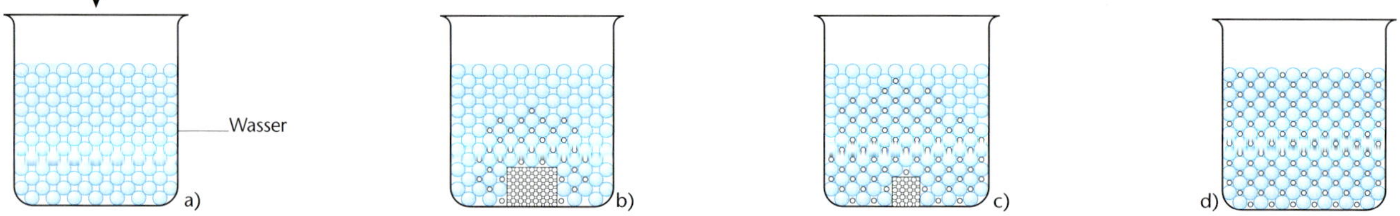

Zeitpunkt

Die Entdeckung von Robert Brown

1 Robert Brown

Der englische Botaniker Robert Brown untersuchte Blütenpollen von Pflanzen. Im Jahr 1827 betrachtete er kleine Pollenkörnchen in einem Tropfen Wasser unter dem Mikroskop. Dabei entdeckte er eine unregelmäßige Zitterbewegung, die Pollen bewegten sich wie von selbst. Zuerst glaubte er, kleine Lebewesen entdeckt zu haben.

Die Zitterbewegung wird von den unsichtbaren kleinsten Wasserteilchen hervorgerufen, die sich ständig bewegen und die Blütenpollen in unregelmäßigen Abständen anstoßen. Durch zahlreiche Stöße bewegen sich die Pollen auf einer Zickzackbahn (▷ B 2). Diese unregelmäßige Zitterbewegung wird nach ihrem Entdecker **Brown´sche Bewegung** genannt.

2 Brown´sche Bewegung eines Teilchens

Kugelteilchen in Feststoffen

In einem **Feststoff** sind die Teilchen regelmäßig angeordnet. Sie bewegen sich nur sehr wenig, die Abstände zwischen ihnen sind sehr klein. Zwischen den Teilchen wirken starke Anziehungskräfte, die dafür sorgen, dass der Feststoff zusammenhält. Daher sind große Kräfte nötig, um einen Feststoff zu zerbrechen.

Kugelteilchen in Flüssigkeiten

Gibt man eine **Flüssigkeit** in ein Gefäß, so passt sie sich der Gefäßform an. Auch zu dieser Beobachtung bietet das Kugelteilchen-Modell eine Erklärung.
Damit sich eine Flüssigkeit der Gefäßform anpassen kann, müssen die Teilchen gegeneinander beweglich sein. Das bedeutet, dass die Anziehungskräfte zwischen den Teilchen in einer Flüssigkeit sich geringer auswirken als in Feststoffen. In der Flüssigkeit ist der Abstand zwischen den Teilchen größer als im Feststoff.

Kugelteilchen in Gasen

Erhitzt man eine Flüssigkeit bis zum Sieden, entsteht ein **Gas**. Gasförmige Stoffe nehmen den gesamten Raum ein, der ihnen in einem Gefäß zur Verfügung steht. Außerdem können sie entweichen, wenn das Gefäß offen ist.
Diese Beobachtung kann man damit erklären, dass die Teilchen in einem Gas einen sehr großen Abstand zueinander haben. Die Anziehungskräfte zwischen den Teilchen wirken sich noch schwächer aus als in einer Flüssigkeit. Die Teilchen können sich frei und regellos im Raum bewegen.

Kugelteilchen in Bewegung: Von fest über flüssig nach gasförmig ...

Führt man einem Feststoff Energie zu, so nehmen die Teilchen des Stoffes die Energie auf. Sie bewegen sich schneller und die Anziehungskräfte zwischen ihnen wirken sich schwächer aus. Der Stoff wird flüssig (▷ B 1).
Wird eine Flüssigkeit weiter erhitzt, so wird sie gasförmig. Den Kugelteilchen wird noch mehr Energie zugeführt, ihre Eigenbewegung nimmt weiter zu. Die Teilchen entfernen sich weiter voneinander, sodass die Anziehungskräfte kaum noch wirksam sind (▷ B 1).

... und wieder zurück

Gase kondensieren beim Abkühlen zu Flüssigkeiten. Durch den Entzug von Energie verringert sich die Teilchenbewegung und die Teilchen nähern sich einander an. Die Anziehungskräfte zwischen den Teilchen wirken sich wieder stärker aus.
Beim weiteren Abkühlen erstarrt die Flüssigkeit, sie wird fest. Durch den Entzug von Energie nimmt die Bewegung der Teilchen weiter ab und sie ordnen sich regelmäßig an (▷ B 1).

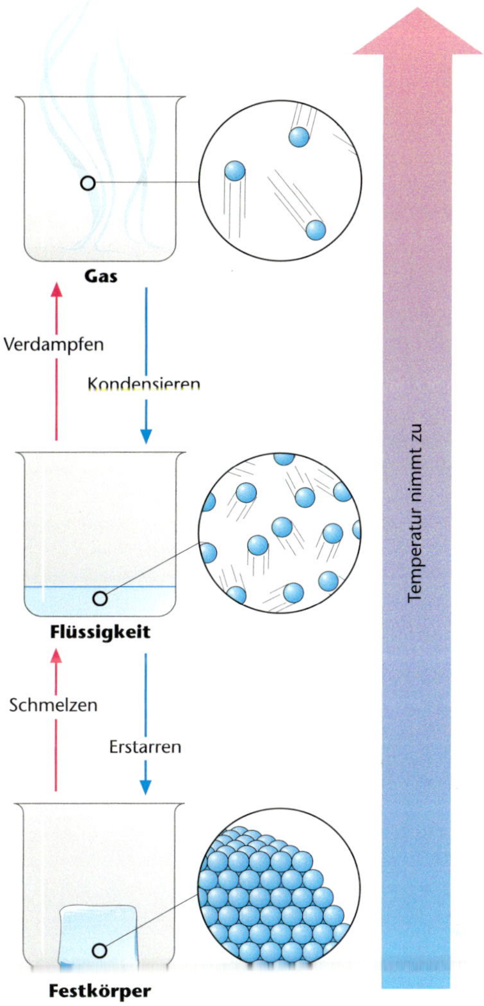

1 Die Aggregatzustände im Teilchenmodell

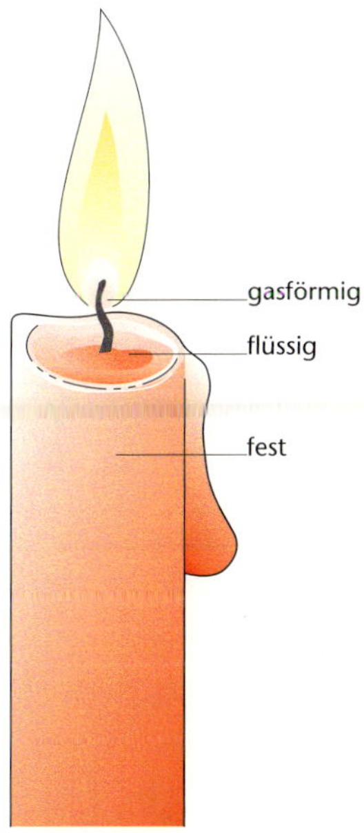

2 Hier liegt das Wachs in den drei Aggregatzuständen vor.

Aufgaben

1 Beschreibe die Änderung der Aggregatzustände am Beispiel einer brennenden Kerze (▷ B 2). Verwende dazu das Kugelteilchen-Modell.

2 Trockeneis ist festes Kohlenstoffdioxid. Bei Raumtemperatur sublimiert es. Deute den Vorgang mit dem Teilchenmodell.

1 Chemikalienetikett des Reinstoffes Kupfer

2 Brausepulver – ein künstliches Stoffgemisch

3 Granit – ein natürliches Stoffgemisch

Reinstoffe – Stoffe aus nur einem Stoff
Stoffe wie Eisen, Kochsalz oder Wasser werden als Reinstoffe bezeichnet, wenn sie nicht mit anderen Stoffen vermischt sind. **Reinstoffe** sind durch messbare Eigenschaften wie Siedetemperatur, Schmelztemperatur und Dichte gekennzeichnet.

Stoffe so zu reinigen, dass sie tatsächlich nur noch aus einem einzigen Stoff bestehen, ist sehr schwierig. Selbst Laborchemikalien, die auf dem Etikett mit der Angabe „reinst" versehen sind, enthalten noch sehr geringe Mengen an Verunreinigungen (▷ B 1).

Stoffgemische enthalten mehrere Stoffe
Im Alltag begegnen uns häufig Produkte, die aus unterschiedlichen Stoffen zusammengemischt sind. Dazu gehören beispielsweise Brausepulver (▷ B 2), Kosmetika, Waschmittel, Medikamente, Farben oder verschiedene Lebensmittel. Sind mehrere Stoffe miteinander vermischt, spricht man von einem **Stoffgemisch**.

Reinstoffe sind Stoffe, die nur aus einem Stoff bestehen.
Stoffgemische enthalten mindestens zwei Reinstoffe.

Viele Stoffgemische findet man auch in der Natur. Betrachtet man z. B. ein Stück Granit genauer, stellt man fest, dass er aus drei unterschiedlichen Bestandteilen besteht: aus rötlichem Feldspat, aus weißem Quarz und aus schwarzem Glimmer (▷ B 3). Häufig wird erst unter der Lupe oder dem Mikroskop sichtbar, ob es sich um ein Stoffgemisch handelt.

Aufgaben

1 Ordne nach Reinstoffen und Stoffgemischen:
Meerwasser, Mineralwasser, Aluminiumfolie, Apfelsaft, Milch, Goldkette, Eisenschraube, Holzleim, Spülmittel, Kupferblech, Tee.

2 Wie bezeichnet man ein Gemisch aus
a) Benzin und Wasser,
b) Zucker und Wasser,
c) Zucker und Mehl,
d) Sand und Wasser?

3 Nenne die Bestandteile der Stoffgemische in Bild 4 bis 9.

Arten von Stoffgemischen

Bei einigen Stoffgemischen kann man die einzelnen Bestandteile deutlich erkennen. So erkennt man im Granit mit bloßem Auge die drei unterschiedlichen Bestandteile (▷ V 1). Manchmal kann man die einzelnen Bestandteile eines Stoffgemisches nur mit der Lupe oder unter dem Mikroskop unterscheiden. Solche Stoffgemische werden **heterogene Stoffgemische** genannt (griech.: heteros, verschieden).

Löst man jedoch etwas Kochsalz oder Zucker in Wasser, dann sieht die entstandene **Lösung** wie ein einheitlicher Stoff aus. Die gelösten Bestandteile sind auch unter dem Mikroskop nicht mehr zu erkennen (▷ V 2). Solche Stoffgemische werden als **homogene Stoffgemische** (griech.: homo, gleichartig) bezeichnet.

4 Mineralwasser

5 Kirschwasser

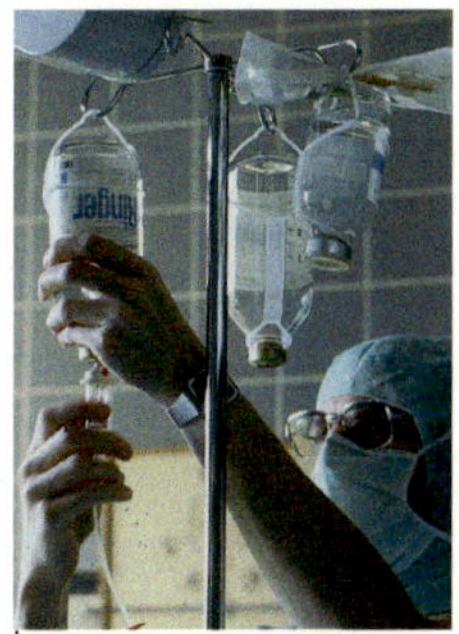

6 Kochsalzlösung

7 Nebel

8 Rauchwolke

9 Milch

▶ Bei heterogenen Stoffgemischen sind die unterschiedlichen Bestandteile zu erkennen. Bei homogenen Stoffgemischen sind sie nicht erkennbar.

Je nach Aggregatzustand der einzelnen Bestandteile vor der Mischung gibt es für Stoffgemische eigene Fachbegriffe (▷ B 10).

Wird ein fester, wasserunlöslicher Stoff in Wasser fein verteilt, bildet sich eine **Suspension**. Verrührt man beispielsweise Kalk in Wasser (▷ V 3a), dann bildet sich zunächst eine milchig aussehende Suspension. Nach kurzer Zeit setzen sich die festen Kalkpartikel am Boden des Gefäßes ab. Versucht man Öl und Wasser miteinander zu mischen, so erhält man eine **Emulsion** (▷ V 3b). Bei einer Emulsion ist eine Flüssigkeit in feinen Tropfen in einer anderen Flüssigkeit verteilt (▷ B 9).
Bei vielen Emulsionen wie Sonnenmilch oder Majonäse wird das Entmischen durch Zugabe von Emulgatoren verzögert.

Verteilen sich feinste Flüssigkeitströpfchen in einem Gas, dann entsteht ein **Nebel** (▷ B 7).

Ein Gemisch feinster Feststoffpartikel in einem Gas nennt man **Rauch** (▷ B 8). Beim Zigaretten- oder Schornsteinrauch sind feinste Partikel mit Luft gemischt.

Versuche

1 Betrachte Gartenerde, Granitgestein, Brausepulver, Schwefelpulver und Eisenpulver unter der Lupe. Wie viele Bestandteile sind zu erkennen?

2 Löse im Reagenzglas eine Spatelspitze Kochsalz in destilliertem Wasser. Betrachte die Lösung unter einer Lupe oder einem Mikroskop.

3 Gib a) eine Spatelspitze Kalk b) einige Tropfen Speiseöl in ein mit Wasser gefülltes Reagenzglas. Schüttle kräftig und lasse das Gemisch einige Minuten lang stehen.

Beispiel des Stoffgemisches	Aggregatzustand der Bestandteile vor der Mischung	Benennung
Granit, Steinsalz	fest – fest	Feststoffgemisch
Lehmwasser	fest – flüssig	Suspension
Kochsalzlösung	fest – flüssig	Lösung
Fetttropfen in Milch	flüssig – flüssig	Emulsion
Weinbrand	flüssig – flüssig	Lösung
Flüssigkeitströpfchen in der Luft	flüssig – gasförmig	Nebel
Mineralwasser	fest – flüssig – gasförmig	Lösung
Ruß- und Staubkörnchen in der Luft	fest – gasförmig	Rauch

10 Einteilung und Benennung von Stoffgemischen

Viele Stoffe müssen aus Gemischen gewonnen werden. Deshalb gibt es wichtige Trennverfahren, die im Alltag, in der Industrie und im Labor angewendet werden (▷B 3).

Steinsalz wird in seine Bestandteile zerlegt

Steinsalz kommt in der Natur in großen Lagerstätten vor. Steinsalz ist ein Gemisch aus Kochsalz und Gestein (▷B 1). Wie lässt sich daraus der Reinstoff Kochsalz gewinnen? Zur Trennung kann man die unterschiedlichen Löslichkeiten der Stoffe in Wasser ausnutzen. Kochsalz ist in Wasser sehr gut löslich, das Begleitgestein dagegen kaum. Gibt man zu zerkleinertem Steinsalz Wasser, bildet sich eine Suspension. Das Kochsalz löst sich im Wasser auf, das Begleitgestein setzt sich nach einiger Zeit am Gefäßboden ab. Durch **Sedimentieren** (Absetzenlassen) und **Dekantieren** (Abgießen) erfolgt also eine grobe Trennung von Salzlösung und Gestein.

▶ Durch Sedimentieren und Dekantieren können unlösliche Feststoffe und Flüssigkeiten voneinander getrennt werden.

Durch **Filtrieren** kann die Salzlösung schneller und gründlicher vom Gestein getrennt werden. Die unlöslichen Bestandteile verbleiben als Rückstand im Filter. Das gelöste Salz kann ungehindert die Filterporen passieren. Die hindurchgeflossene Lösung ist klar.

▶ Durch Filtrieren können ungelöste Feststoffe von gelösten Stoffen getrennt werden.

Vom Steinsalz zum Kochsalz

Wie kann aus der Salzlösung Kochsalz gewonnen werden? Lässt man die Salzlösung stehen, verdunstet das Wasser nach einiger Zeit. Schneller geht es, wenn man die Salzlösung bis zum Sieden erhitzt. Aufgrund der unterschiedlichen Siedetemperaturen von Wasser (100 °C) und Kochsalz (1460 °C) verdampft nur das Wasser. Beim **Eindampfen** bleibt in der Schale Kochsalz zurück (▷B 2).
Durch Destillation kann das Kochsalz ebenfalls von Salz getrennt werden. Die Trennung eines Stoffgemisches durch Verdampfen und anschließendes Kondensieren heißt **Destillation**.

▶ Durch Eindampfen können feste Stoffe aus Lösungen zurückgewonnen werden.

Aufgaben

1 Eine Suspension von Sand in Wasser soll getrennt werden. Zeichne die möglichen Versuchsaufbauten.

2 Erkundige dich, wie die Salzgewinnung in Salinen erfolgt.

1 Steinsalzbrocken

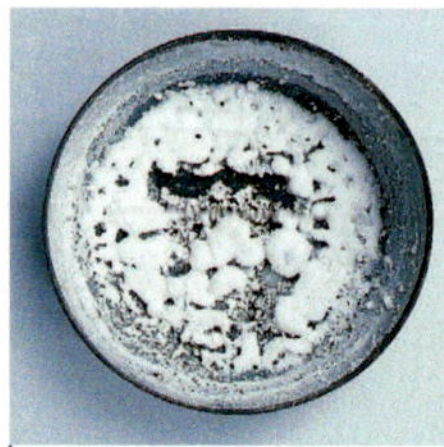

2 Eingedampftes Kochsalz

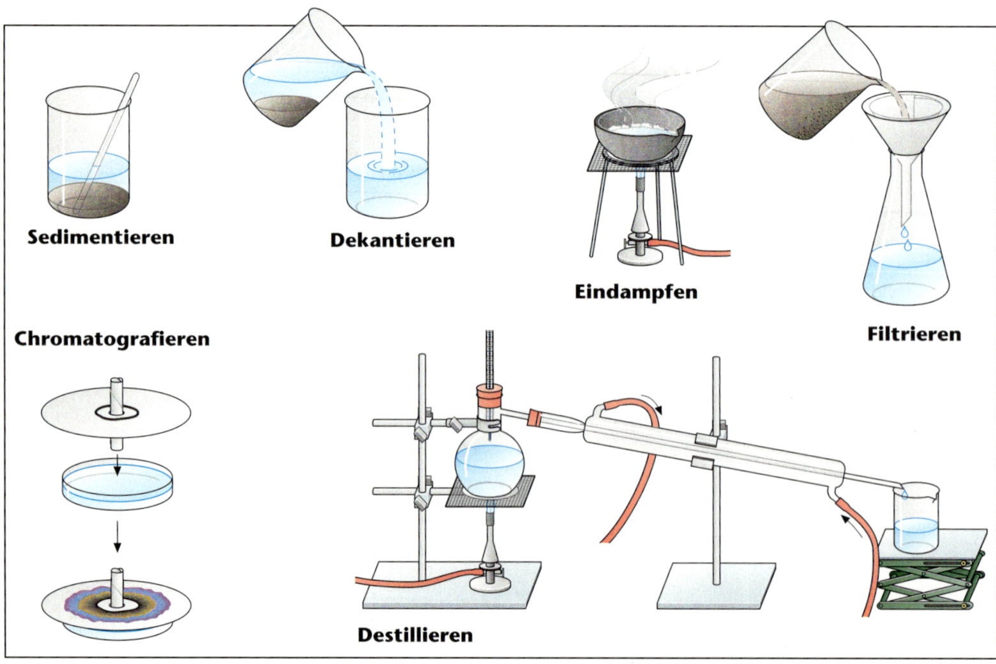

3 Wichtige Trennverfahren im Überblick

Strategie

Zum Experten werden

A. Geteilte Arbeit verdoppelt das Wissen
Wenn ihr euch in ein neues Thema einarbeiten möchtet, kommt meist viel Arbeit auf euch zu, denn oft sind die Gebiete sehr umfangreich. Für den Einzelnen ist es dann schwierig, sich in kurzer Zeit über alles selbst zu informieren. Ihr könnt euch die Arbeit erleichtern, wenn ihr das Thema aufteilt und in Gruppen bearbeitet.

B. In der Gruppe zum Experten werden
- Die Klasse ist in Gruppen eingeteilt.
- Jede Gruppe sammelt Informationen zu einem bestimmten Thema, z. B. zu einem Trennverfahren.
- Lest Texte, plant Versuche, recherchiert eventuell im Internet. Macht euch Notizen.
- Nach dem Sammeln von Informationen ist es wichtig, die Meinung anderer zu hören. Besprecht die Ergebnisse in eurer Expertengruppe.
- Gestaltet anschließend einen Hefteintrag für das besprochene Trennverfahren.

In allen Gruppen sind jetzt Experten für die besprochenen Trennverfahren. Sie erhalten ein Expertenabzeichen, z. B. eine Anstecknadel, eine Kappe oder ein Halstuch in einer bestimmten Farbe.

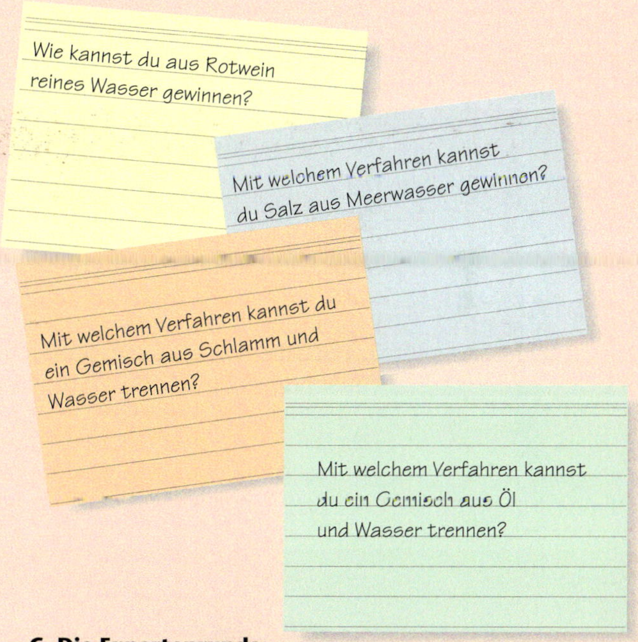

C. Die Expertenrunde
- Die Experten einer Gruppe verteilen sich einzeln auf die verschiedenen Gruppentische. Es bilden sich neue Gruppen.
- In der neuen Gruppe ist jeder Experte für ein anderes Trennverfahren.
- Die Experten diskutieren in der Expertenrunde, welches Tennverfahren für ein vorliegendes Gemisch geeignet ist.

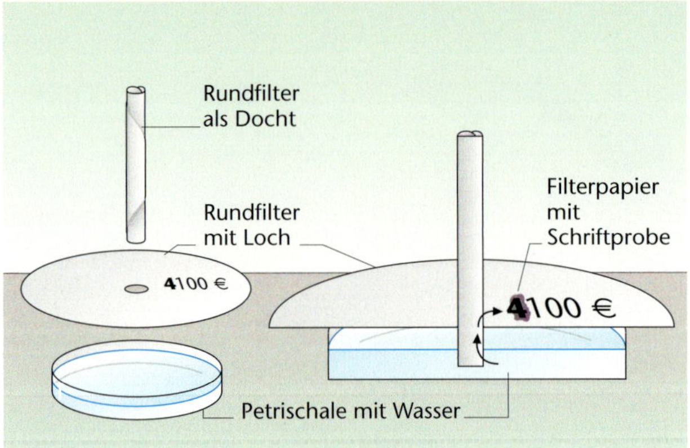

1 Papierchromatografie in der Petrischale

2 Runge-Bild

Der Chemiker Friedlieb Ferdinand Runge entdeckte 1850, dass sich beim Auftropfen von Farblösungen auf Papier unterschiedliche Farbringe bildeten. Runge war begeistert von der Schönheit der dabei entstehenden so genannten Runge-Bilder (▷ B 2). Er entdeckte damit die Grundlage für ein wichtiges Trennverfahren, die Papierchromatografie.

Die Papierchromatografie

Die Chromatografie (griech.: chroma, Farbe und graphein, schreiben) nutzt die Eigenschaft von Stoffen aus, an Oberflächen unterschiedlich stark zu haften. Bei der Papierchromatografie wird ein Stoffgemisch zunächst durch ein geeignetes Lösungsmittel, das **Fließmittel**, transportiert. Bei seinem Weg über das Papier nimmt das Fließmittel die Stoffe unterschiedlich weit mit. Stoffe, die auf Papierfasern gut haften, wandern langsam und bleiben rasch hängen.

Das Haften an einer Oberfläche wird auch als Adsorption bezeichnet; deshalb sagt man, dass ein Stoff an einer Oberfläche adsorbiert wird.

Das Haften eines Stoffes an einer Oberfläche bezeichnet man als Adsorption.

Da gleiche Stoffe auch gleich gut haften, bilden sich bei Farbstoffgemischen Zonen gleicher Farbe. Diese Zonen sind bei den Runge-Bildern (▷ B 2) gut sichtbar ausgebildet.

Versuche zur Papierchromatografie können mit Filterpapier durchgeführt werden (▷ V 1; V 2). Bessere Ergebnisse erzielt man jedoch, wenn man für unterschiedliche Stoffgemische spezielle Chromatografiepapiere verwendet.

Versuche

1 Schreibe mit einem schwarzen, wasserlöslichen Filzschreiber einen Betrag, z. B. € 100, auf einen Rundfilter. Füge dann mit einem Filzschreiber eines anderen Herstellers eine weitere schwarze Ziffer hinzu, sodass z. B. der Betrag € 4100 entsteht. Bohre mithilfe eines spitzen Bleistifts in der Mitte des Rundfilters ein Loch. Stecke in dieses Loch einen „Docht" aus einem gerollten Filterpapierstreifen (▷ B 1). Fülle jetzt eine Petrischale etwa zur Hälfte mit Wasser und lege das Rundfilter so darauf, dass der Docht in das Wasser taucht. Beobachte und erkläre die Versuchsergebnisse.

2 Wiederhole die Papierchromatografie aus Versuch 1. Statt eines €-Betrages markiere dieses Mal farbige Punkte, die mit verschiedenfarbigen, wasserlöslichen Filzschreibern aufgetragen werden.

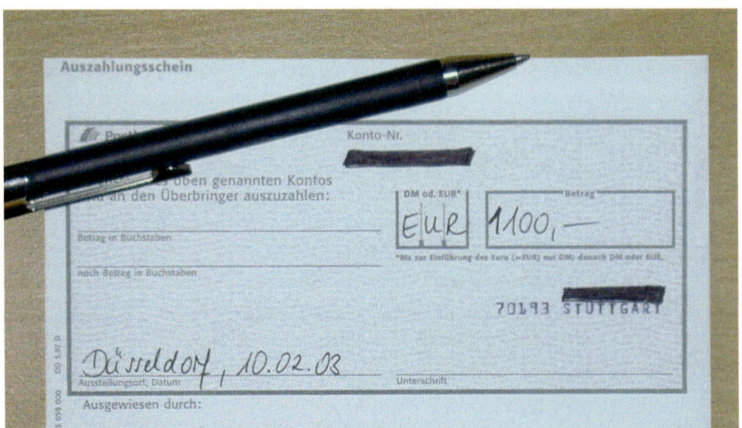

3 Vorsicht! Scheckbetrug!

Strategie

Lernen in der Gruppe macht Spaß

In der Gruppe geht's leichter

Anjas Mutter arbeitet im Kindergarten in einem Arbeitsteam, Fabians Vater in einer Montagegruppe. Stefanies Bruder gehört zur Bedienungsmannschaft einer Kantine. An vielen Arbeitsplätzen ist für die Bewältigung moderner Aufgaben und zur Durchführung von Projekten Zusammenarbeit gefragt. Das ist auch in der Schule so.

Daher ist es wichtig, dass du das Arbeiten im Team, die Teamarbeit oder Gruppenarbeit übst.

In der Gruppe lernst du, wie du gemeinsam mit anderen arbeiten, diskutieren, entscheiden und Probleme lösen kannst.

1 Gruppenarbeit ist im Berufsleben besonders wichtig.

A. Wie stellt ihr eure Gruppen zusammen?

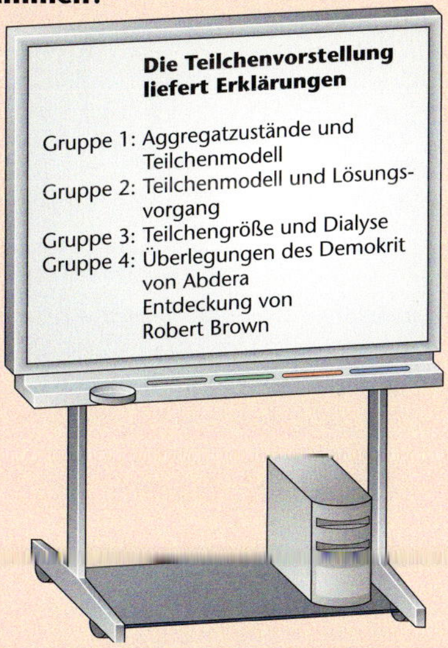

2 Übersicht

Bei der Gruppenbildung sollten nicht immer nur Sympathie und Freundschaft eine Rolle spielen. Besonders wirkungsvoll lernt ihr zusammen, wenn Jungen und Mädchen, leistungsstarke und leistungsschwächere Schülerinnen und Schüler zusammenarbeiten. Die, die schon etwas vom Stoff verstehen, und andere, die noch gar keine Ahnung haben, sollten sich zusammentun. Die Gruppe sollte drei, maximal vier Mitglieder haben, sonst können nicht alle gleich gut mitarbeiten.

B. Kennst du das „Ich – Du – Wir – Prinzip"?

a) Zuerst machst du dich eigenständig mit der Fragestellung vertraut, überlegst, was du schon zum Thema weißt und versuchst, eigene Schritte in Richtung auf die Lösung zu gehen. Nimm dir Zeit, lass dich nicht hetzen. Das ist die „Ich-Phase".

b) Um Fortschritte zu machen, tauschst du dich mit einem Partner aus, ergänzt seine Ideen, versuchst zu verstehen, was sie oder er über die Fragestellung oder das Problem denkt.
Damit arbeitet ihr als Partner an der Lösung weiter. Das ist die „Du-Phase".

c) Zum Schluss überlegt die ganze Gruppe, was jeder schon weiß und wie ein gemeinsames Ergebnis erarbeitet werden kann. Das ist die „Wir-Phase".

C. Gruppenarbeit – so wird´s gemacht:

- Verteilt die Arbeiten gerecht. Es kann beispielsweise nicht sein, dass nur die Mädchen schreiben und die Jungen die Versuche machen.
- Informiert euch während der Gruppenarbeit über euren Arbeitsfortschritt. Denkt daran, die Arbeitszeit einzuhalten.
- Überlegt euch, wie ihr eure Ergebnisse präsentieren und vortragen wollt. Es sollen möglichst alle Gruppenmitglieder beteiligt sein, nicht nur der Gruppensprecher.
- Sprecht in der Gruppe über eure Teamarbeit. Wer arbeitet besonders gut? Wer muss noch etwas mehr leisten? Wer stört die Teamarbeit?

Zentrifugieren und Extrahieren

Zentrifugieren

In einer schnell rotierenden Apparatur werden Gegenstände nach außen geschleudert. Dieses Prinzip, das z. B. in einigen schnell drehenden Karussells ausgenutzt wird, lässt sich auch zur Stofftrennung nutzen. Die dafür eingesetzten Apparaturen werden **Zentrifugen** genannt.

Um bei Obst und Gemüse den Saft vom Fruchtfleisch zu trennen, setzt man einen **Entsafter** (▷ B 1) ein. Die Wirkungsweise eines Entsafters beruht hauptsächlich auf dem Prinzip einer Zentrifuge.

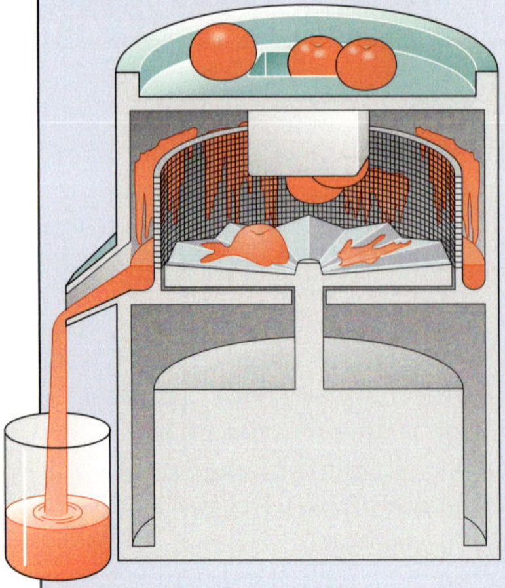

1 Obst- und Gemüseentsafter

Unter dem Gehäuse befindet sich eine Trommel, die mithilfe eines Motors in schnelle Drehung versetzt wird. Dabei werden die zerriebenen Früchte gegen das Sieb der Trommel gepresst.
Das Sieb hält das Fruchtfleisch zurück, der Saft dagegen läuft hindurch, sammelt sich in einer Umlaufrinne und fließt durch die Austrittsöffnung aus dem Entsafter.

Das Zentrifugieren ist auch eine im Labor angewandte Trennmethode. Bei einer elektrischen **Laborzentrifuge** (▷ B 2) werden in einen Rotorkopf mehrere Proben eingefüllt. Beim schnellen Rotieren werden die Stoffe mit der größeren Dichte nach außen geschleudert und so von den Stoffen mit einer kleineren Dichte getrennt.
Um ein gutes Ergebnis zu erzielen, werden je nach Art des Stoffgemisches Drehzahl und Zeit unterschiedlich eingestellt.

In der Molkerei wird in einer **Milchzentrifuge** das Milchfett abgetrennt, das dann zu Butter verarbeitet wird.

2 Laborzentrifuge

Extrahieren

Mischungen zweier Feststoffe, die sich unterschiedlich gut in einem Lösungsmittel lösen, können durch **Extraktion** voneinander getrennt werden (lat.: extrahere, herausziehen).
Dabei löst das **Extraktionsmittel** (Lösungsmittel) den löslichen Stoff heraus, der andere Stoff kann dann zum Beispiel durch Filtration abgetrennt werden.

In der **Kaffeemaschine** (▷ B 3) dient heißes Wasser als Extraktionsmittel, das aus dem Kaffeepulver die Aromastoffe extrahiert. Die unlöslichen Bestandteile bleiben im Filter zurück.

3 Kaffeemaschine – ein Extraktionsgerät

Auch bei der **Speiseölgewinnung** aus ölhaltigen Früchten oder Samen, z. B. Oliven oder Sonnenblumenkernen, wird die Extraktion eingesetzt. Zuerst wird ein Teil des Öls durch Pressen gewonnen (kaltgepresste Öle). Dann wird das noch im Pressgut enthaltene Öl mithilfe eines geeigneten Lösungsmittels extrahiert. Anschließend werden Öl und Lösungsmittel durch Destillation wieder vollständig voneinander getrennt (▷ B 4).

4 Olivenölherstellung

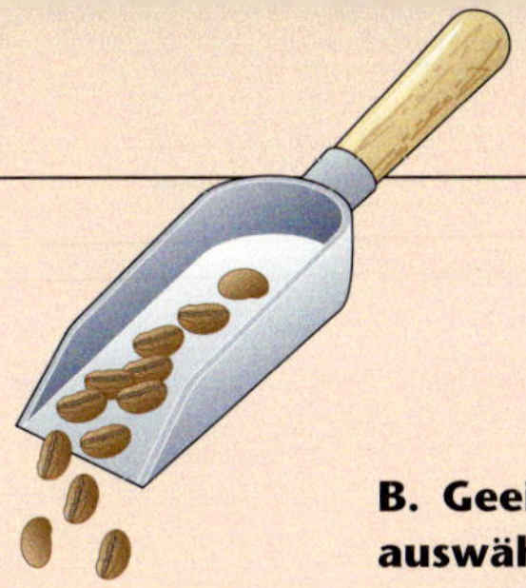

Strategie

Ein Experiment wird geplant

Für eine erfolgreiche und sichere Durchführung eines Experiments ist eine sorgfältige Planung nötig. Dabei sind zahlreiche Schritte zu beachten.

Anhand des Themas „Von der Kaffeebohne zum löslichen Kaffee" wird eine Versuchsplanung vorgestellt.

A. Informationen sammeln

Zum Thema bieten sich z. B. folgende Informationsquellen an:

- Lexikon,
- Chemiebücher,
- Deutsches Kaffee-Institut,
- Bundesverband der Hersteller von löslichem Kaffee BLK,
- Internet.

B. Geeignetes Experimentierverfahren auswählen

Aus einer Fülle von bekannten Experimentierverfahren, z. B.:

- Destillieren,
- Dekantieren,
- Eindampfen,
- Filtrieren usw.

kann ein geeignetes Verfahren ausgewählt werden. Oft müssen auch mehrere Verfahren miteinander kombiniert werden.

Hilfreich sind dabei Hefteinträge oder Protokolle von ähnlichen Versuchsabläufen.

C. Liste mit benötigten Materialien erstellen

Damit bei der Versuchsdurchführung alle benötigten Materialien bereitstehen, werden sie vorher in einer Liste zusammengestellt. Einige Materialien können auch von zu Hause mitgebracht werden (z. B. Kaffeebohnen) oder müssen erst bestellt werden. Die meisten Geräte und Chemikalien sind in der Chemiesammlung zu finden.

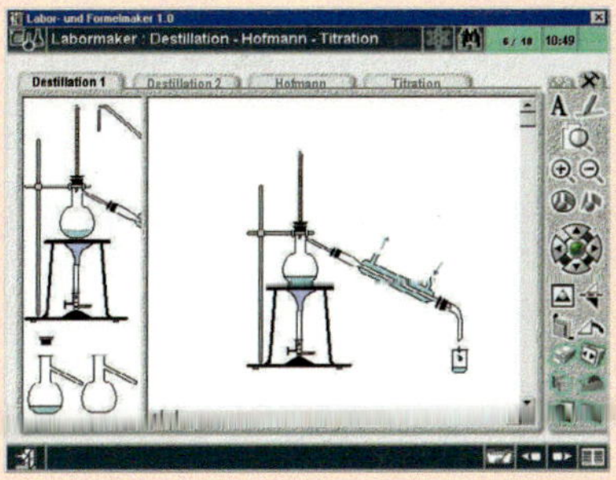

D. Versuchsskizze anfertigen

Zur Anfertigung einer Versuchsskizze gibt es unterschiedliche Möglichkeiten:

- Handskizzen,
- Verwendung von Schablonen,
- Einsatz von Grafikprogrammen.

Anhand der Skizze kann überprüft werden, ob an alle Materialien gedacht wurde.

E. Gefahrstoffe und Schutzmaßnahmen beachten

Gefahrensymbole sowie R- und S-Sätze informieren über mögliche Gefahren und Schutzmaßnahmen, wie z. B. das Tragen von Schutzbrillen und Schutzhandschuhen. Anhand einer Gefahrstoffliste kann überprüft werden, ob sich unter den ausgewählten Chemikalien Gefahrstoffe befinden. Sind nach der Versuchsdurchführung Chemikalienabfälle zu erwarten, dann muss auch eine entsprechende Entsorgung eingeplant werden.

F. Versuchsprotokoll vorbereiten

Bereits vor der Durchführung des Experimentes sollten im Versuchsprotokoll viele Eintragungen notiert werden, z. B. Aufgabenstellung, Materialien, Versuchsskizze, Versuchsanleitung, Sicherheitsmaßnahmen, geplante Entsorgung.

Jetzt sind alle wichtigen Schritte sorgfältig geplant. Der Durchführung des Experimentes steht nichts mehr im Wege. Bei der Durchführung darf jedoch nicht vergessen werden, dass alle Beobachtungen genau notiert werden müssen.

Wertstoff-Trennung

Müll – ein Gemisch, das niemand will?

Weltweit werden bereits rund 1 Milliarde Tonnen Müll erzeugt. Die Müllberge werden wohl eher weiter anwachsen als abnehmen. Viele Abfallstoffe sind jedoch zum Wegwerfen zu schade. Solche Stoffe können als Wertstoffe wieder verwendet werden. Auch du kannst dafür sorgen, dass solche Wertstoffe erhalten bleiben.

- Jeder trägt mit seinem Verhalten mehr oder weniger zum Müllaufkommen bei.
Stelle zu Hause die Menge des wöchentlich anfallenden Mülls fest. Berechne daraus die Jahresmenge und den Anteil pro Person.

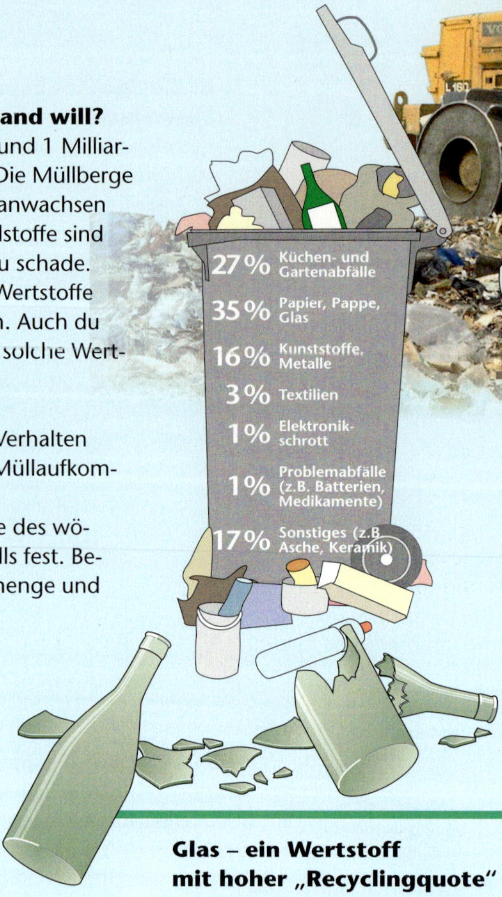

Wir trennen die Stoffe aus einem Wertstoff-Sack

- Notiere die Bestandteile eines Gemisches, wie es in einem Wertstoff-Sack vorhanden sein könnte.

- Plane eine Versuchsreihe, bei der die unterschiedlichen Wertstoffe aus dem Gemisch getrennt werden könnten.

- Stelle unterschiedliche Verfahren zur Beseitigung nicht verwertbaren Restmülls zusammen.

- Mit der Deponierung und der Verbrennung von Müll sind Probleme verbunden. Erkundige dich bei deiner Heimatgemeinde oder besorge dir Informationen aus dem Internet.

Glas – ein Wertstoff mit hoher „Recyclingquote"

Altglas lässt sich beinahe beliebig oft einschmelzen und stellt daher beim Müllrecycling einen besonders geschätzten Wertstoff dar.

- Was ist beim Sammeln von Altglas zu beachten?

- Erkundige dich in deiner Nachbarschaft nach Altglas-Sammelstellen. Gibt es informierende Hinweise an den Sammelstellen?

- Warum ist das Recyceln von Glas einfacher als beispielsweise das Recyceln von Kunststoffen oder Metallen?

Recyclingpapier selbst gemacht

Altpapier ist ein wertvoller Rohstoff, aus dem sich wieder Papiererzeugnisse herstellen lassen. Aus Papierfetzen kannst du selbst Recyclingpapier herstellen.

- Zähle die Geräte und Materialien auf, die du zur Herstellung von Recyclingpapier benötigst.

- Plane die Vorgehensweise zur Herstellung von Recyclingpapier aus Altpapier. Orientiere dich dabei an den folgenden Verfahrensschritten:
a) Herstellung eines Schöpfrahmens,
b) Herstellung eines Papierbreis,
c) Papierschöpfen,
d) Herstellung von Rohpapier,
e) Pressen und Trocknen.

- Vergleiche die Qualität des selbst hergestellten Recyclingpapiers mit käuflichem Recyclingpapier.

- Welche Verfahren werden angewendet, um die Druckerschwärze aus dem Altpapier zu entfernen?

- Nenne Produkte, die man noch aus Altpapier herstellen könnte.

Metalle und Kunststoffe aus Haushalt und Altfahrzeugen
In Deutschland werden jährlich ca. 2 Millionen Autos verschrottet. Jedes besteht zu etwa 64 % aus Metallen und zu etwa 36 % aus Nichtmetallen.

Auch im Haushalt fallen jährlich etwa 330 000 Tonnen an wieder verwertbaren Metallen an. Davon sind 90 % Eisen und 10 % Aluminium und weitere Nicht-Eisenmetalle (NE-Metalle).

- Sammle Informationen über Metallabfälle im Haushalt.

- In vielen weiteren Bereichen fallen erhebliche Mengen an Metallen an, die wieder verwertet werden können. Berichte!

- Erkundige dich nach Möglichkeiten, wie man Metalle aus Altfahrzeugen zurückzugewinnt.

- Informiere dich, wie eine Shredderanlage funktioniert.

- Die Grafik zeigt, aus welchen Werkstoffen ein Fahrzeug besteht. Benenne die Teile eines Fahrzeugs, die aus Kunststoff bestehen.

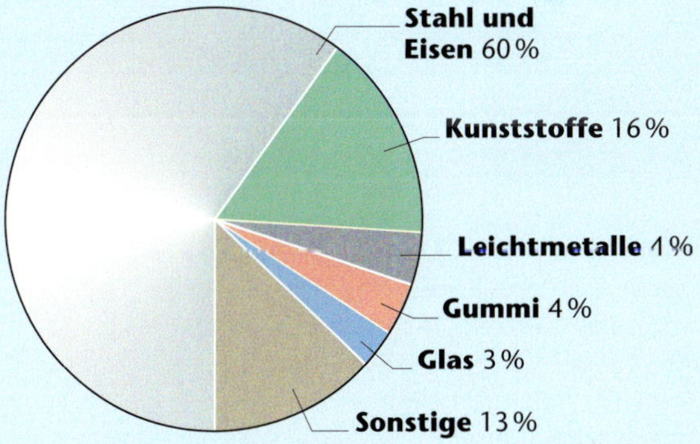

- Informiere dich im Internet über die verschiedenen Möglichkeiten des Kunststoff-Recyclings.

Brennpunkt

Blutwäsche durch Teilchengröße

Die Dialyse
Die Niere (▷ B 1) bildet ein wichtiges Filtersystem im menschlichen Körper, denn sie filtert schädliche Stoffwechselprodukte aus dem Blut. Ist die Niere nicht mehr funktionstüchtig, gibt es häufig nur noch eine Lösung: die „künstliche Niere“ – ein medizinisches Gerät zur Blutwäsche.
Die Blutwäsche über eine künstliche Niere wird auch **Dialyse** genannt.

Bei der Dialyse werden dem Nierenkranken pro Minute etwa 200 bis 300 ml Blut entnommen und in ein Dialysegerät geleitet. Dort strömt das „verunreinigte“ Blut durch eine Dialysemembran mit winzig kleinen Poren. Deren Durchmesser beträgt nur etwa 3 bis 5 Millionstel Millimeter. Wichtige Blutbestandteile wie Blutkörperchen, Blutplättchen und Eiweiße können diese winzigen Poren nicht passieren, wohl aber die beim Stoffwechsel entstehenden Salze und der Harnstoff. Diese Stoffe, die das Blut mit der Zeit vergiften würden, werden von einer speziellen Flüssigkeit aufgenommen und so aus dem Blut entfernt (▷ B 1). Das gereinigte Blut wird dann wieder in den Blutkreislauf zurückgeführt.

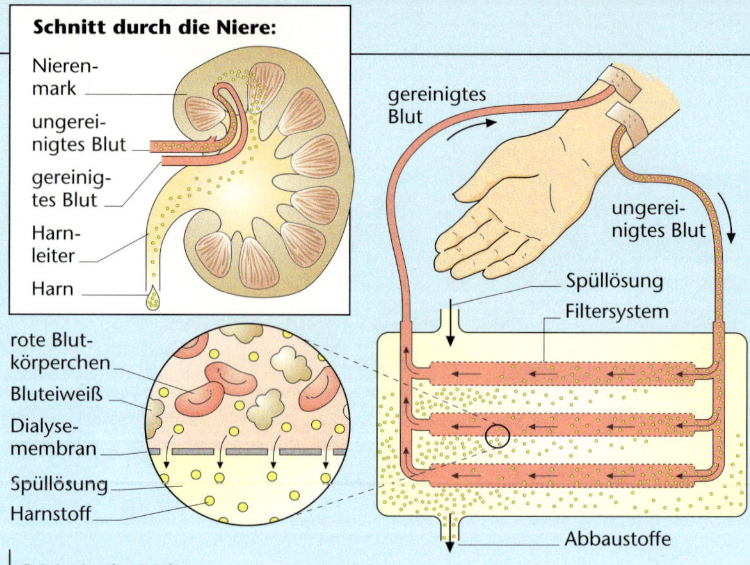

1 Prinzip der Dialyse

Da der natürliche „Entgiftungsvorgang“ in der Niere ständig abläuft, müssen Dialysepatienten, um eine annähernd gleiche Entgiftung zu erreichen, jeden dritten Tag etwa 4 bis 6 Stunden an die künstliche Niere angeschlossen werden.

Werkstatt

Simulation einer Dialyse

Material
Schutzbrille, mittleres Becherglas (150 ml), großes Becherglas (500 ml), Trichter, Stativ, Doppelmuffe, Metallstab, Faden, Dialyseschlauch (ca. 10 bis 15 cm lang), Kaliumpermanganat, schwarze Tusche, Wasser

Versuchsanleitung
Fülle den Dialyseschlauch mit einem Gemisch aus Kaliumpermanganat- und Tuschelösung. Binde den Schlauch an den Enden fest zu. Fülle das große Becherglas zu etwa zwei Dritteln mit Wasser. Hänge den Schlauch so auf, dass er in das mit Wasser gefüllte Becherglas taucht.

Aufgabe
Welcher Stoff soll in dem Versuch die Blutkörperchen und welcher den Harnstoff darstellen?

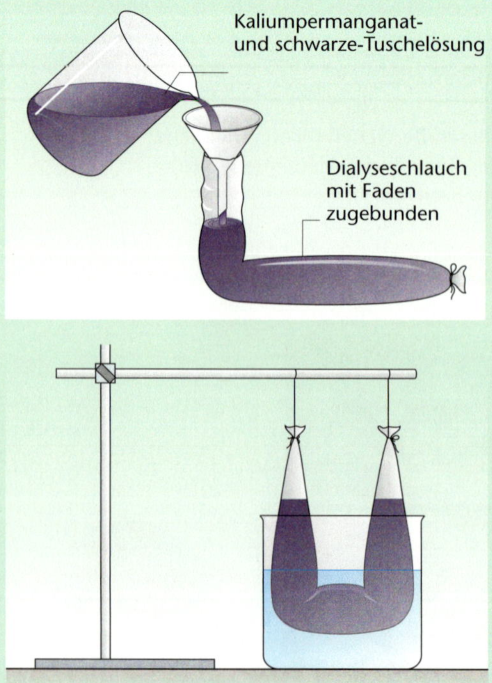

Stoffe, Teilchen, Eigenschaften

1 Trennung durch Sedimentieren und Dekantieren

Stoffeigenschaften
Stoffe kann man an ihren Eigenschaften erkennen. Gleiche Stoffe besitzen gleiche Eigenschaften. Stoffeigenschaften kann man mit den Sinnen oder einfachen Hilfsmitteln bestimmen:
- Glanz und Farbe,
- Geschmack ,
- Geruch,
- Wärmeleitfähigkeit,
- Härte und Verformbarkeit.

Messbare Stoffeigenschaften sind:
- elektrische Leitfähigkeit,
- Löslichkeit,
- Schmelz- und Siedetemperatur,
- Dichte.

Das Kugelteilchen-Modell
Alle Stoffe bestehen aus kleinsten kugelförmigen Teilchen. Die Teilchen eines Stoffes sind untereinander gleich. Sie haben die gleiche Größe und Masse.
Die Teilchen verschiedener Stoffe sind unterschiedlich groß und haben unterschiedliche Massen.

Modelle und ihre Grenzen
Modellvorstellungen, die eine bestimmte Beobachtung nicht erklären können, müssen nicht falsch sein, sondern sind nur in einem gewissen Bereich gültig. Sind die Grenzen eines Modells ausgeschöpft, muss man es erweitern bzw. ein neues Modell entwickeln.

Aggregatzustände und Kugelteilchen-Modell
Wird ein Stoff erhitzt, nimmt die Eigenbewegung der Teilchen zu. Die Anziehungskräfte zwischen den Teilchen werden weniger wirksam, ihre Abstände zueinander größer (▷ B 2).

Sublimieren und Resublimieren
Der Übergang von fest nach gasförmig heißt Sublimation, der Übergang von gasförmig nach fest heißt Resublimation.

Reinstoffe
Reinstoffe sind Stoffe, die nur aus einem Stoff bestehen. Reinstoffe sind durch messbare Eigenschaften wie Siedetemperatur, Schmelztemperatur und Dichte gekennzeichnet.

Stoffgemische
Stoffgemische sind Gemische aus unterschiedlichen Reinstoffen. Bei heterogenen Stoffgemischen sind die unterschiedlichen Bestandteile erkennbar.
Bei homogenen Stoffgemischen sind die unterschiedlichen Bestandteile nicht erkennbar.

Bezeichnungen für Stoffgemische
Für einige Stoffgemische gibt es je nach Aggregatzustand der Gemischbestandteile vor dem Mischen eigene Fachbegriffe (▷ B 3).

Trennung von Stoffgemischen
Zur Trennung von Stoffgemischen gibt es unterschiedliche Trennverfahren (▷ B 1). Die Auswahl eines geeigneten Trennverfahrens hängt von den Eigenschaften der Gemischbestandteile ab.

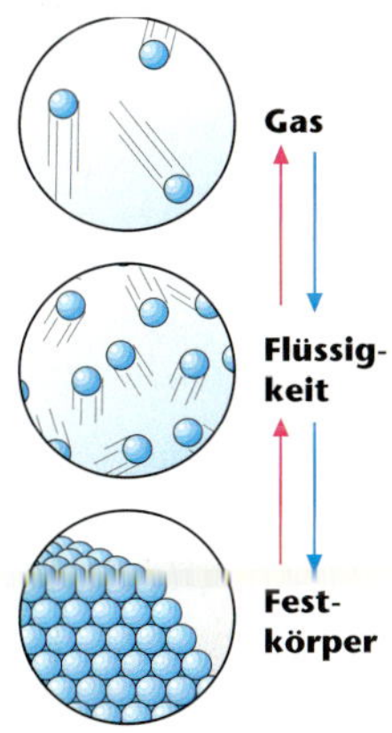

2 Aggregatzustand und Teilchenmodell

Beispiel des Stoffgemisches	Aggregatzustand der Bestandteile vor der Mischung	Benennung
Granit, Steinsalz	fest – fest	Feststoffgemisch
Lehmwasser	fest – flüssig	Suspension
Kochsalzlösung		Lösung
Fetttropfen in Milch	flüssig – flüssig	Emulsion
Weinbrand		Lösung
Flüssigkeitströpfchen in der Luft	flüssig – gasförmig	Nebel
Mineralwasser	fest – flüssig – gasförmig	Lösung
Ruß- und Staubkörnchen in der Luft	fest – gasförmig	Rauch

3 Einteilung und Benennung von Stoffgemischen

Aufgaben

1 Nenne drei Stoffeigenschaften, die nur mit Hilfsmitteln erfasst werden können. Benenne das dazu erforderliche Hilfsmittel oder Messgerät.

2 Nenne je drei Stoffeigenschaften für folgende Stoffe:
a) Wasser, b) Blei,
c) Eisen, d) Iod.
Erstelle zu einem von ihnen einen Stoffsteckbrief (▷ B 1).

Gold

Aussehen:	gelb, glänzend
Geruch:	---------
Härte:	fest
Verformbarkeit:	verformbar
Dichte:	19,32 g/cm³
Schmelztemperatur:	1064 °C
Siedetemperatur:	3080 °C
Löslichkeit in Wasser:	nicht löslich
elektrische Leitfähigkeit:	leitfähig
Wärmeleitfähigkeit:	gut

1 Zu Aufgabe 2

3 Ordne folgende Stoffe a) nach ihren Dichten und b) nach ihren Siedetemperaturen. Beginne mit dem Stoff mit der geringsten Dichte bzw. der niedrigsten Siedetemperatur: Gold, Blei, Wasser, Eisen, Aluminium.

4 Schreibe ein Versuchsprotokoll (▷ B 2) für das Experiment: „Bestimmung der Löslichkeit von Kochsalz in Wasser".

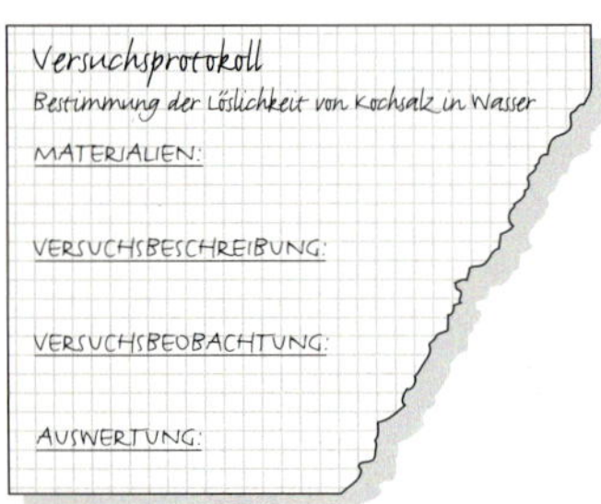

2 Zu Aufgabe 4

3 Zu Aufgabe 5

5 Iod bildet blauschwarze Kristalle. Wird festes Iod erwärmt, entsteht direkt violetter Ioddampf (▷ B 3). Deckt man den Kolben mit einem Uhrglas ab, das kaltes Wasser enthält, entstehen an dessen Unterseite wieder Iodkristalle. Benenne die Übergänge der Aggregatzustände und beschreibe die Vorgänge mit dem Kugelteilchen-Modell.

6 Benenne folgende Aggregatzustandsänderungen:
a) Schnee taut,
b) Wäsche trocknet im Winter bei –12 °C auf einer Leine ,
c) Regenwasser gefriert,
d) Regenwolken bilden sich aus feuchtwarmer Luft.

7 Beschreibe, wie man für ein Bleistück und für Alkohol jeweils die Dichte ρ bestimmen kann.

4 Zu Aufgabe 8

8 Betrachte Bild 4. Beschreibe und deute den Unterschied. Dose und Inhalt haben das gleiche Volumen.

9 Welcher der folgenden Stoffe ist am besten verformbar: Der Werkstoff Glas, der Nährstoff Kandiszucker, der Schmuckstein Diamant oder das Schmuckmetall Gold? Begründe.

10 In vielen Filmen spielen historische Ereignisse eine Rolle. Oft müssen dabei Gegenstände originalgetreu nachgebaut werden (▷ B 5). Wodurch unterscheidet sich ein solches Modell vom Teilchenmodell in der Chemie?

5 Zu Aufgabe 10

11 Ein Dummy wird in der Automobilindustrie oft für Crashtests eingesetzt. Wieso kann der Dummy als Modell benutzt werden?

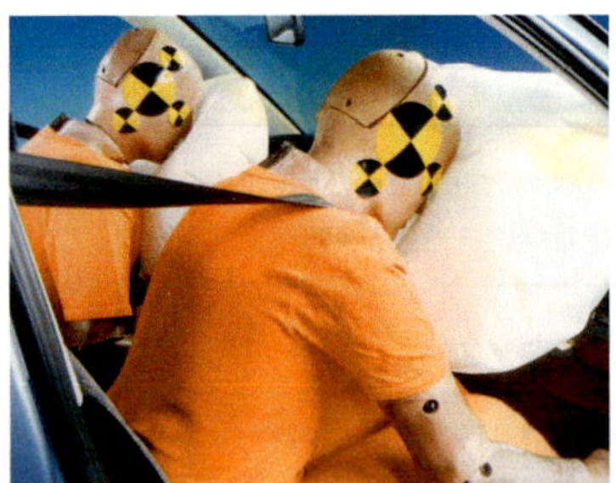

6 Zu Aufgabe 11

12 In der Biologie werden wie in der Chemie häufig Modelle eingesetzt. Ordne den folgenden Beispielen die Begriffe Original, Abbild und Erklärungshilfe zu:
lebender Vogel, ausgestopfter Vogel, Vogelskelett, Scherenschnitt eines Vogels, Foto eines Vogels.

13 Die Teilchen in den Würfeln (▷ B 7) stellen jeweils einen festen, flüssigen und gasförmigen Stoff dar.
a) Welcher Würfel gehört zu welchem Aggregatzustand?
b) Erkläre, woran man im Teilchenmodell erkennt, ob es sich um einen festen, flüssigen oder gasförmigen Stoff handelt.

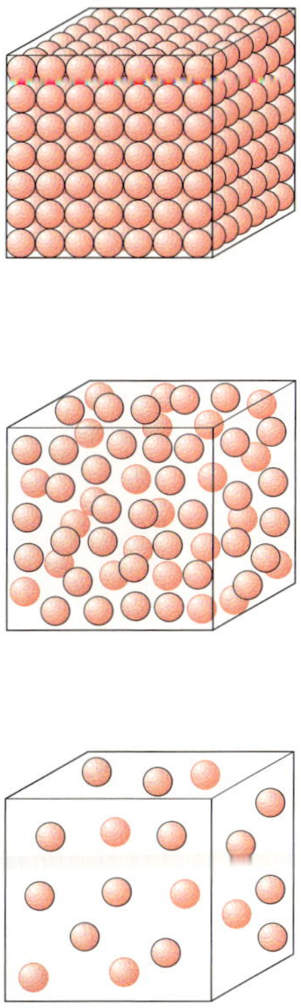

7 Zu Aufgabe 13

14 Entscheide bei den folgenden Stoffen, ob es sich um einen Reinstoff oder ein Stoffgemisch handelt: Brausetablette, Würfelzucker, Eisenfeilspäne, Mineralwasser, Regenwasser, destilliertes Wasser, Alkohol, Wein, Kochsalz.

15 Gib an, ob sich beim Mischen der folgenden Stoffe mit Wasser eine Lösung, eine Suspension oder eine Emulsion bildet: Zucker, Kochsalz, Mehl, Öl, Sand, Alkohol.

16 Viele Lebensmittel sind Gemische.
a) Welche Bestandteile sind im Studentenfutter enthalten (▷ B 8)?
b) Welche Zutaten werden für einen Obstsalat gemischt?

8 Zu Aufgabe 16

17 Welche Trennverfahren werden eingesetzt:
a) bei der Kaffeezubereitung in einer Kaffeemaschine?
b) bei der Zubereitung von Tee aus einem Teebeutel?
c) bei der Gewinnung von Trinkwasser aus Meerwasser?
d) bei der Herstellung von Butter aus Frischmilch?

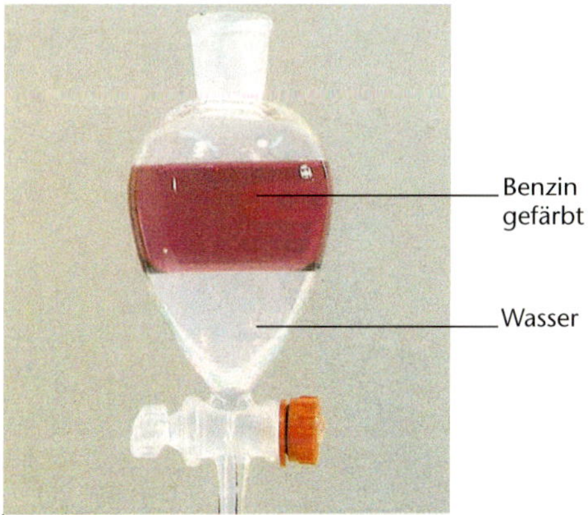

9 Zu Aufgabe 18

18 In einem Scheidetrichter können Flüssigkeiten voneinander getrennt werden (▷ B 9). Beschreibe die Durchführung der Trennung. Welche Eigenschaften der Flüssigkeiten werden bei der Trennung ausgenutzt?

19 Fruchtsaftgetränke sind häufig mit dem Aufdruck „Vor Gebrauch schütteln!" versehen. Begründe.

1 Cola-Getränke sind beliebt. Sie machen aber auch dick, wenn sehr viel davon getrunken wird. Cola, nicht Cola light, enthält Zucker. Den in 1 l Cola enthalten gelösten Zucker kannst du selbst ermitteln. Dazu musst du wissen, dass Aromastoffe, Säure usw. nur in sehr kleinen Mengen in der Cola enthalten sind. Der Hauptbestandteil ist neben Wasser Zucker. Zur Lösung der Aufgabe erhältst du die Liste mit den Materialien und die Tabelle.

a) Überlege zunächst, wie du die Aufgabenstellung mit den angegebenen Materialien lösen kannst.
b) Entwirf eine Versuchsanleitung.
c) Bereite dich darauf vor, deinen Mitschülerinnen und Mitschülern deine Versuchsanleitung vorzustellen.
d) Führe das Experiment in der Schule durch, wenn die Lehrkraft dich dazu auffordert.
e) Ermittle die Masse des Zuckers, der in 1 l Cola gelöst ist.

Masse Zucker in g in 1 l Zuckerlösung	Dichte der Zuckerlösung in g/ml
0	0,998
20	1,006
40	1,014
60	1,021
80	1,029
100	1,037
120	1,044
140	1,052

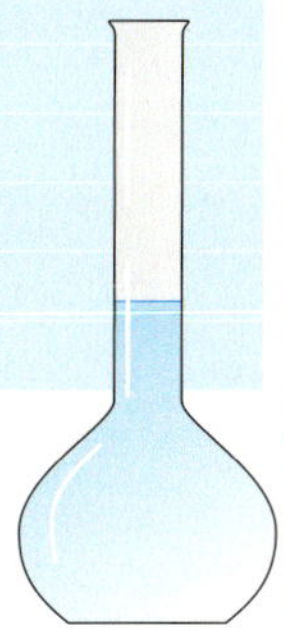

Materialien
100-ml-Messkolben, kleiner Trichter, Waage, Kunststoffschüssel, Haushaltsmixer, Cola

Die chemische Reaktion

Im Alltag kann man beobachten, dass sich Stoffe verändern. Der Chemiker beobachtet, untersucht und beschreibt solche Stoffumwandlungen und kann sie sogar selbst in Gang bringen.

Beschreibe Vorgänge im Alltag, bei denen sich Stoffe bleibend verändern.

Betrachte die Abbildungen. Beschreibe, welche Veränderungen du auf den Abbildungen beobachten kannst.

Im Bild in der Mitte wird ein geheimnisvoller Prozess in Gang gebracht. Überlege, was zu tun ist, um Stoffumwandlungen in Gang zu bringen?

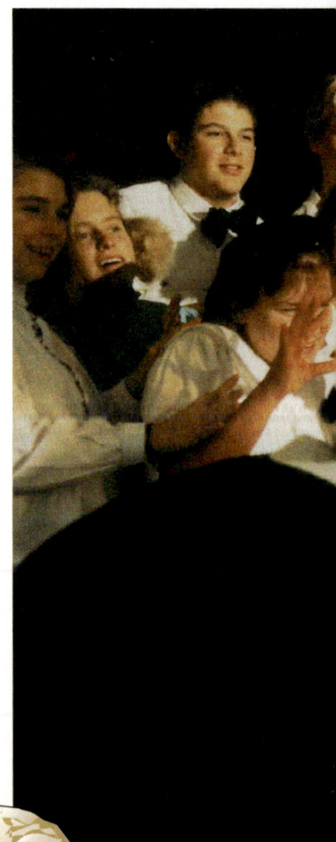

Kartoffelpuffer und Apfelmus

1 Kartoffeln reiben, würzen, mischen

Geräte/Zutaten

Kartoffelschäler, Messer, Reibe, Schüssel, Rührlöffel, 1 kg rohe Kartoffeln, 2 große Zwiebeln, 2 Eier, Salz. Der Tisch, auf dem du arbeitest, und alle Geräte müssen sehr sauber sein.

Rezept

a) Schäle 1 kg rohe Kartoffeln und 2 Zwiebeln und reibe sie auf der feinen Seite einer Reibe in eine Schüssel (▷B 1).

b) Schlage 2 Eier auf und mische diese mit der Kartoffelmasse. Salze nach Geschmack.

1 Kartoffeln reiben

2 Kartoffelpuffer braten

Geräte/Zutaten

Pfanne, Holzbrett, Kochplatte, Heber zum Wenden, Teller, Löffel, Öl oder Bratfett

Zubereitung

a) Forme mit einem Löffel aus der Kartoffelmasse kleine Kuchen und lege sie auf ein Holzbrett.

b) Erhitze Öl oder Bratfett in einer Pfanne. Gib die kleinen Kuchen vom Holzbrett in das erhitzte Öl oder Fett. Drücke die Masse etwas flach. Brate sie auf beiden Seiten, bis die Kartoffelpuffer knusprig sind (▷B 2).

c) Lege die gebackenen Kartoffelpuffer auf einen Teller.

2 Braten der Kartoffelpuffer

3 Leckeres Apfelmus

Geräte/Zutaten

Messer, Schäler, Schüssel, Löffel, Kochplatte, Sieb, Rührlöffel, Kochtopf, Wasser, 10 Äpfel, Zucker

Rezept

a) Schäle die Äpfel, entferne das Kerngehäuse und schneide kleine Apfelstücke (▷B 3).
Gib diese in einen Topf mit etwas Wasser.

3 Äpfel schälen und schneiden

b) Koche die Apfelstücke, bis sie weich sind. Rühre zwischendurch um.

c) Drücke die weich gekochten Äpfel durch ein Sieb in eine Schüssel (▷B 4). Süße nach Geschmack.

d) Gib eine Portion Apfelmus auf einen Teller und dazu einen Kartoffelpuffer. Guten Appetit!

4 Äpfel passieren

Aufgaben

1. Vergleiche alle Veränderungen der Kartoffeln vor, während und nach dem Braten.

2. Beschreibe die Veränderungen der Äpfel bei der Zubereitung von Apfelmus.

3. Was geschieht mit den Kartoffeln und Äpfeln aus der Sicht des Chemikers?

5 Kartoffelpuffer mit Apfelmus

Werkstatt

Kupfer-Rot und Schwefel-Gelb

1 Aus zwei mach eins

Material

Schutzbrille, langes Reagenzglas, Gasbrenner, Stativ, Doppelmuffe, Universalklemme, Pinzette, Spatellöffel, Aktivkohlestopfen, Schere, Kupferblech (etwa 8 cm × 3 cm), Schwefelpulver

Versuchsanleitung

a) Fülle wenig Schwefelpulver in ein Reagenzglas (etwa 1 cm hoch). Knicke einen Kupferblechstreifen einmal in der Längsrichtung. Schiebe den Streifen mit einer Pinzette in das Reagenzglas. Verschließe das Reagenzglas mit einem Aktivkohlestopfen.

b) Befestige das Reagenzglas fast waagerecht an einem Stativ. Erhitze das Kupferblech mit einer stark rauschenden Brennerflamme bis zur Schwarzfärbung (▷ B 1). Bewege die Flamme in Richtung Schwefel und erhitze diesen, bis Schwefeldampf über das Blech strömt. Das erhitzte Blech darf dabei nicht abkühlen. Bewege deshalb den Gasbrenner zwischen Kupfer und Schwefel hin und her. Nimm die Flamme vom Reagenzglas, sobald eine weitere Veränderung am Blechstreifen auftritt.

c) Nimm mit einer Pinzette den Streifen nach dem Abkühlen aus dem Reagenzglas.

2 Wir untersuchen den neuen Stoff

Material

Schutzbrille, Becherglas (100 ml, hohe Form), Batterie (4,5 V), 3 Experimentierkabel, 4 Krokodilklemmen, Glühlampe (4 V; 0,04 A) mit Fassung, Gasbrenner, Lupe, Reibschale mit Pistill, Dreifuß mit Keramik-Drahtnetz, Kupfer- und Schwefelpulver, Kupferblech, Streifen aus Versuch 1, Wasser

Versuchsanleitung

a) Baue einen Stromkreis wie in Bild 2 beschrieben auf. Prüfe die elektrische Leitfähigkeit des Streifens aus Versuch 1 und vergleiche mit einem Kupferblechstreifen.

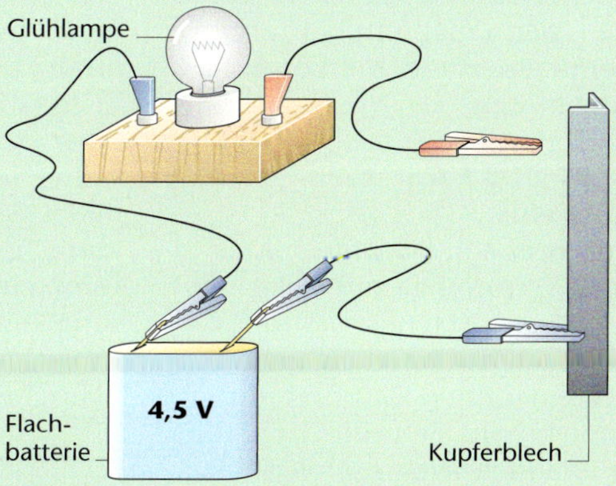

2 Elektrische Leitfähigkeit

b) Prüfe die Wärmeleitfähigkeit. Halte dazu einen Kupferblechstreifen und den Streifen aus Versuch 1 jeweils zur Hälfte in heißes Wasser (▷ B 3). Fühle, welcher Streifen schneller warm wird.

c) Untersuche die Verformbarkeit. Versuche zuerst den Streifen aus Versuch 1 über einer Reibschale zu verformen. Halte den Streifen dazu zwischen beiden Händen. Vergleiche mit einem Kupferblechstreifen.

d) Vergleiche das Aussehen. Zerreibe dazu ein Stück des Streifens aus Versuch 1 in einer Reibschale mit einem Pistill. Betrachte mit einer Lupe den zerriebenen Stoff und vergleiche ihn mit Kupfer- und Schwefelpulver.

3 Wärmeleitfähigkeit

Aufgaben

1. Erstelle zu Versuch 1 ein Versuchsprotokoll.

2. Lege eine Tabelle (▷ B 4) an und trage die Eigenschaften der Stoffe ein.

3. Überlege, was bei dem Experiment mit den Stoffen geschieht.

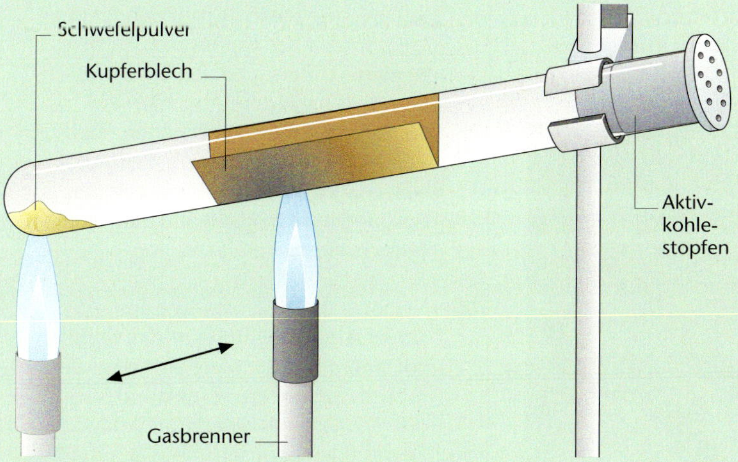

1 Schwefeldampf streicht über erhitztes Kupferblech.

Eigenschaften	Kupfer	Schwefel	neuer Stoff
Farbe			
Verformbarkeit			
•			
•			

4 Tabelle

1 Ausgangsstoffe – chemische Reaktion

Kommt ein Silberlöffel mit Eigelb in Berührung, wird er schwarz. An der Veränderung des Silbers ist ein Bestandteil im Ei beteiligt. Der schwarze Stoff ist kein Silber, sondern ein neuer Stoff. Die Veränderung ist nicht leicht zu verstehen. Einfacher wird es, wenn man mit bekannten Stoffen experimentiert und die Vorgänge selbst in Gang bringt.

Ein neuer Stoff wird hergestellt – aus zwei mach eins

Eisen ist ein Metall. Ein Eisenblech ist grau glänzend, verformbar und elektrisch leitfähig. Von einem Magneten wird es stark angezogen. Schwefel ist ein gelber Stoff, der sich entzünden lässt und mit blauer Flamme brennt. Schwefel ist nicht magnetisch und nicht elektrisch leitfähig. Mischt man graues Eisenpulver mit gelbem Schwefelpulver, entsteht ein graugelbes Gemisch (▷ B 2, links). Erhitzt man das Gemisch an einer Stelle, fängt es dort an zu glühen. Die Glühfront wandert ohne weiteres Erhitzen durch das restliche Gemisch (▷ B 1; V 1).

2 Eisen-Schwefel-Gemisch und Reaktionsprodukt

Nach dem Abkühlen bleibt ein grauschwarzer Stoff übrig, der einheitlich aussieht (▷ B 2, rechts). Der Stoff ist spröde und nicht brennbar. Er wird vom Magneten schwach angezogen und leitet den elektrischen Strom nur wenig (▷ V 1). Beim Erhitzen ist ein neuer Stoff entstanden, es hat eine Stoffumwandlung stattgefunden. Dies kann man daran erkennen, dass der neue Stoff andere Eigenschaften aufweist als die **Ausgangsstoffe** (**Edukte**). Einen Vorgang, bei dem durch **Stoffumwandlung** neue Stoffe entstehen, bezeichnet man als **chemische Reaktion**. Die neu gebildeten Stoffe nennt man **Endstoffe** (**Reaktionsprodukte**).

Bei einer chemischen Reaktion findet eine Stoffumwandlung statt.
Aus den Ausgangsstoffen (Edukten) entstehen Endstoffe (Reaktionsprodukte) mit anderen Eigenschaften.

Bei der chemischen Reaktion von Eisen und Schwefel hat sich nur **ein** Reaktionsprodukt gebildet. Der neue Stoff heißt Eisensulfid. Reagiert Schwefel mit Metallen, so entstehen **Metallsulfide** (lat.: sulfur, Schwefel). Aus Silber und Schwefel bildet sich schwarzes Silbersulfid. Eine ähnliche chemische Reaktion findet statt, wenn ein Silberlöffel mit Eigelb in Berührung kommt. Auch Kupfer reagiert mit Schwefel beim Erhitzen. Es bildet sich blauschwarzes Kupfersulfid.

Versuche

1 Mische 7 g Eisenpulver und 4 g Schwefelpulver in einer Reibschale. Erhitze das Gemisch im Reagenzglas von unten an einer Stelle. Nimm den Brenner weg, sobald das Gemisch zu glühen beginnt. Untersuche den entstandenen Stoff nach dem Abkühlen und vergleiche seine Eigenschaften (Farbe, Verformbarkeit, elektrische Leitfähigkeit, magnetische Wirkung) mit den Ausgangsstoffen Eisen und Schwefel. (Aktivkohlestopfen! Schutzbrille!)

2 Man mischt 8 g Zinkpulver und 4 g Schwefelpulver und häuft das Gemisch auf einem Backstein in Form eines Bergrückens auf. Im Freien entzündet man das Gemisch mit einem glühenden Draht. (Sicherheitsabstand! Schutzbrille! Schutzhandschuhe!)

Ein graues Gemisch aus Zink- und Schwefelpulver reagiert beim Erwärmen heftig. Es verbrennt mit hellem Licht, eine gelbe Rauchwolke steigt auf. Übrig bleibt ein hellgelber Feststoff, der nicht mehr brennt. Das Reaktionsprodukt ist Zinksulfid (▷B 6; V 2).

Chemische Reaktion – kurz und bündig
Die Vorgänge bei einer chemischen Reaktion kann man in kurzer Form aufschreiben. Diese Kurzschreibweise nennt man **Reaktionsschema** (▷B 6). Es gibt an, welche Stoffe miteinander reagieren und welche Reaktionsprodukte bei der Stoffumwandlung entstehen. Auf der linken Seite des Reaktionsschemas stehen die Edukte, auf der rechten Seite die Reaktionsprodukte. Dazwischen wird ein **Reaktionspfeil** gezeichnet. Der Reaktionspfeil wird als „reagieren zu", das Pluszeichen als „und" gelesen.
Reaktionsschema:

Zink + Schwefel ⟶ Zinksulfid

Lies: Zink und Schwefel reagieren zu Zinksulfid

Das **Pluszeichen** gibt an, dass **zwei** Ausgangsstoffe miteinander reagiert haben. Dabei ist **ein** Reaktionsprodukt entstanden.

▶ Das Reaktionsschema beschreibt die chemische Reaktion mit Worten und Zeichen.

3 Magnetkies

4 Zinkblende

5 Bleiglanz

Sulfide in der Natur
Unter den natürlichen Sulfiden gibt es Kiese, Glanze und Blenden. Diese Begriffe stammen aus der Bergmann-Sprache. **Magnetkies** (Eisensulfid) ist ein Eisenerz (▷B 3). Kleine Bruchstücke werden vom Magneten angezogen. Kiese sind hochglänzend und meist so hart, dass sich Funken bilden, wenn sie mit Stahl angeschlagen werden. **Zinkblende** (Zinksulfid; ▷B 4) hat eine hohe Lichtbrechung, fast wie ein Diamant. Blenden sind durchscheinend bis durchsichtig, haben unterschiedliche Farben und eine geringe Härte. **Bleiglanz** (Bleisulfid; ▷B 5) enthält meist einen geringen Anteil an Silbererz. Glanze sind dunkler als Kiese, von grauer Farbe und geringer Härte.

▶ Sulfide sind Verbindungen von Metallen mit Schwefel.

Ausgangsstoffe (Edukte)			chemische Reaktion	Endstoffe (Reaktionsprodukte)
Zink	und	Schwefel	reagieren zu	Zinksulfid

Reaktionsschema:

Zink + **Schwefel** ⟶ **Zinksulfid**

6 Die chemische Reaktion auf einen Blick

Aktiv machen – womit?

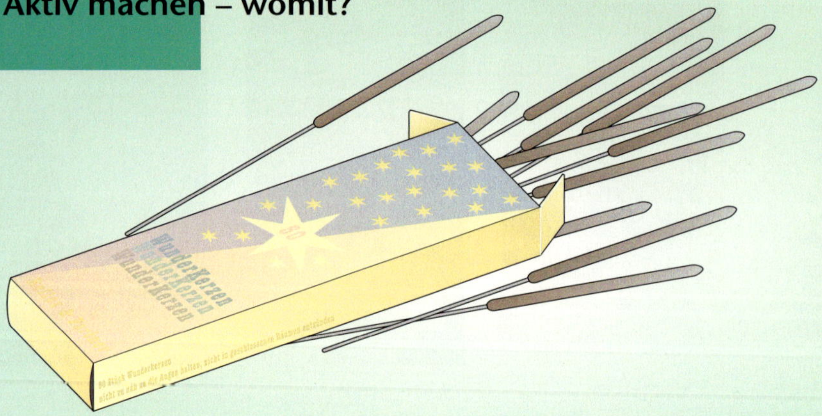

1 Aktiv machen durch Reiben

Material

Schutzbrille, Streichholzschachtel mit Streichhölzern

Versuchsanleitung

Entnimm der Streichholzschachtel ein Streichholz. Bewege das Streichholz entlang der Reibfläche, bis es entzündet wird (▷ B 1). Reibe vom Körper weg.

1 Aktiv machen durch Reibung

2 Aktiv machen durch Wärme

Material

Schutzbrille, Reagenzglas, Reagenzglashalter, Gasbrenner, Streichhölzer

Versuchsanleitung

Brich 3 bis 4 Streichhölzer so ab, dass nur die Köpfe übrig bleiben. Fülle die Köpfe in ein Reagenzglas und halte dieses mithilfe eines Reagenzglashalters über die nicht leuchtende Brennerflamme (▷ B 2).

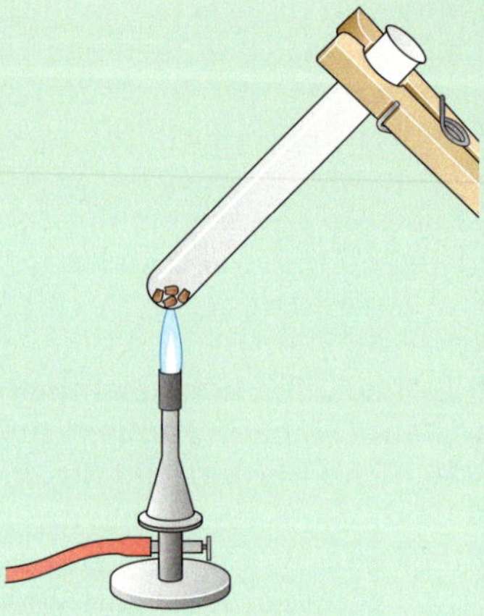

2 Aktiv machen durch Wärme

3 Aktiv machen in der Flamme

Material

Schutzbrille, Teelicht, Streichholzschachtel mit Streichhölzern, Wunderkerze

Versuchsanleitung

Entzünde das Teelicht mit einem Streichholz. Halte eine Wunderkerze über die Flamme (▷ B 3). Achte darauf, dass die sprühende Wunderkerze in sicherem Abstand von Personen und brennbaren Stoffen abbrennt.

3 Aktiv machen in der Flamme

4 Aktiv machen durch Besprühen

Material

Schutzbrille, Zerstäuber, Filterpapier, Pinsel,
Lösung A: 3 g Kaliumhexacyanoferrat(II) in 100 ml destilliertem Wasser,
Lösung B: 1 g Ammoniumthiocyanat in 100 ml destilliertem Wasser,
Lösung C: 4 g Eisen(III)-chlorid-6-Hydrat in 100 ml destilliertem Wasser.
Die Lösungen werden von der Lehrerin/vom Lehrer ausgegeben!

4 Aktiv machen durch Besprühen

Versuchsanleitung

Schreibe mit einem Pinsel mit den Lösungen A und B auf ein Filterpapier. Lass den Text anschließend trocknen.

Besprühe das Geschriebene mit der Lösung C aus einem Zerstäuber (▷ B 4). Beobachte die Veränderungen.
Hast du eine Erklärung dafür?

Zuerst aktivieren … dann laufen lassen

1 Aktivieren …

2 … und dann reagieren

Zuerst Aktivieren …

Viele chemische Reaktionen laufen nicht von alleine ab. Ein Feuerwerkskörper explodiert erst, wenn man ihn zündet. Ein Streichholz entflammt beim Reiben an einer Reibfläche. Papier lässt sich durch ein Brennglas entzünden.
Ein Gemisch aus Eisen und Schwefel muss zunächst an einer Stelle erhitzt werden, damit die chemische Reaktion in Gang kommt. Auch ein Zink-Schwefel-Gemisch muss erst mit einem heißen Draht gezündet werden (▷ B 1), bevor es reagiert (▷ B 2). Diese Versuche zeigen, dass viele chemische Reaktionen durch **Zufuhr von Energie** in Gang kommen. Dabei müssen die Ausgangsstoffe zuerst reaktionsbereit oder **aktiv** gemacht werden. Die dafür notwendige Energie bezeichnet man als **Aktivierungsenergie**.

Zum Auslösen vieler chemischer Reaktionen ist Aktivierungsenergie erforderlich.

… dann laufen lassen

Fängt ein Eisen-Schwefel-Gemisch zu glühen an, kann der Gasbrenner entfernt werden. Die Glühfront wandert durch das gesamte Gemisch, ohne dass weiter erhitzt wird. Die chemische Reaktion läuft jetzt ohne Energiezufuhr von alleine ab. Dabei werden Wärme und Licht an die Umgebung abgegeben. Eine Reaktion, bei der Wärme frei wird, nennt man **exotherm** (griech.: thermos, warm). Bei der Verbrennung von Propangas wird z. B. so viel Wärme frei, dass sich die Luft in einem Ballon erwärmt und er aufsteigt (▷ B 4). Den exothermen Verlauf einer chemischen Reaktion gibt man im Reaktionsschema an:

Eisen + Schwefel ⟶ Eisensulfid | exotherm

Chemische Reaktionen, bei denen Energie frei wird (z. B. in Form von Licht, Wärme), nennt man exotherme Reaktionen.

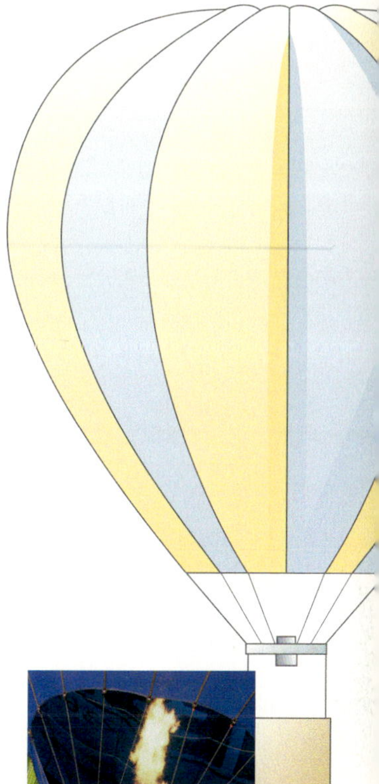

4 Nach dem Erhitzen steigt der Heißluftballon.

Eine Modellvorstellung veranschaulicht den Ablauf

Der Ablauf einer exothermen Reaktion kann mit folgender Modellvorstellung verglichen werden: Eine Kugel soll über einen Hügel nach unten gebracht werden. Sie kann den Hügel nicht von alleine überwinden. Sie muss auf den Berg hinaufgeschoben werden. Dazu benötigt man Energie. Oben, von der Bergspitze aus, kann die Kugel dann von selbst ins Tal rollen.
Viele chemische Reaktionen kommen nicht von alleine in Gang. Die Ausgangsstoffe (Edukte) müssen zuerst aktiv gemacht werden. Dazu benötigt man Aktivierungsenergie. Hat die Reaktion eingesetzt, wird viel Energie frei. Sie reicht aus, um die chemische Reaktion in Gang zu halten.

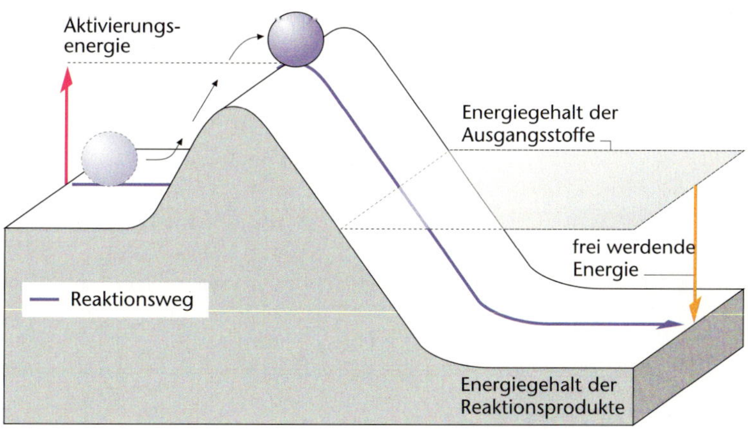

3 Modellvorstellung zum Ablauf einer chemischen Reaktion

Fassen Sie keine elektrischen Geräte an, während Sie im Wasser sind oder auf nassem Boden stehen, Sie könnten sonst in Gefahr geraten.

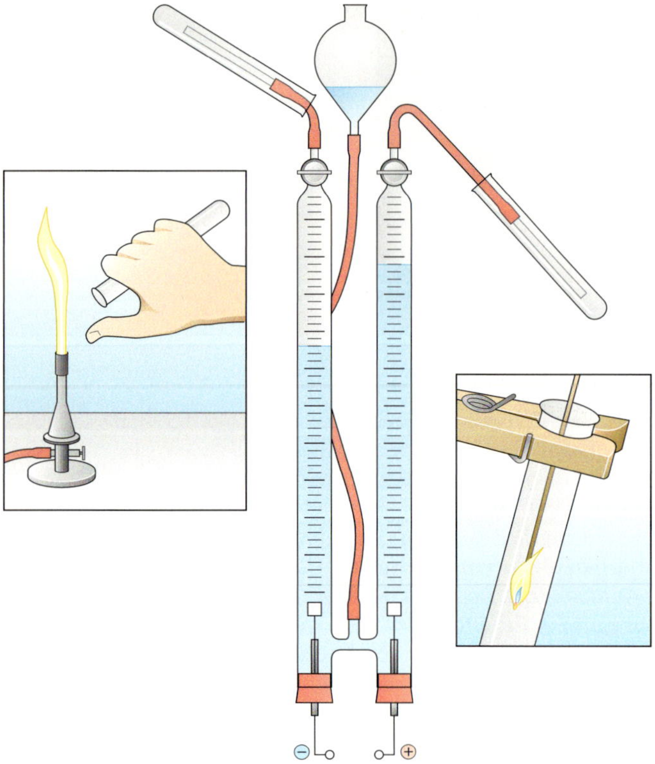

1 Zerlegung von Wasser im Hofmann'schen Zersetzungsapparat

Leitungswasser ist schwach elektrisch leitfähig. Durch Zusätze im Wasser wird die Leitfähigkeit erhöht.

Wasser – aus eins mach zwei

In eine Apparatur nach Bild 1 (▷ V 1) lässt man leitfähig gemachtes Wasser fließen, bis die beiden Glasröhren gefüllt sind. Von unten ragen Platindrähte in die Röhren. Ein Draht ist mit dem Pluspol, der andere mit dem Minuspol einer Gleichspannungsquelle verbunden. Legt man eine Gleichspannung an, steigen in den Glasröhren Gasbläschen auf. Nach einiger Zeit beobachtet man, dass sich in einer Röhre etwa doppelt so viel Gas gebildet hat wie in der anderen.
Das Gas, das am Minuspol entsteht, lässt sich entzünden und verbrennt mit einem leisen oder lauten pfeifenden Geräusch (▷ B 1). Dieses Gas heißt **Wasserstoff**.
Das Gas, das am Pluspol entsteht, brennt nicht. Hält man aber einen glimmenden Holzspan in das Gas, flammt dieser sofort auf und brennt mit heller Flamme (▷ B 1). Dieses Gas heißt **Sauerstoff**.
Wasser lässt sich mithilfe des elektrischen Stroms in Wasserstoff und Sauerstoff zerlegen. Schaltet man den elektrischen Strom aus, hört die Gasbildung auf. Die Zerlegung von Wasser geht nur weiter, solange Energie zugeführt wird. In diesem Versuch handelt es sich um elektrische Energie.

▶ Chemische Reaktionen, bei denen ständig Energie benötigt wird, bezeichnet man als endotherme Reaktionen.

Die Zerlegung von Wasser kann man in einem Reaktionsschema beschreiben. Aus **einem** Ausgangsstoff entstehen **zwei** Reaktionsprodukte:

Wasser ⟶ Wasserstoff + Sauerstoff | endotherm

Lies: Wasser reagiert in einer endothermen Reaktion zu Wasserstoff und Sauerstoff.

Die beiden Gase lassen sich nicht in weitere Stoffe zerlegen. Wasserstoff und Sauerstoff sind Grundstoffe oder **Elemente**.

▶ Elemente sind Grundstoffe, die sich nicht in weitere Stoffe zerlegen lassen.

Zeitpunkt

Wasser aus Feuer

1 H. CAVENDISH (1731–1810)

1766 ließ HENRY CAVENDISH (▷ B 1) Salzsäure auf Zink tropfen. Dabei beobachtete er, dass sich ein unbekanntes Gas bildete. Er fing das Gas in einer Schweinsblase auf und untersuchte seine Eigenschaften. Da das Gas leicht entzündlich und brennbar war, nannte er es „brennbare Luft". Nach weiteren Untersuchungen stellte er fest, dass beim Verbrennen des feuergefährlichen Gases im Gefäß Wasser entstand. Später nannte man das brennbare Gas Wasserstoff, weil man mit ihm Wasser erzeugen konnte.

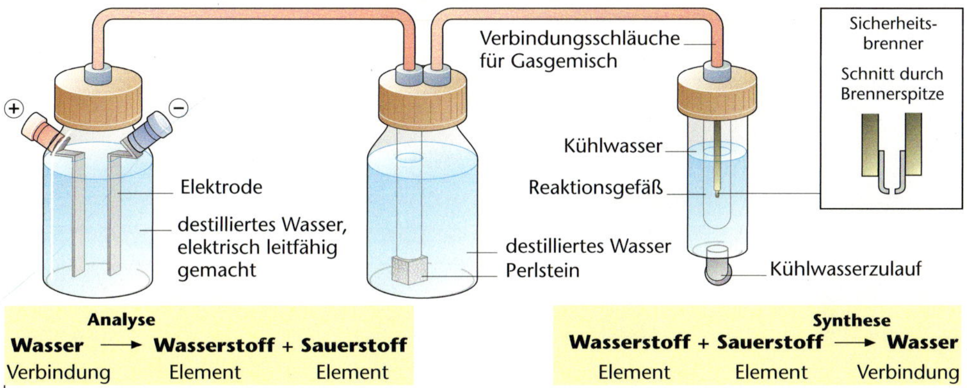

2 Zerlegung und Bildung von Wasser im Schager'schen Apparat

3 Knallgasgemisch

Zerlegung von Wasser

In einer Apparatur nach Bild 2 (▷ V 2) wird Wasser mithilfe des elektrischen Stroms zerlegt. Im ersten Gefäß sieht man Gasbläschen aufsteigen. An der Metallplatte, die mit dem Minuspol verbunden ist, steigt doppelt so viel Gas auf wie an der anderen Metallplatte. Die Gase mischen sich und strömen durch ein zweites Gefäß mit destilliertem Wasser. Auch in diesem kann die Blasenbildung beobachtet werden.

Leitet man das Gasgemisch in eine Seifenlösung, beobachtet man an der Oberfläche die Bildung von Schaumbläschen (▷ B 3). Der Schaumberg lässt sich entzünden und verbrennt explosionsartig mit lautem Knall. Bei der Zerlegung von Wasser ist Knallgas entstanden, ein Gemisch aus doppelt so viel Wasserstoff wie Sauerstoff. Wasser ist eine **Verbindung** aus den Elementen Wasserstoff und Sauerstoff.

▶ Verbindungen sind Stoffe, die sich in andere Stoffe zerlegen lassen.

Bildung von Wasser

In der gleichen Apparatur (▷ B 2) bildet sich im dritten Gefäß wieder Wasser. Das Knallgasgemisch lässt sich an einem Sicherheitsbrenner gefahrlos entzünden. Dabei verbrennen Wasserstoff und Sauerstoff mit fast unsichtbarer Flamme. Es bildet sich eine farblose Flüssigkeit und Wärme wird frei. Mit Watesmopapier kann man nachweisen, dass es sich bei der Flüssigkeit um Wasser handelt (▷ B 4). Aus Wasserstoff und Sauerstoff ist in einer exothermen Reaktion Wasser entstanden.

Analyse und Synthese

In der Apparatur nach Bild 2 wird zuerst Wasser in Wasserstoff und Sauerstoff zerlegt. Dazu ist Energie erforderlich. Aus den beiden Gasen wird wieder Wasser gebildet. Dabei wird Energie frei.

▶ Die Zerlegung einer Verbindung bezeichnet man als Analyse.
Die Bildung einer Verbindung bezeichnet man als Synthese.

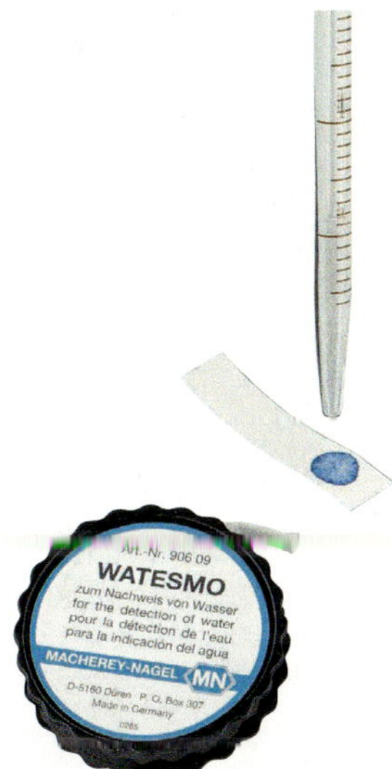

4 Wassernachweis mit Watesmopapier

Versuche

1 Man versetzt Wasser mit verdünnter Schwefelsäure und füllt das Gemisch in einen Hofmann'schen Apparat. Dann legt man an die Platinelektroden eine Gleichspannung an (▷ B 1).
Ist eine der beiden Röhren zur Hälfte mit Gas gefüllt, unterbricht man den Versuch und leitet die Gase jeweils in Reagenzgläser.
Das Gas, das am Minuspol entsteht, lässt man gegen die Brennerflamme strömen.
Das Gas, das am Pluspol entsteht, prüft man mit einem glimmenden Holzspan.

2 Man füllt in das 1. Gefäß der Apparatur von Bild 2 Wasser mit verdünnter Natronlauge und legt an die Elektroden eine Gleichspannung an. Man leitet das Gasgemisch über den Sicherheitsbrenner in eine Metallschale mit Seifenlösung, entfernt das Einleitungsrohr und entzündet den Schaumberg mit einem brennenden Holzspan (Mund öffnen! Ohren schützen!). Dann wird das Gasgemisch am Sicherheitsbrenner entzündet und im wassergekühlten Reaktionsgefäß verbrannt. Der Wassernachweis erfolgt mit Watesmopapier.

1 Bergsteiger mit Sauerstoffflasche

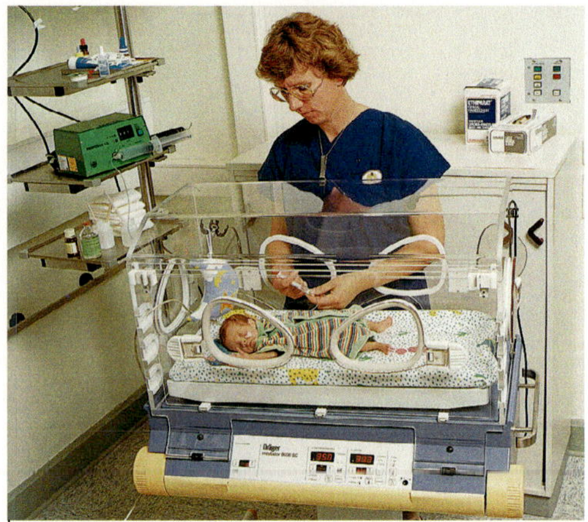

2 Sauerstoffeinsatz in der Medizin

3 Glimmender Holzspan

4 Glimmspanprobe

Sauerstoff
Luft ist ein Gasgemisch, in dem das Gas Sauerstoff mit rund 21 % (Volumenanteile) enthalten ist. Dieses Gas ist für Mensch und Tier lebensnotwendig und ist an allen Verbrennungsvorgängen beteiligt.

Eigenschaften
Sauerstoff ist ein farb-, geruch- und geschmackloses Gas. Seine Dichte beträgt 1,33 g/l, sie ist größer als die von Luft (1,204 g/l). Sauerstoff ist in Wasser löslich. Seine Siedetemperatur beträgt –183 °C.

Sauerstoff ist nicht brennbar, unterhält aber die Verbrennung. Hält man in einen mit Sauerstoff gefüllten Standzylinder einen an der Luft glimmenden Holzspan (▷ B 3), flammt dieser auf (▷ B 4). Er brennt mit heller Flamme. Bläst man außerhalb des Zylinders die Flamme aus, kann der Versuch wiederholt werden.
Dieser Versuch wird zum Nachweis von Sauerstoff verwendet (▷ V 1). Man bezeichnet ihn als **Glimmspanprobe**.

Mit der Glimmspanprobe kann Sauerstoff nachgewiesen werden.

Sauerstoff kommt in Stahlflaschen in den Handel. In diesen steht das Gas unter hohem Druck und darf nur über Druckminderventile entnommen werden (▷ B 5).

Versuch

1 Führe einen glimmenden Holzspan langsam in einen mit Sauerstoff gefüllten Standzylinder. Ziehe den brennenden Holzspan wieder heraus, blase die Flamme aus und wiederhole den Versuch.

Verwendung
Sauerstoff wird in Krankenhäusern in Reinform oder mit Luft vermischt zur Unterstützung der Atmung eingesetzt (▷ B 2). Bergsteiger, für die der Sauerstoffgehalt der Luft in großen Höhen nicht mehr ausreicht, nehmen Sauerstoffflaschen mit (▷ B 1). In der Technik wird das Gas beim Schweißen und Schneiden von Stahlplatten verwendet.

5 Sauerstoffflasche

Farbe	farblos
Geruch	geruchslos
Geschmack	geschmacklos
Aggregatzustand bei Zimmertemperatur	gasförmig
Dichte (20 °C)	1,33 g/l
Schmelztemperatur	– 219 °C
Siedetemperatur	– 183 °C
Brennbarkeit	brennt nicht, unterhält die Verbrennung
Löslichkeit in Wasser (20 °C)	geringfügig

6 Eigenschaften von Sauerstoff

Wasserstoff
Bei der Zerlegung von Wasser mithilfe des elektrischen Stromes erhält man am Minuspol das Gas Wasserstoff. Es besitzt eine Reihe von wichtigen Eigenschaften, die man beim Umgang mit diesem Gas kennen sollte.

Eigenschaften
Wasserstoff ist ein farb-, geruch- und geschmackloses Gas und kann deshalb von uns nicht wahrgenommen werden. Es ist das „leichteste" Gas, d. h. es besitzt mit 0,083 g/l die geringste Dichte aller Elemente. Die Öffnung des Standzylinders von Bild 1 (V 1) zeigt nach unten, weil Wasserstoff sonst entweichen würde.

Beim Einführen einer brennenden Kerze in einen mit Wasserstoff gefüllten Zylinder entzündet sich das Gas am unteren Rand. Im Innern des Zylinders erlischt die Flamme. Beim Herausziehen der Kerze entzündet sie sich wieder (▷ B 1; ▷ V 1).
Zunächst entzündet sich der Wasserstoff an der Öffnung des Zylinders, da dort der für die Verbrennung notwendige Sauerstoff vorhanden ist. Im Innern des Standzylinders – im reinen Wasserstoff – erlischt jedoch die Flamme, da dort der Sauerstoff fehlt. Währenddessen brennt der Wasserstoff an der Öffnung des Standzylinders kaum sichtbar weiter, sodass sich die Kerze beim Herausziehen an dem Flammensaum wieder entzünden kann.
Dieser Versuch zeigt, dass Wasserstoff zwar ein brennbares Gas ist, jedoch nicht die Verbrennung unterhält.

Knallgas
Wasserstoff-Luft-Gemische sind gefährlich, da sie explosionsartig verbrennen. Diese explosiven Gasgemische bezeichnet man als **Knallgas**. Beim Umgang mit Wasserstoff muss immer geprüft werden, ob in einer Apparatur reiner Wasserstoff vorhanden ist. Dieser Nachweis erfolgt mit der **Knallgasprobe** (▷ B 2; ▷ V 2).
Dazu wird mehrmals in je einem kleinen Reagenzglas aus der entsprechenden Apparatur eine Probe Gas genommen und einer Gasflamme genähert. Erst nachdem eine Probe Gas ruhig abbrennt, darf das Gas an der Apparatur entzündet werden.

Mit der Knallgasprobe weist man Wasserstoff nach.

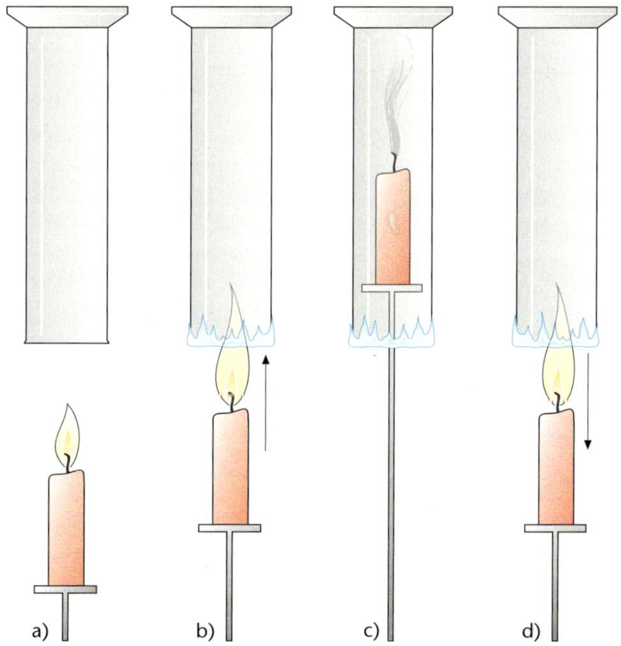

1 Eine Kerze wird in einen mit Wasserstoff gefüllten Standzylinder eingeführt.

2 Die Knallgasprobe

Versuche

1 Man spannt einen dickwandigen Zylinder mit der Öffnung nach unten ein, füllt ihn mit Wasserstoff und führt eine brennende Kerze rasch ein und zieht sie wieder heraus. (Schutzscheibe! Schutzbrille!)

2 Man füllt ein kleines Reagenzglas mit Wasserstoff, verschließt es mit dem Daumen und nähert es mit der Öffnung schräg nach unten einer Gasflamme. Das Gas lässt man gegen die Flamme strömen. (Schutzbrille!)

Farbe	farblos
Geruch	geruchslos
Geschmack	geschmacklos
Aggregatzustand bei Zimmertemperatur	gasförmig
Dichte (20 °C)	0,083 g/l
Schmelztemperatur	– 259 °C
Siedetemperatur	– 253 °C
Brennbarkeit	brennbar, bildet mit Luft und Sauerstoff explosive Gemische
Löslichkeit in Wasser (20 °C)	sehr gering

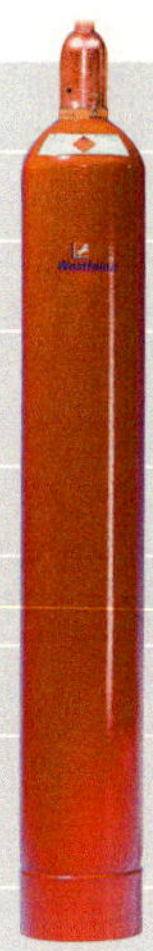
3 Eigenschaften von Wasserstoff

Der elektrische Strom zerlegt Wasser

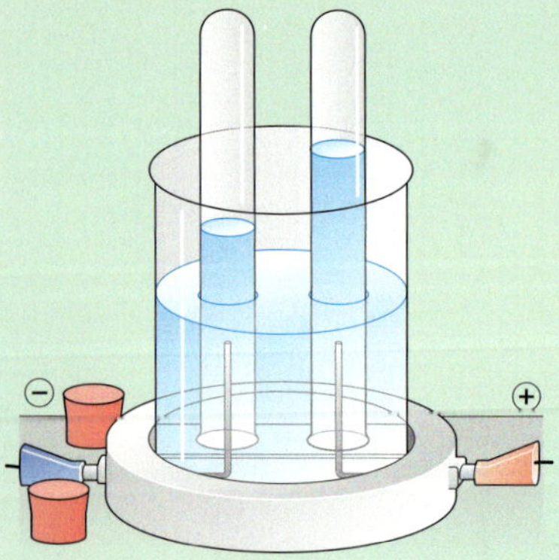

1 Zerlegung von Wasser

1 Aus eins werden zwei

Material

Schutzbrille, Schutzhandschuhe, Behälter mit zwei Platinelektroden und zwei Anschlussbuchsen, 2 kleine Reagenzgläser mit passenden Stopfen, Reagenzglasgestell, Messzylinder (100 ml), 2 Experimentierkabel, Gleichspannungsquelle (0 bis 12 V), destilliertes Wasser, konzentrierte Schwefelsäure (wird von der **Lehrkraft** eingesetzt)

Versuchsanleitung

Gib 100 ml destilliertes Wasser in den Behälter nach Bild 1. Fülle zwei Reagenzgläser mit Wasser, verschließe sie mit dem Zeigefinger und stülpe sie senkrecht über die Platinelektroden. Lass 12 ml konzentrierte Schwefelsäure von der **Lehrkraft** zutropfen. Schließe über Experimentierkabel die Anschlussbuchsen an eine 12-V-Gleichspannungsquelle an.
Lass den elektrischen Strom so lange fließen, bis eines der Reagenzgläser ganz mit Gas gefüllt ist. Schalte die Stromzufuhr ab. Ziehe beide Reagenzgläser aus der Flüssigkeit (Schutzhandschuhe) und verschließe sie je mit einem Stopfen. Beschrifte die Reagenzgläser: Gas vom Minus- bzw. Pluspol. Bewahre dann beide Reagenzgläser im Reagenzglasgestell für nachfolgende Versuche auf.

2 Nachweis von Wasserstoff

Material

Schutzbrille, vollständig mit Gas gefülltes Reagenzglas aus Versuch 1, Reagenzglashalter, Teelicht, Streichhölzer

Versuchsanleitung

Entzünde ein Teelicht. Halte das Reagenzglas aus Versuch 1, das vollständig mit Gas gefüllt ist, mit der Öffnung schräg nach unten (▷ B 2). Nimm den Stopfen vom Reagenzglas. Achte darauf, dass das Gas gegen die Flamme des Teelichts strömt.

2 Nachweis von Wasserstoff

3 Nachweis von Sauerstoff

Material

Schutzbrille, Reagenzglas mit der geringeren Gasportion aus Versuch 1, Reagenzglashalter, Streichhölzer, Holzspan

Versuchsanleitung

Entzünde einen Holzspan. Blase die Flamme aus. Entferne den Stopfen vom Reagenzglas und halte den noch glimmenden Holzspan in das Reagenzglas (▷ B 3).

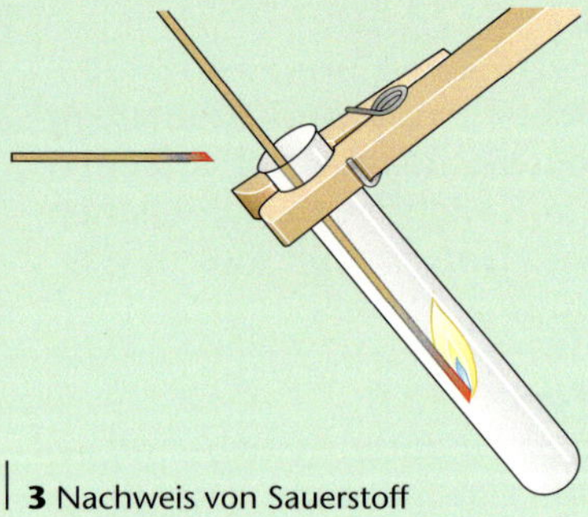

3 Nachweis von Sauerstoff

4 Sonnenenergie für die Zerlegung von Wasser

Material

Schutzbrille, Apparatur nach Bild 4, Solarzelle, 2 Experimentierkabel, Beleuchtungsquelle, 2 Schlauchklemmen, destilliertes Wasser

Versuchsanleitung

Fülle in die Reaktionsröhren der Apparatur in Bild 4 gleich hoch destilliertes Wasser. Verschließe die Kunststoffschläuche am Reaktionsgefäß mit den Schlauchklemmen. Verbinde die Anschlussbuchsen mit einer Solarzelle und belichte diese einige Zeit. Beobachte die Gasentwicklung in den beiden Reaktionsröhren.

Aufgaben

1. Welches Gas ist jeweils in den Reaktionsröhren entstanden? Begründe.

2. Formuliere für die durchgeführte Reaktion das Reaktionsschema.

3. Woran erkennt man, dass es sich um eine endotherme Reaktion handelt?

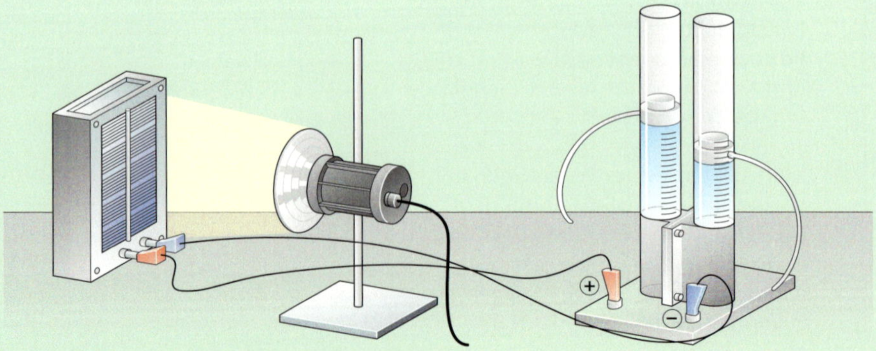

4 Zerlegung von Wasser und Auffangen der Gase

Mit Wasserstoff aufsteigen

1783, 2. Dezember
JACQUES CÉSAR CHARLES und NICOLAS ROBERT stiegen in Paris mit einem selbst gebauten Ballon 300 m hoch auf (▷ B 1). Der Ballon war mit 18 m³ Wasserstoff gefüllt. Da man Schwierigkeiten hatte, diese für die damalige Zeit enorme Menge Wasserstoff zu erzeugen, benötigte man für die Füllung des Ballons vier Tage. Das Gas wurde aus Zink und Schwefelsäure in einem Fass hergestellt, das mit Weidenstricken umwickelt war (▷ B 2). Eiserne Fassreifen wären von überlaufender Säure zerstört worden. Vor dem Abfüllen musste Wasserstoff in eine Anlage geleitet werden, in der anhaftende Säuretröpfchen entfernt wurden. Die Säuretröpfchen hätten sonst Löcher in die Ballonhülle fressen können.

1900, 2. Juli
Das erste lenkbare Luftschiff (▷ B 4), von GRAF ZEPPELIN gebaut, stieg in Friedrichshafen am Bodensee in die Luft. Es war 128 m lang, seine Gasbehälter waren mit insgesamt 11 300 m³ Wasserstoff gefüllt.

1 Ballonaufstieg von CHARLES in seiner „Charliere"

3 Katastrophe von Lakehurst

1924, 27. August
Ein Zeppelin fuhr erstmals in über 70 Stunden von Friedrichshafen bis Sandy Hook (USA) über den Atlantik.

1937, 6. Mai
Mit 96 Fahrgästen an Bord überquerte das Luftschiff „Hindenburg" den Atlantik. Die Gasbehälter waren mit 200 000 m³ Wasserstoff gefüllt. Ein plötzlicher Funkenschlag löste bei der Landung in Lakehurst (USA) eine Katastrophe aus. Der Wasserstoff entzündete sich und verbrannte. Die Hülle des Luftschiffes geriet in Brand und wurde innerhalb von Minuten völlig zerstört (▷ B 3). Wie durch ein Wunder überlebten 61 Personen die Katastrophe. Mit diesem Ereignis war die Luftschifffahrt für lange Zeit beendet.

2 Füllung des Ballons mit Wasserstoff

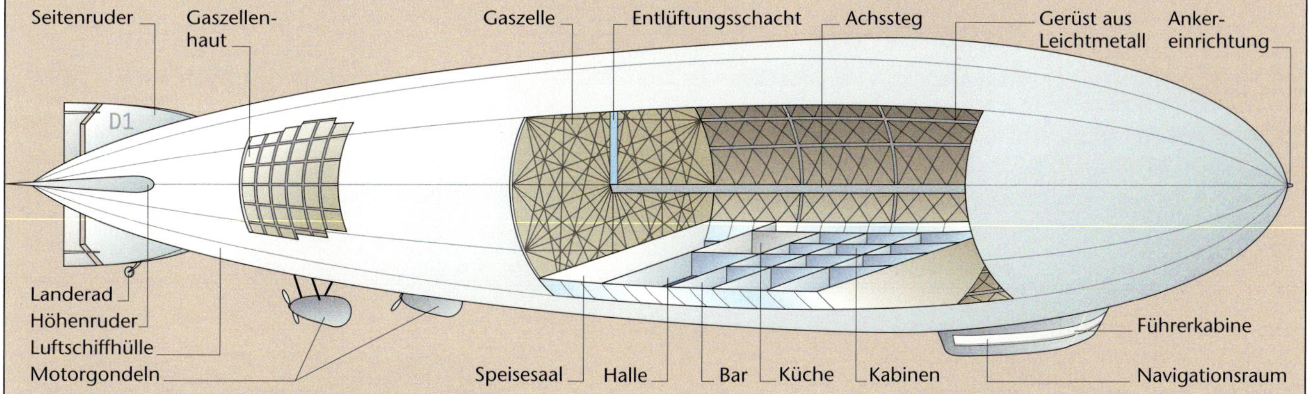

4 Blick in ein Luftschiff

Brennpunkt

Wasserstoff oder Benzin?

Wasserstoff, ein Raketentreibstoff
Immer wieder berichten Fernseh- und Zeitungsnachrichten über Raketenstarts aus Cape Canaveral (USA), aus Baikonur (Kasachstan) oder aus Französisch Guyana. Am 20./21. Juli 1969 wurde zum ersten Mal ein alter Traum der Menschen wahr. Astronauten verließen die Erde und landeten mithilfe von Raketen auf dem Mond. Alle Starts der amerikanischen Raumfahrt erfolgen mit flüssigem Wasserstoff und flüssigem Sauerstoff.

Dabei wird Wasserstoff durch Verbrennung in sein Oxid (Wasser) überführt. Bei dieser stark exothermen Reaktion entsteht gasförmiges Wasser. Die dabei erfolgende Ausdehnung treibt die Rakete an.
Die bei einem Raketenstart zu beobachtende riesige weiße Wolke besteht aus kondensiertem Wasserdampf.

Kann Wasserstoff auch Benzin ersetzen?
Wir können uns ein Leben ohne Autos nur sehr schwer vorstellen. Genauso haben wir uns an die Vorstellung gewöhnt, dass ein Auto mit Benzin oder Dieselöl fährt. Aber was geschieht, wenn nicht mehr genug Erdöl für das Benzin vorhanden ist?

1 Ein Auto wird mit Wasserstoff betankt.

3 Wasserstoff wird gespeichert.

Vor ca. 60 Jahren besaßen nur sehr wenige Menschen ein Auto, heute fahren allein in Deutschland täglich etwa 42 Millionen Autos auf den Straßen.
Schlagworte wie „Luftverschmutzung", „Lungenerkrankungen", „Treibhausgase" hören wir fast täglich. Die durch Autoabgase aus dem Benzin verursachten Umwelt- und Gesundheitsschäden nehmen zu. Hier bietet die Chemie mit der Wasserstofftechnik Abhilfe an: Wasserstoff anstelle von Benzin tanken.

Wasserstoff tanken
Autoingenieure konstruierten mit Wasserstoff betriebene Fahrzeuge. Im April 1991 fuhr an die erste Flüssig-Wasserstoff-Tankstelle in Bayern ein Auto zum Tanken vor (▷ B 1). Ein Wasserstoffauto gibt im Gegensatz zu den herkömmlichen Autos überwiegend Wasserdampf als Auspuffgas ab, ist also emissionsfrei. **NECAR** (**N**o **E**missions **Car**) ist das erste alltagstaugliche emissionsfreie Fahrzeug.

Da Wasserstoff unter Normdruck (1013 hPa) erst unter –253 °C vom gasförmigen in den flüssigen Zustand übergeht, ist der Tankvorgang nicht so einfach wie beim Benzin. Über einen speziellen Schraubverschluss wird der Einfüllstutzen mit dem Tank verbunden, ohne dass Luft bzw. Feuchtigkeit eindringen kann (▷ B 1).

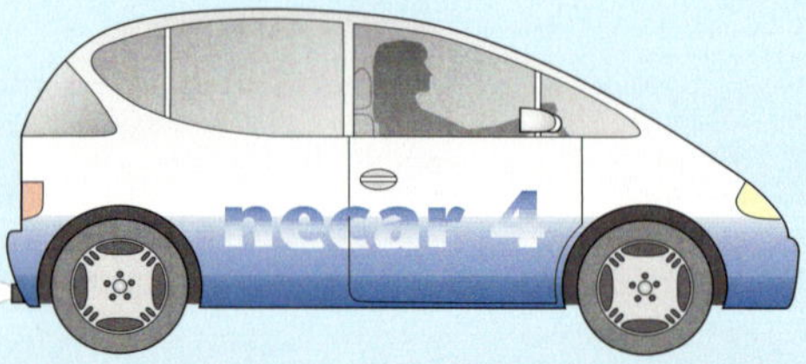

2 Wasserstoff – ein Raketentreibstoff und Benzinersatz

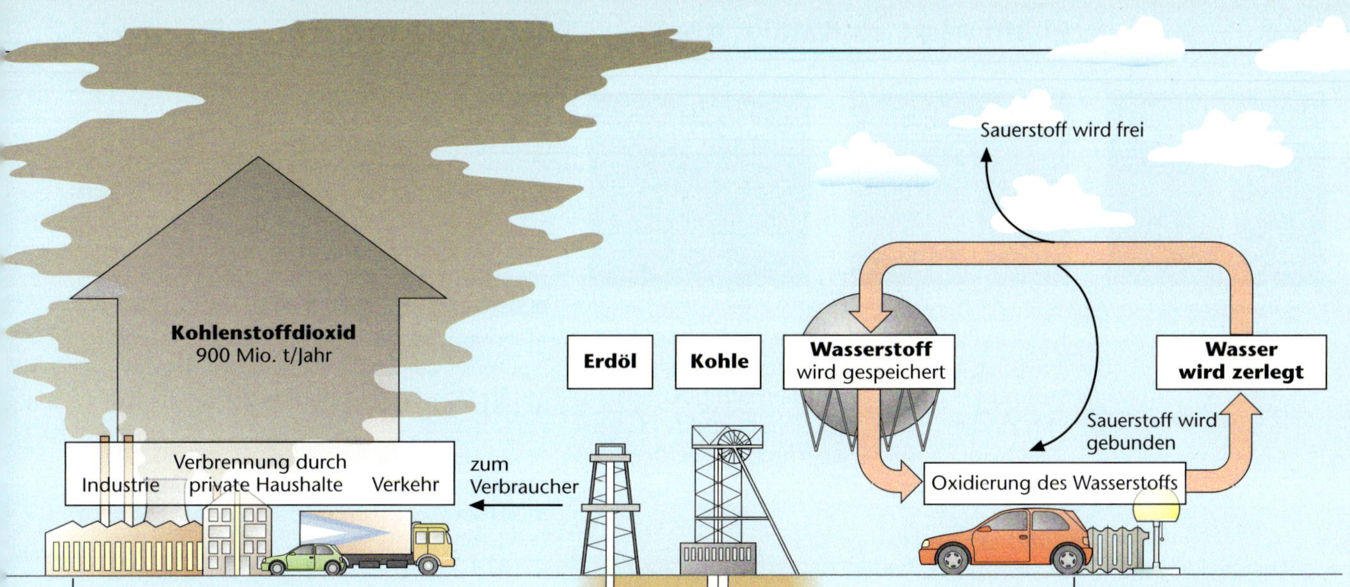

4 Von der Einbahnstraße ...

5 ... zum Kreisprozess

Der Tankschlauch ist, wegen der niedrigen Temperatur, besonders gut isoliert. Bevor Wasserstoff als Benzinersatz flächendeckend eingesetzt werden kann, muss noch das Problem der Produktion großer Mengen Wasserstoff gelöst werden. Ein Tankstellennetz muss aufgebaut und beliefert werden.

Von der Einbahnstraße zum Kreislauf

Der Energiebedarf ist in den letzten 150 Jahren stark angestiegen. Heizung und elektrischer Strom im Haus sind heute ebenso eine Selbstverständlichkeit wie die Fortbewegung mit dem Auto, der Bahn oder dem Flugzeug.
Die hierzu notwendige Energie wird bisher weitgehend aus Kohle, Erdöl und Erdgas gewonnen. Bei der Verbrennung dieser Stoffe gelangen jährlich etwa 900 Millionen Tonnen Kohlenstoffdioxid in die Luft. Wie auf einer „Einbahnstraße" wird beim Verbrennen fossiler Energieträger Kohlenstoffdioxid produziert, der in die Atmosphäre entweicht und zum Treibhauseffekt beiträgt (▷ B 4).
Deshalb sollten Energieträger genutzt werden, die keinen Abfall produzieren, sondern sich wie in einem Kreisprozess immer wieder verwerten lassen.

Ein Kreislauf ohne Abfall – die Wasserstofftechnik

Mit der Wasserstofftechnik könnte es erstmals gelingen, dass diese Idee in großem Maßstab umgesetzt werden kann. Wasser lässt sich durch Elektrolyse in Wasserstoff und Sauerstoff zerlegen. Der Wasserstoff wird gespeichert (▷ B 3), der Sauerstoff dagegen entweicht in die Atmosphäre.

Wird der Wasserstoff später zur Energiegewinnung verbrannt, entsteht wieder Wasser. Dabei wird die zuvor freigesetzte Menge an Sauerstoff wieder benötigt. Die Wasserstofftechnik vollzieht sich in einem Kreislauf, bei dem Wasser sowohl der Ausgangsstoff als auch das Verbrennungsprodukt ist (▷ B 5).

Wasserstoff bietet jedoch als Energieträger nur dann Vorteile, wenn die zur Zersetzung des Wassers benötigte Energie als Sonnenenergie zur Verfügung steht. Würde man anstelle von Solarstrom Strom verwenden, der durch Verbrennung von fossilen Energieträgern erzeugt wird, würde weiterhin Kohlenstoffdioxid als Abfall produziert werden.

Aufgaben

1 Papier, Glas und Eisen sind „recycelbar".
a) Was versteht man darunter?
b) Welche Vorteile bietet „Recycling"?
c) Suche Gründe, warum man mit dem „Recycling" erst sehr spät begonnen hat.

2 Warum wird im Text oben von „Einbahnstraße" gesprochen (▷ B 4)?

3 Kohlenstoffdioxid ist ein Gas, das schon immer bei der Atmung der Lebewesen, bei Waldbränden (Blitzschlag) usw. natürlich entstanden ist. Warum ist es in den letzten Jahren zum Problem geworden?

4 Warum ist es bei der Gewinnung von Wasserstoff von besonderer Bedeutung, dass die dazu eingesetzte Energie Solarenergie ist?

1 Entzündung von Wasserstoff am Perlkatalysator

Ein Knallgasgemisch kann man über längere Zeit aufbewahren, ohne dass es sich verändert. Durch einen Funken oder ein brennendes Streichholz lässt sich das Gemisch aber sofort entzünden. Es verbrennt explosionsartig.

Zünden ohne Feuer

Lässt man Wasserstoff über eine platinbeschichtete Perle strömen, beginnt sie zu glühen. Nach kurzer Zeit entzündet sich der Wasserstoff oberhalb der rot glühenden Perle und verbrennt (▷ B 1; V 1). Weder ein Funke noch Wärmezufuhr von außen ist notwendig, damit die Reaktion bei Zimmertemperatur in Gang kommt.

2 Modellvorstellung zum Ablauf einer chemischen Reaktion

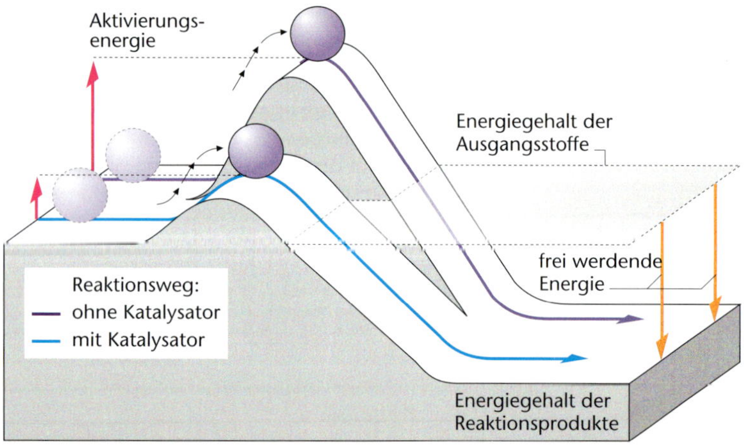

Ursache für die Selbstzündung von Wasserstoff ist das fein verteilte Platin auf der Perle. An der Platinoberfläche reagiert aktivierter Wasserstoff mit Sauerstoff zu Wasser. Dabei wird so viel Wärme frei, dass sich die Perle bis zur Rotglut erhitzt. Der ausströmende Wasserstoff entzündet sich. Platin setzt die Aktivierungsenergie herab. Man sagt: Platin wirkt als **Katalysator.** Nach der chemischen Reaktion ist die Katalysatorperle unverändert und wieder verwendbar.

Modellvorstellung zum Ablauf einer chemischen Reaktion mit einem Katalysator

Die Modellvorstellung (▷ B 2) veranschaulicht, dass Katalysatoren einen anderen Reaktionsweg ermöglichen. Mit einem Katalysator wird weniger Aktivierungsenergie benötigt, um die Reaktion in Gang zu bringen. Katalysatoren werden in der Chemie häufig verwendet, um chemische Reaktionen bei niedrigen Temperaturen zu ermöglichen.

Katalysatoren setzen die Aktivierungsenergie herab. Sie liegen nach der Reaktion unverändert vor.

Versuch

1 Eine Glaspipette wird mit Kupferwolle als Rückschlagsicherung vorbereitet. Man drückt eine mit Platin beschichtete Perle auf die Öffnung der Pipette und leitet langsam Wasserstoff durch das Rohr (2 bis 3 Blasen pro Sekunde) bis zur Zündung des Gases. Man wiederholt den Versuch. (Schutzbrille!)

Zeitpunkt

Das Platinfeuerzeug von Döbereiner

Im Jahr 1823 entdeckte Johann Wolfgang Döbereiner (1780–1849), dass sich Wasserstoff an der Luft entzündet, wenn das Gas gegen Platindrähte strömt. Dabei kam ihm die Idee, ein Feuerzeug herzustellen.
„Meine Platinfeuerzeuge werden immer beliebter. Gegen 20 000 derselben sind bereits teils in Deutschland, teils in England in Gebrauch.“

Dies konnte er wenig später berichten. Im Feuerzeug wurde Wasserstoff aus Zink und verdünnter Schwefelsäure erzeugt. Drückte man den großen Hebel des Feuerzeugs herunter, konnte das Gas entweichen und sich an einem Platinschwamm entzünden. Der Flüssigkeitsspiegel im inneren Glas stieg und benetzte das Zink. Dabei entstand so lange Wasserstoff, bis die Säure das Zink nicht mehr berührte. Das Feuerzeug war dann wieder zündbereit.

1 J. W. Döbereiner und sein Platinfeuerzeug

Brennpunkt

Schnell und erfolgreich durch Synthese

1 Skiläuferin 1910

2 Abfahrtsläufer

Synthese verändert das Leben

Im Labor werden neue Stoffe durch Synthese hergestellt. Dies ist ein wichtiges Arbeitsgebiet der Chemie. Für den alltäglichen Gebrauch gibt es Kleidung aus Synthesefasern, gefärbt mit synthetischen Farbstoffen oder Sportgeräte aus Syntheseprodukten. In vielen Bereichen ersetzen heute durch Synthese hergestellte Stoffe die früher verwendeten Naturstoffe.

Skifahren – Holz oder Kunststoff?

Bei den Olympischen Winterspielen 1924 erreichte der Sieger im Abfahrtslauf auf Holzskiern eine Geschwindigkeit von 50 km/h. Damals trugen Skifahrer Skistiefel aus Leder. Gegen Kälte und Nässe schützten Baumwollanoraks, Wollmützen und Fausthandschuhe (▷ B 1). Heute erreichen die Abfahrtsläufer auf Kunststoffskiern Spitzengeschwindigkeiten von 140 km/h (▷ B 2). Skistiefel haben innen eine wärmende Schaumstoffschicht, außen sind sie wasserdicht und kratzfest. Skianzüge sind leicht und elastisch, wasserabstoßend und atmungsaktiv. Stabile und bruchsichere Helme sollen vor Verletzungen schützen.

Kautschuk – Natur und Synthese

Naturkautschuk wird aus der Milch des Kautschukbaums gewonnen (▷ B 4). Schon vor 2 500 Jahren machten die Mayas in Mittelamerika mit dem gummiartigen Material Schuhe und ihre Kleidung wasserdicht. Auch formten sie Bälle daraus. Das erste Produkt aus Naturkautschuk in Europa war der Radiergummi.

Später benutzte man Kautschuk als Grundstoff für Boote, Schwimmgürtel oder Regenschirme und zur Beschichtung wetterfester Kleidung. Naturkautschuk hatte aber einen großen Nachteil: Bei Wärme wurde er weich und klebrig, in der Kälte spröde und brüchig.

4 Kautschukbaum

Mithilfe eines 1838 entdeckten Verfahrens konnte das Naturprodukt hitzebeständiger und widerstandsfähiger gemacht werden. Der Bedarf an Naturkautschuk nahm stark zu, als man daraus Gummireifen für Fahrzeuge herstellen konnte. Chemiker forschten nach einem neuen Stoff, der dem Naturprodukt ähnlich war. Zu Beginn des letzten Jahrhunderts gelang die Synthese von Kautschuk im Labor. Heute wird Synthesekautschuk (▷ B 3) vor allem aus Erdöl hergestellt, nur noch ein Drittel des Bedarfs wird mit Naturkautschuk gedeckt.

3 Kautschuk wird heute synthetisch hergestellt.

Die chemische Reaktion

Chemische Reaktion

Bei chemischen Reaktionen findet eine Stoffumwandlung statt. Aus den Ausgangsstoffen (Edukten) entstehen Endstoffe (Reaktionsprodukte) mit anderen Eigenschaften. Das Reaktionsschema beschreibt eine chemische Reaktion mit Stoffnamen und den Symbolen „+“ sowie „⟶“ (▷ B 1).

Ausgangsstoffe (Edukte) ⟶ **Endstoffe (Reaktionsprodukte)**

Reaktionsschema:

Zink + **Schwefel** ⟶ **Zinksulfid**

1 Chemische Reaktion

Energie bei chemischen Reaktionen

Zum Auslösen vieler chemischer Reaktionen ist Aktivierungsenergie erforderlich (▷ B 2; B 4).
Chemische Reaktionen, bei denen Energie frei wird (z. B. in Form von Licht, Wärme), nennt man exotherm.
Chemische Reaktionen, bei denen ständig Energie benötigt wird, nennt man endotherm.

2 Aktivieren – womit?

Katalysator

Katalysatoren setzen die Aktivierungsenergie herab (▷ B 4). Sie liegen nach der Reaktion unverändert vor.

	Analyse		
Wasser	⟶	**Wasserstoff** +	**Sauerstoff**
Verbindung		Element	Element

		Synthese	
Wasserstoff +	**Sauerstoff**	⟶	**Wasser**
Element	Element		Verbindung

3 Analyse und Synthese von Wasser

Analyse und Synthese

Die Zerlegung einer Verbindung bezeichnet man als Analyse.
Die Bildung einer Verbindung bezeichnet man als Synthese (▷ B 3).

Element und Verbindung

Elemente sind Grundstoffe, die sich nicht in weitere Stoffe zerlegen lassen.
Verbindungen sind Stoffe, die sich in andere Stoffe zerlegen lassen.

Sauerstoff

ist ein farbloses, geruchloses und geschmackloses Gas,
ist nicht brennbar, fördert aber die Verbrennung,
kann durch die Glimmspanprobe nachgewiesen werden (▷ B 5).
Seine Dichte (1,33 g/l) ist größer als die von Luft.

5 Glimmspanprobe

Wasserstoff

ist das leichteste Element (Dichte: 0,083 g/l),
ist ein brennbares Gas, fördert aber die Verbrennung nicht,
bildet mit Sauerstoff (Luft) ein explosives Gemisch (Knallgas),
kann durch die Knallgasprobe nachgewiesen werden (▷ B 6).

6 Knallgasprobe

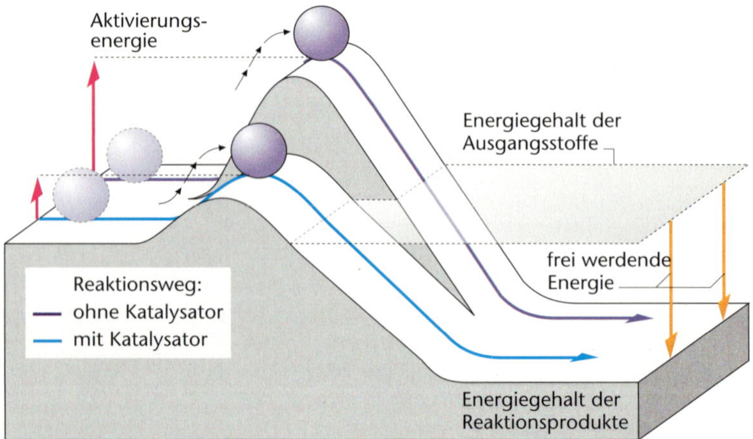

4 Modellvorstellung zum Ablauf einer chemischen Reaktion

Aufgaben

1 Aus rohen Kartoffeln kann man in heißem Öl in der Fritteuse Pommes frites zubereiten (▷B 1). In Imbissbuden werden dazu meist gefrorene Pommes frites verwendet. Überlege, bei welchem der Vorgänge eine chemische Reaktion stattgefunden hat: Einfrieren oder Frittieren? Begründe.

1 Zu Aufgabe 1

2 Frisch gepflückte Äpfel verändern sich mit der Zeit und beginnen zu faulen. Finden dabei chemische Reaktionen statt? Begründe.

3 Lässt man Toastbrot zu lange rösten, verkohlt es (▷B 2). Beschreibe an diesem Beispiel, an welchen Merkmalen man eine chemische Reaktion erkennen kann.

3 Zu Aufgabe 4

4 Eiswürfel schmelzen, wenn man sie erwärmt. Dieser Vorgang lässt sich beim Abschmelzen der Gletscher auch in der Natur (▷B 3) beobachten. Erläutere anhand dieses Beispiels den Unterschied zwischen einer Änderung des Aggregatzustands und einer chemischen Reaktion.

5 Wird schwarzes Silbersulfid im Reaktionsrohr ständig stark erhitzt, bildet sich eine rotglühende Kugel. Nach dem Abkühlen sieht man im Rohr einen gelben Stoff und eine silbrig glänzende Kugel, die sich leicht verformen lässt (▷B 4).

a) Welche Stoffe sind bei der Zerlegung von Silbersulfid entstanden? Formuliere das Reaktionsschema.

b) Welche dieser Stoffe sind Elemente, welche Verbindungen?

c) Hat eine exotherme oder eine endotherme Reaktion stattgefunden? Begründe.

6 Heißer Schwefeldampf reagiert mit einem erhitztem Kupferblech. Es entsteht ein blauschwarzer, spröder Stoff (▷B 5).

a) Benenne die Ausgangsstoffe und das Reaktionsprodukt. Formuliere das Reaktionsschema.

b) Handelt es sich bei diesem Vorgang um eine Analyse oder eine Synthese?

c) Erkläre mithilfe einer Modellvorstellung den Ablauf einer exothermen Reaktion.

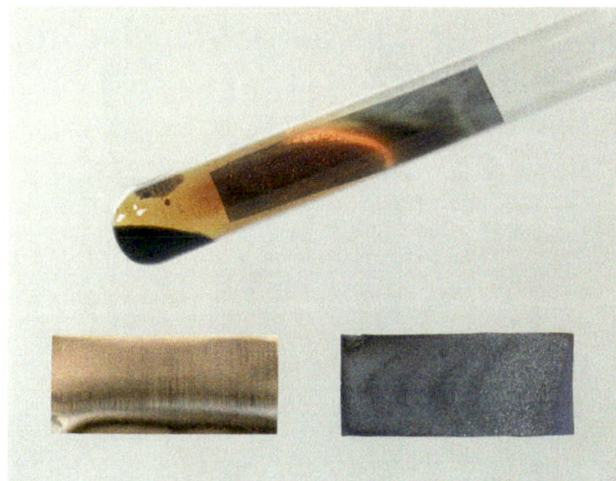

5 Zu Aufgabe 6

7 Bei manchen chemischen Reaktionen wird Platin als Katalysator eingesetzt. Beschreibe mithilfe einer Modellvorstellung die vorteilhafte Wirkung eines Katalysators.

2 Zu Aufgabe 3

4 Zu Aufgabe 5

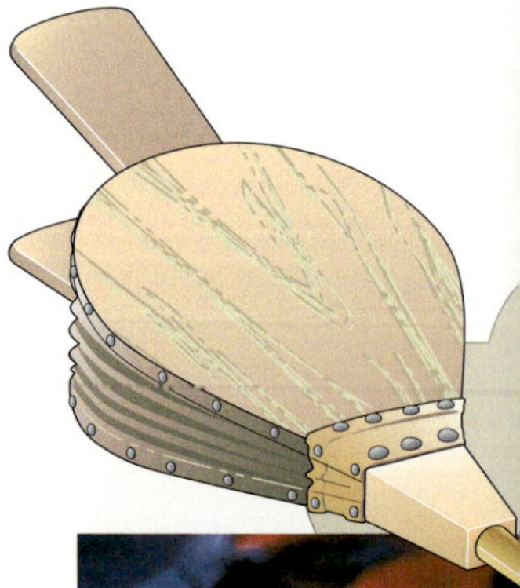

Reaktionen mit Sauerstoff

Verbrennungsvorgänge bestimmen das Leben in der Natur und unsere moderne Technik. Es gibt ganz verschiedene Verbrennungen: heftige und langsame, mit und ohne Flammenerscheinung. Manche Stoffe brennen überhaupt nicht.

Luft und Verbrennung gehören zusammen. Welche Gründe sprechen dafür?

Überlege, unter welchen Bedingungen Feuer und Brände entstehen.

Verbrennungen sind für die Menschen von großem Nutzen. Damit verbunden sind aber auch Gefahren. Sammle Beispiele, die zu diesen Aussagen passen.

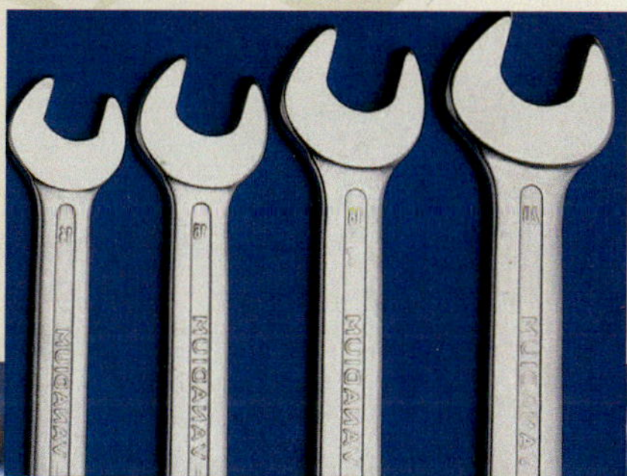

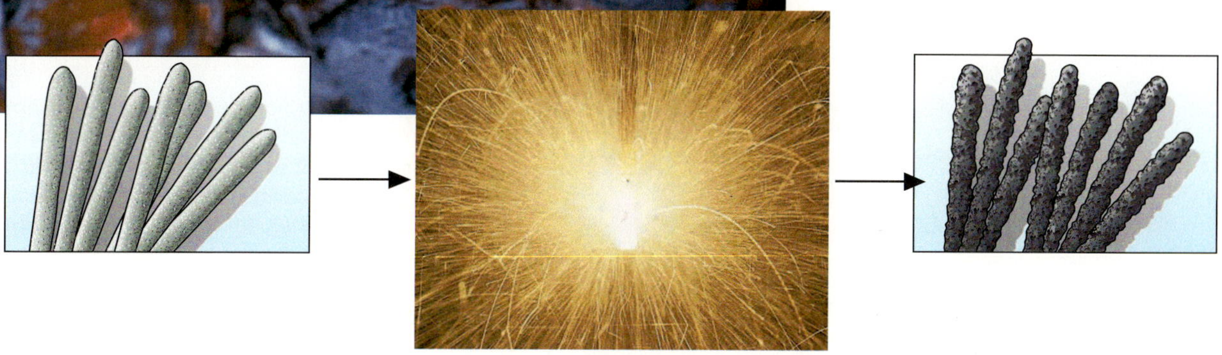

Kerze und Lagerfeuer
Beim Umgang mit einer Kerze oder einem Lagerfeuer lernt man wichtige Bedingungen für eine Verbrennung kennen.
Für beide Verbrennungsvorgänge gilt: Es muss ein **brennbarer Stoff** (Kerzenwachs, bzw. Papier, Holz) vorhanden sein, der entzündet werden kann.

Stülpt man über brennende Kerzen verschieden große Gläser, erlöschen die Kerzen, wenn keine **Luft** mehr vorhanden ist. Je nach Größe des Glases geschieht dies früher oder etwas später (▷ B 1).
Auch beim Lagerfeuer muss für Luftzufuhr gesorgt werden.

Bei Anwesenheit von Luft läuft mit einem brennbaren Stoff nach dem Entzünden eine Verbrennung ab.

Feuer und Flamme
Zündet man eine Kerze an, wird etwas Wachs geschmolzen. Das flüssige Wachs steigt im Docht hoch und verdampft an der Dochtspitze. Eine Flamme bildet sich, wenn dieses gasförmige Wachs entzündet wird. Eine Flamme wird durch brennendes Gas gebildet. Damit sich dieses entzündet, muss die Flammtemperatur erreicht sein.

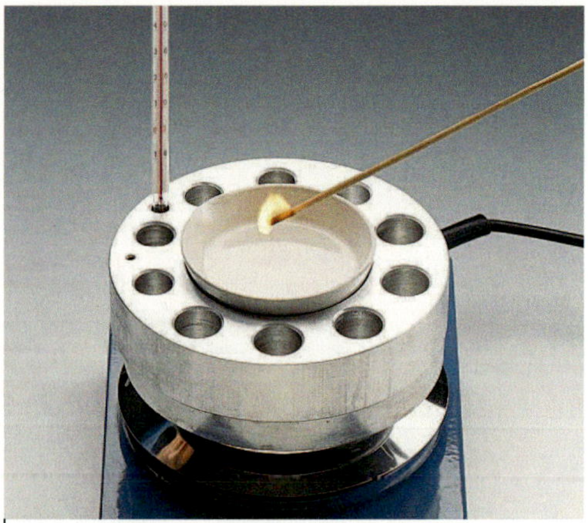

2 Bestimmung der Flammtemperatur

Mit einer offenen Flamme darf man nicht in die Nähe von Benzin geraten. Benzindämpfe entflammen sofort. Heizöl dagegen muss man zuerst erwärmen, um brennbare Dämpfe zu bekommen. Hält man ein Thermometer unmittelbar über die Flüssigkeit, so kann man die Temperatur bestimmen, bei der die Dämpfe entflammen. Diese Temperatur ist die **Flammtemperatur** (▷ B 2; V 2). Nähert man einen brennenden Holzspan den Dämpfen, springt die Flamme über, ohne dass der Span die Flüssigkeit berührt.

Aufgaben

1 Was ist der Brennstoff einer Kerze?

2 Schildere, wie das Brennmaterial eines Lagerfeuers aufgeschichtet werden muss.

3 Nenne feste, flüssige und gasförmige Brennstoffe.

1 Unterschiedliche Brenndauer von Teelichtern

Versuche

1 Auf einer Metallplatte liegen ein Stück Pappe, ein Holzklotz, ein Stück Kohle und mehrere Zündhölzer. Mit einer Brennerflamme wird die Plattenmitte von unten erhitzt (▷ B 3).

2 In einem Heizblock wird in einer Porzellanschale Heizöl so lange erwärmt, bis Dämpfe über der Flüssigkeit entzündet werden können. Die Temperatur, bei der die Dämpfe erstmals entflammen, wird mit einem Thermometer ermittelt.

3 ! In ein Zündrohr werden 4 bis 6 Tropfen Wundbenzin gegeben. Das Rohr wird mit einem Kunststoffdeckel dicht verschlossen und der Inhalt gut durchgeschüttelt. Im abgedunkelten Raum wird das Benzin-Luft-Gemisch gezündet (▷ B 5). Der Versuch wird mit veränderter Tropfenzahl wiederholt.

4 ! Man führt in einem Modellsilo aus Plexiglas eine Staubexplosion durch. (▷ B 6, oben rechts).

3 Was zündet zuerst?

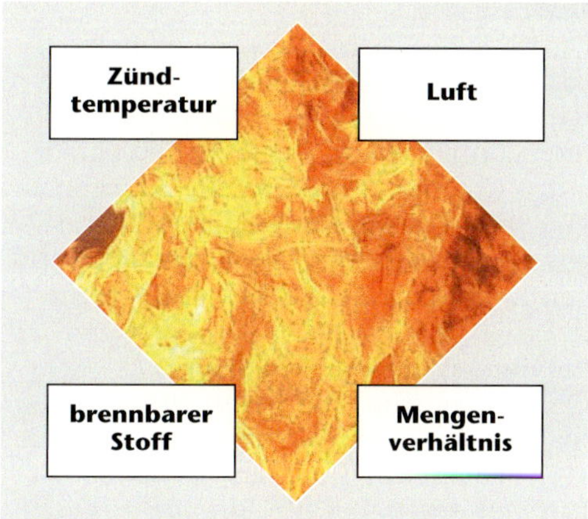

4 Bedingungen für eine Verbrennung

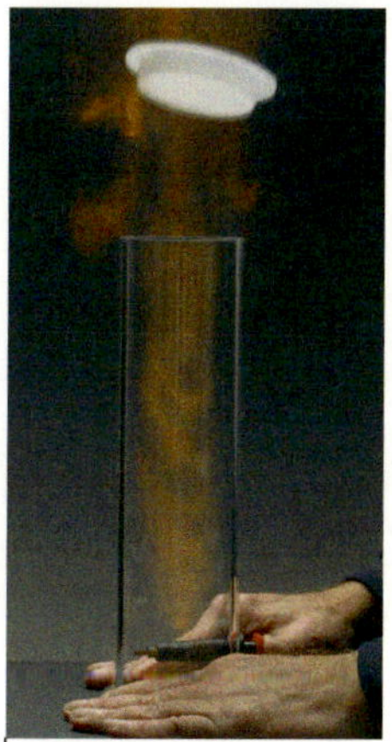

5 Bestimmung der Zündgrenze

Erreicht ein Stoff durch Erwärmen ohne offene Flamme wie in Bild 3 (▷V1) die Temperatur, bei der sich der Stoff entzündet, wird seine **Zündtemperatur** erreicht. Die Zündfähigkeit von Benzin-Luft-Gemischen kann man in einem Zündrohr untersuchen (▷B5; V3). Das Mengenverhältnis Benzin : Luft hängt von der Anzahl der Tropfen Wundbenzin im Zündrohr ab. Durch genaues Zählen der Tropfen wird jene Mischung bestimmt, die besonders gut zündet. Die Mischung ist dann weder zu „mager" (zu wenig Benzin) noch zu „fett" (zu viel Benzin).

Welchen Einfluss hat der Zerteilungsgrad auf die Verbrennung?

Bei einem Lagerfeuer verbrennt das feine Astholz rascher als dicke Holzstücke. Holzspäne brennen lichterloh, Holzstaub kann sogar explodieren. Je feiner zerteilt das Brennmaterial ist, desto größer ist die Oberfläche, umso heftiger verläuft die Verbrennung (▷B6).

Je höher der Zerteilungsgrad eines Brennstoffs ist, desto größer ist die Oberfläche und umso heftiger läuft die Verbrennung ab.

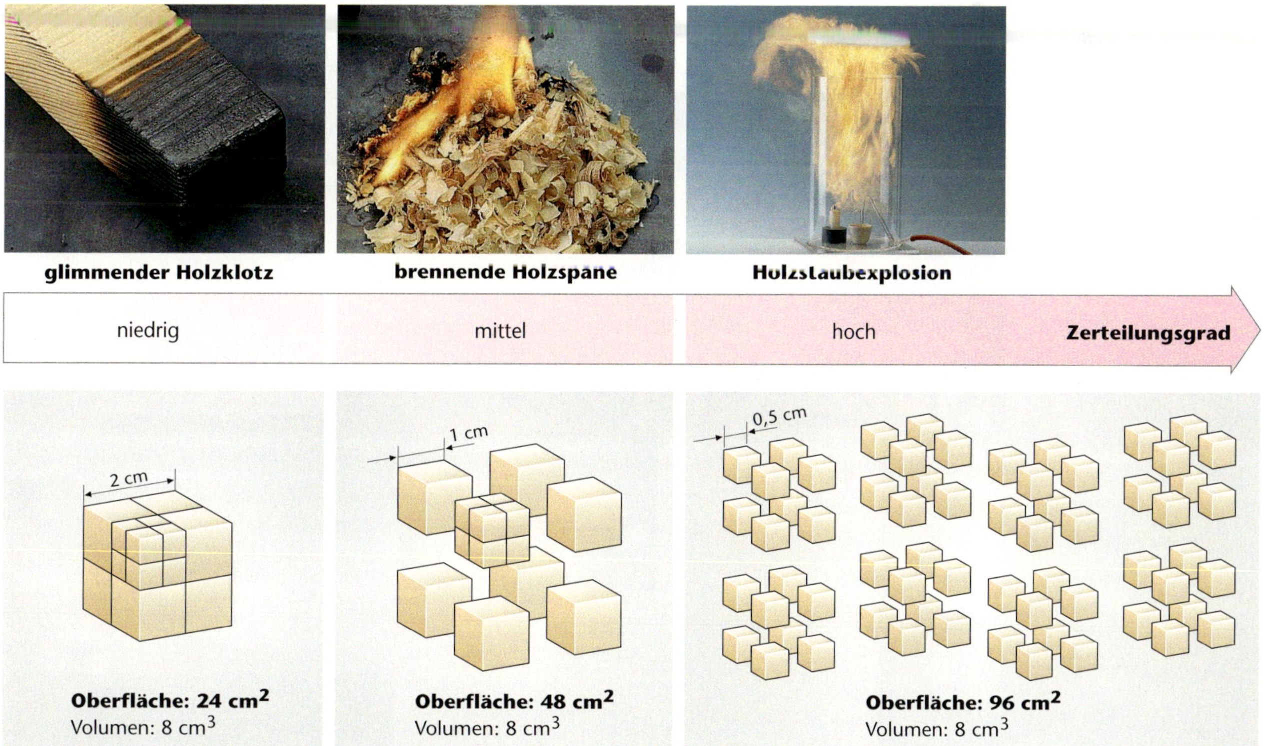

6 Mit zunehmendem Zerteilungsgrad läuft die Verbrennung heftiger und vollständiger ab.

Gewusst wie
Die traurige Geschichte vom zündelnden und schließlich brennenden Paulinchen hätte einen ganz anderen Ausgang nehmen können, wenn das Mädchen einen guten Chemieunterricht gehabt hätte. Wer weiß, wie ein Feuer entsteht, kann aus diesem Wissen ableiten, wie ein Brand verhindert oder bekämpft werden kann.

Entzug des brennbaren Stoffes
Ohne Brennstoff kein Feuer! Deshalb lautet die erste Regel: Alle brennbaren Stoffe vom Feuer fernhalten oder (soweit möglich) entfernen. Bei Waldbränden werden beispielsweise Gräben und Schneisen angelegt (▷ B 1). Das Feuer kann sich dann nicht weiter ausbreiten, weil der Brennstoff entzogen wurde.

Abkühlen unter Zündtemperatur
Wasser ist das am häufigsten eingesetzte Löschmittel. Es kühlt das Brennmaterial unter seine Zündtemperatur (▷ B 4).

Unterbrechen der Luftzufuhr
Beim Löschen mit Wasser verdrängt der sich bildende Wasserdampf über dem Brandherd die Luft. Auch Kohlenstoffdioxid aus Feuerlöschern, Löschschaum (▷ B 2) und der Inhalt von Pulverlöschern unterbinden ebenfalls die Reaktion des brennbaren Stoffes mit Sauerstoff.

Versuche

1 In einer Metallschale werden kleine Holzstücke entzündet. Das lodernde Feuer wird mit Wasser aus einer Spritzflasche gelöscht (Abzug!) (▷ B 5).

2 Eine kleine Portion Wundbenzin wird in einer Porzellanschale entzündet. Zur Sicherheit steht diese Schale auf einer feuerfesten Unterlage. Mit einer Metallplatte wird der Benzinbrand durch Abdecken gelöscht (▷ B 6).

3 Man gießt Butangas aus einem Kartuschenbrenner in ein Becherglas. Das Gas wird mit einem brennenden Holzspan vorsichtig entzündet. Die Flamme wird mit einem Löschpulver (z. B. Natriumhydrogencarbonat), das durch ein Sieb rieselt, bestreut (Schutzscheibe!) (▷ B 7).

4 Magnesiumpulver wird im Freien auf einem starken Eisenblech zu einem kleinen Kegel aufgeschichtet und entzündet. Man spritzt aus einiger Entfernung etwas Wasser auf das glimmende Magnesium. Das brennende Magnesium wird mit Sand, Zement oder Steinsalz bedeckt (Sicherheitsabstand!) (▷ B 8). Nicht in die Flamme schauen!

Aber vorsicht...
Benzinbrände dürfen nicht mit Wasser gelöscht werden. Das Benzin würde auf dem Wasser schwimmen und weiterbrennen. Auch Fettbrände kann man nicht mit Wasser löschen. Brennendes Fett in einer Pfanne wird mit einem Topfdeckel abgedeckt, der Brand wird erstickt (▷ B 3).

1 Brennstoffentzug durch Schneisen

2 Ersticken mit Löschschaum

3 Ersticken durch Abdecken

4 Kühlen mit Wasser

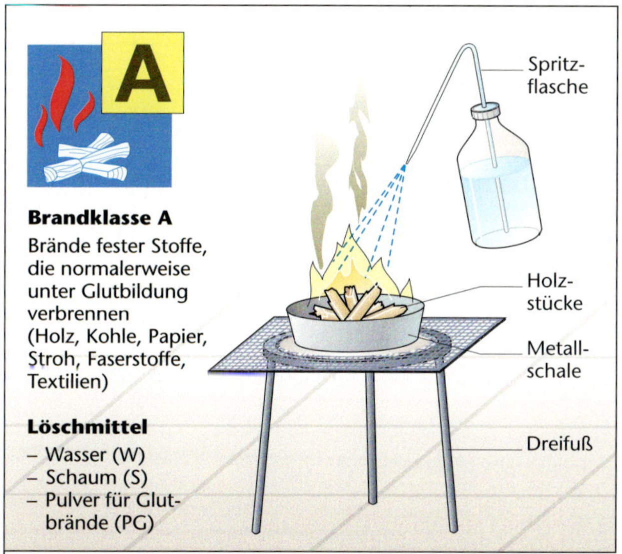

5 Zu Versuch 1

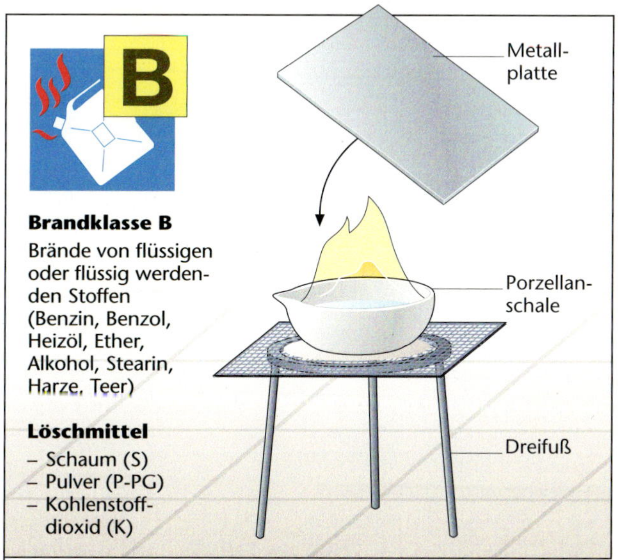

6 Zu Versuch 2

Verändern des Mengenverhältnisses
Bei besonderen Brennstoffen, wie z. B. bei Benzin-Luft-Gemischen, ist das Gemisch nur bei einem bestimmten Mengenverhältnis der Gemisch-Bestandteile zündfähig. Bei Bränden in Kohlebergwerken kann beispielsweise der Volumenanteil des Grubengases durch Einleiten von Stickstoff so verdünnt werden, dass kein zündfähiges Gemisch mehr vorliegt.

Für jeden Brand ein Löschmittel
Eine rasch wirksame Brandbekämpfung hängt bereits vom Informationsgehalt einer Brandmeldung ab. Die Feuerwehr kennt für jeden brennbaren Stoff ein geeignetes Löschmittel.

In vier Brandklassen fasst sie brennbare Stoffe und Löschmittel zusammen. Feststoffe, wie z. B. Holz, Kohle und Papier, gehören zur Brandklasse A (▷ V 1).
In Brandklasse B sind flüssige oder flüssig werdende Stoffe, wie z. B. Benzin, Heizöl oder Kerzenwachs (▷ V 2). Zu diesen Stoffen gehören entsprechende Löschmittel wie Schaum, Pulver oder Kohlenstoffdioxid. Wichtig für alle ist, dass in den Brandklassen A und B gerade jene brennbaren Stoffe zusammengefasst werden, die im Alltag häufig vorkommen.
In der Brandklasse C sind Gase, wie z. B. Wasserstoff und Erdgas (▷ V 3). Zur Brandklasse D gehören Metallbrände, die nur schwer zu bekämpfen sind (▷ V 4).

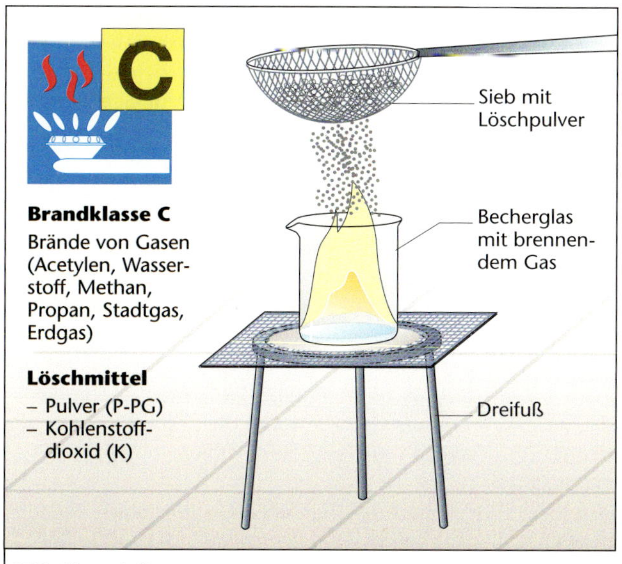

7 Zu Versuch 3

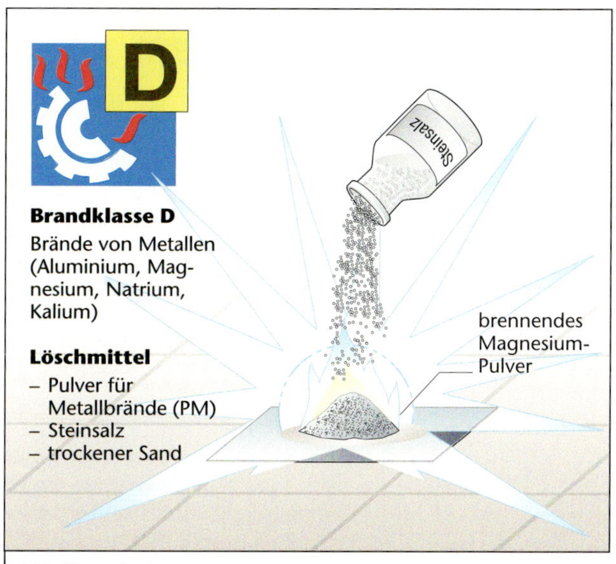

8 Zu Versuch 4

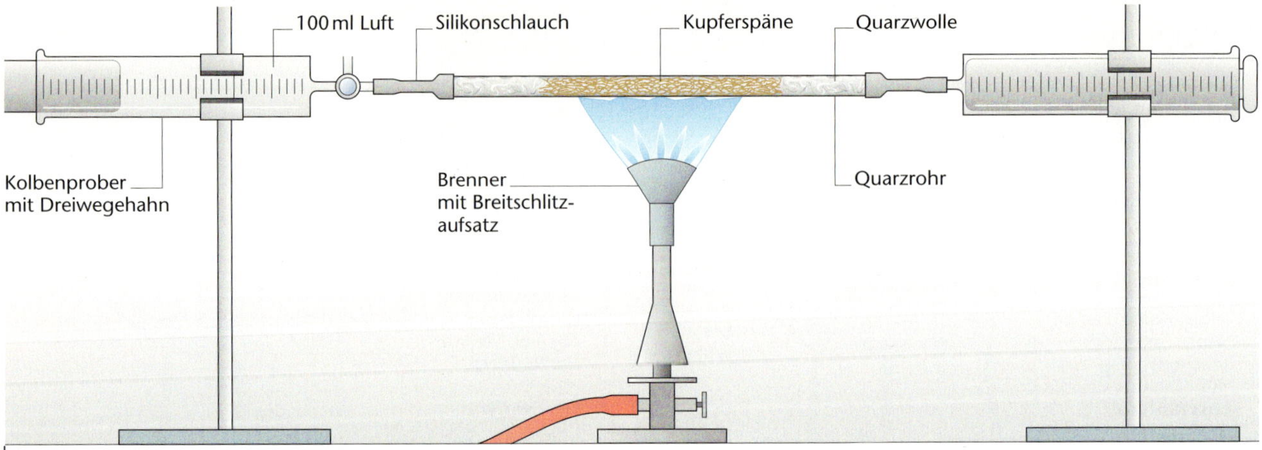

1 Welcher Teil der Luft reagiert?

Nur ein Teil der Luft reagiert

Wenn man Kupfer erhitzt und Luft über das heiße Kupfer strömen lässt (▷ B 1; V 1), dann lassen sich zwei Beobachtungen machen: Das Kupfer hat seinen metallischen Glanz verloren und stattdessen einen schwarzen Überzug bekommen. Außerdem hat sich das Gasvolumen in der Apparatur etwa um ein Fünftel verringert. Als Reaktionsprodukt hat sich Kupferoxid gebildet, das an seiner schwarzen Farbe zu erkennen ist. Der Anteil der Luft, welcher mit dem Kupfer reagiert hat, ist der **Sauerstoff**.

Versuch

1 Ein Quarzrohr wird mit blanken Kupferspänen gefüllt und an zwei Kolbenprober (100 ml) angeschlossen (▷ B 1). Die Kupferspäne werden mit einem Brenner mit Breitschlitzaufsatz kräftig erhitzt. Dabei wird die Luft mit den Kolbenprobern so lange über das heiße Kupfer hin- und hergeschoben, bis das Gasvolumen in der Apparatur konstant bleibt. Nach dem Abkühlen wird die Volumenverminderung der Luft bestimmt. Mit der Restluft wird die Glimmspanprobe durchgeführt.

Werkstatt

Luft reagiert mit Kupfer

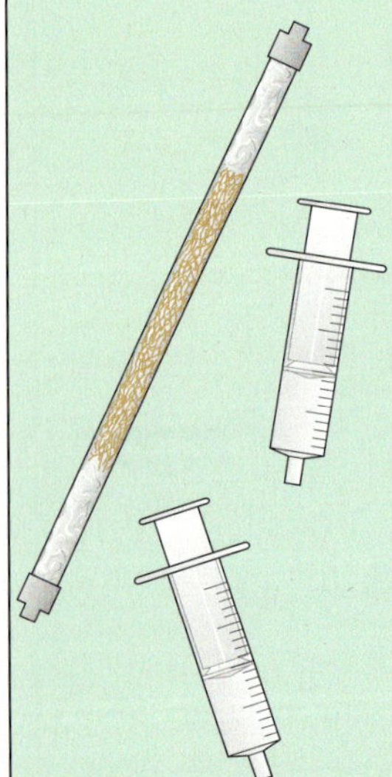

Material

Schutzbrille, Gasbrenner mit Breitschlitzaufsatz, Quarzwolle, Streichhölzer, blanke Kupferspäne, Kerze, 2 Stative; aus einem Gerätesatz: Quarz-Reaktionsrohr (Ø 8 mm), 2 Kunststoffspritzen (60 ml, geölt mit Silikonöl), 2 Halterungen für die Kunststoffspritzen, Dreiwegehahn, 2 Rohr-8-Buchsen oder Silikonschlauchverbindungen (8 mm)

Versuchsanleitung

a) Fülle ein etwa 20 cm langes Quarzrohr mit blanken Kupferspänen und verschließe beide Öffnungen des Quarzrohres mit etwas Quarzwolle. Schließe über die Rohr-8-Buchsen an eine Öffnung des Quarzrohres eine Kunststoffspritze an. Schließe an die andere Öffnung den Dreiwegehahn an. Verbinde den Dreiwegehahn mit der zweiten Spritze. Stelle eine der beiden Spritzen auf null und die andere auf 60 ml. Schließe den Dreiwegehahn und prüfe, ob die Apparatur dicht ist.

b) Erhitze das Kupfer mit dem Gasbrenner und drücke die Luft so lange mit den Spritzen über das Kupfer hin und her, bis sich das Gasvolumen in beiden Spritzen zusammen nicht mehr verändert. Lass die Apparatur abkühlen. Bestimme nach dem Abkühlen, um wie viel sich das Gasvolumen in der gesamten Apparatur verändert hat. Bewahre die Restluft in einer der Spritzen für Teilversuch c) auf.

c) Entzünde eine Kerze und drücke die Restluft aus einer der Spritzen seitlich gegen die Kerzenflamme. Beobachte.

Die Luft – ein Gasgemisch

Noch im 18. Jahrhundert glaubte man, dass die Luft ein Element sei. Genaue Untersuchungen zeigen aber, dass die Luft ein Gemisch aus verschiedenen Gasen ist. Die beiden Hauptbestandteile dieses Gasgemisches sind Stickstoff mit 78,08 % (Volumenanteile) und Sauerstoff (20,95 %). Daneben enthält die Luft noch Edelgase (0,93 %) und Kohlenstoffdioxid (0,04 %).

In geringem Umfang kann die Zusammensetzung der Luft schwanken. So ist der Anteil an Kohlenstoffdioxid über Industriegebieten höher als über einem Waldgebiet. Dagegen ist der Sauerstoffgehalt über einem Waldgebiet geringfügig höher als über einer Großstadt mit ihrem Verkehr und ihren Industrieanlagen. Durch die Winde wird die Lufthülle der Erde aber ständig durchmischt, so dass sich weltweit Mittelwerte ergeben.

Luft ist ein Gasgemisch, dessen Hauptbestandteile Stickstoff und Sauerstoff sind.

Die Eigenschaften der Luftbestandteile

Stickstoff ist ein farb-, geschmack- und geruchloses Gas. Es ist weder brennbar, noch unterhält es die Verbrennung. Daher geht ein brennender Holzspan in Stickstoff sofort aus. Bei gewöhnlichen Temperaturen ist Stickstoff sehr reaktionsträge. Erst bei sehr hohen Temperaturen reagiert es mit zahlreichen Metallen und Nichtmetallen.
Seinen Namen erhielt es durch die Beobachtung, dass Lebewesen in ihm ersticken. Daher nannte der französische Chemiker ANTOINE LAURENT LAVOISIER das Gas „azote“ (von griech.: azotikos, das Leben nicht unterhaltend).

Sauerstoff ist der Bestandteil in der Luft, der die Verbrennung unterhält, selbst aber nicht brennbar ist. Es ist farb-, geruch- und geschmackslos. Nachgewiesen wird Sauerstoff mit der Glimmspanprobe.

Kohlenstoffdioxid ist ein farb- und geruchloses Gas. Es ist weder brennbar noch unterhält es die Verbrennung. Alle grünen Pflanzen nehmen Kohlenstoffdioxid und Wasser auf und bilden daraus mittels der **Fotosynthese** körpereigene Stoffe wie Zucker und Stärke. Als ein weiteres Produkt dieser Synthese geben sie Sauerstoff ab, der von Menschen und Tieren zum Leben benötigt wird. Sie atmen den Sauerstoff ein und atmen Kohlenstoffdioxid aus. Auf diese Weise beschreiben diese beiden Gase einen natürlichen Kreislauf (▷ B 2).

1 Unter Einwirkung von elektrischem Strom erzeugen die Edelgase Neon und Argon farbiges Licht.

Edelgase sind farb-, geruch- und geschmacklose Gase, die sehr reaktionsträge und nicht brennbar sind. Die bekanntesten Edelgase sind **Helium**, **Neon** und **Argon**. Helium ist das leichteste Edelgas und wird daher als Füllgas für Ballons und Luftschiffe verwendet. Neon und Argon werden zum Füllen von Leuchtstoffröhren verwendet (▷ B 1).

2 Der Kreislauf des Sauerstoffs und des Kohlenstoffdioxids in der Natur

Strategie

Ein Kreisdiagramm erstellen

Luft ist ein Gemisch verschiedener Gase. Die Anteile sind sehr genau bekannt:

Bestandteile	Volumenanteile in Prozent
Stickstoff	78,08 %
Sauerstoff	20,95 %
Edelgase	0,93 %
Kohlenstoffdioxid	0,04 %

Um solche Anteile anschaulich darzustellen, kannst du ein Diagramm zeichnen. Beim Kreisdiagramm erkennst du an der Größe der Kreisausschnitte, wie die Anteile verteilt sind. Die Kreisausschnitte sehen aus wie Kuchenstücke. Je größer ein solches Kuchenstück ist, desto höher ist der Anteil des Stoffes.
Nun lernst du, ein Kreisdiagramm zu erstellen.

1. Schritt
Zeichne einen Kreis und markiere den Mittelpunkt. Achte darauf, dass du den Kreis nicht zu klein wählst.

2. Schritt
Berechne für die angegebenen Prozentwerte die Winkel.

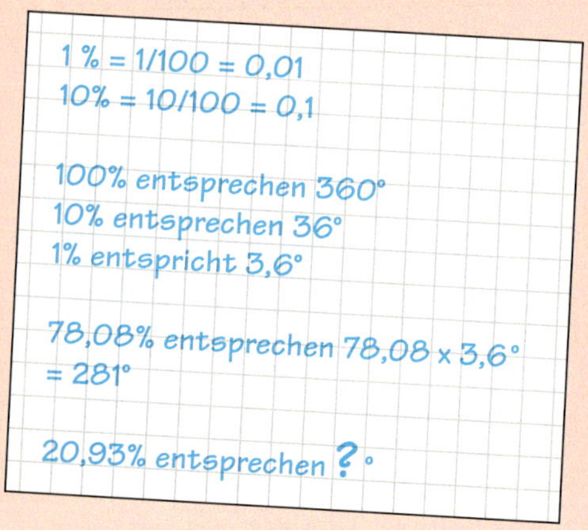

3. Schritt
Jede Strecke vom Mittelpunkt des Kreises zu einem Kreispunkt heißt Radius.
Zeichne den ersten Radius vom Mittelpunkt des Kreises senkrecht nach oben ein. Trage an diesen Radius den berechneten Winkel an. Achte darauf, dass der Nullpunkt des Geodreiecks auf dem Mittelpunkt des Kreises liegt.

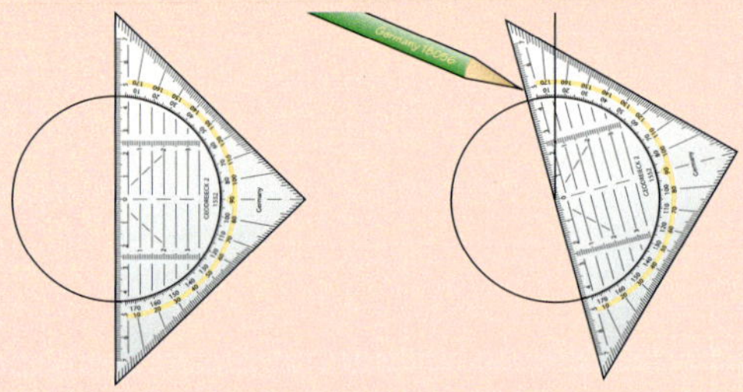

4. Schritt
Zeichne alle berechneten Winkel in den Kreis ein. Runde die Werte auf ganze Zahlen. Sie ergeben zusammengerechnet immer 360°.

5. Schritt
Male die Kreisausschnitte mit verschiedenen Buntstiften aus. Beschrifte das Diagramm und lege eine Legende (Bildunterschrift) an.

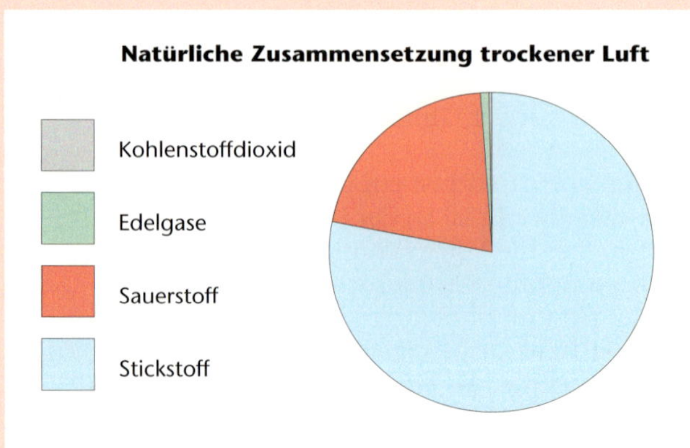

Strategie

Diagramme am PC

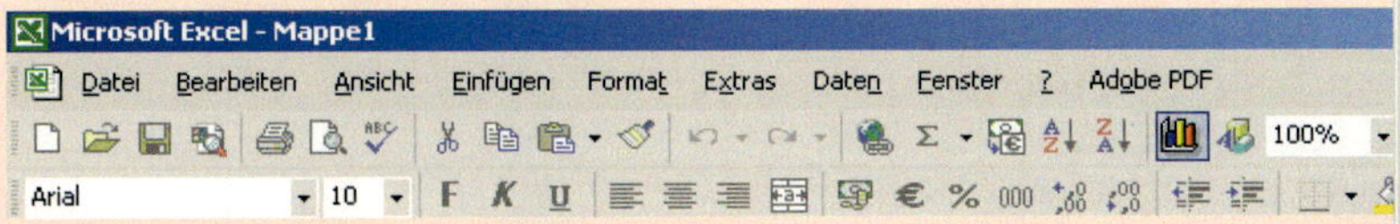

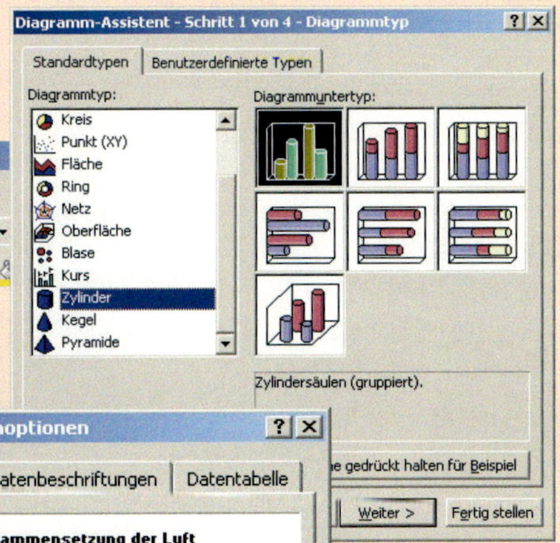

In einem Diagramm werden Zahlenwerte zeichnerisch dargestellt. Die Zahlen werden in Bilder verwandelt. Das geht am Computer ganz einfach.

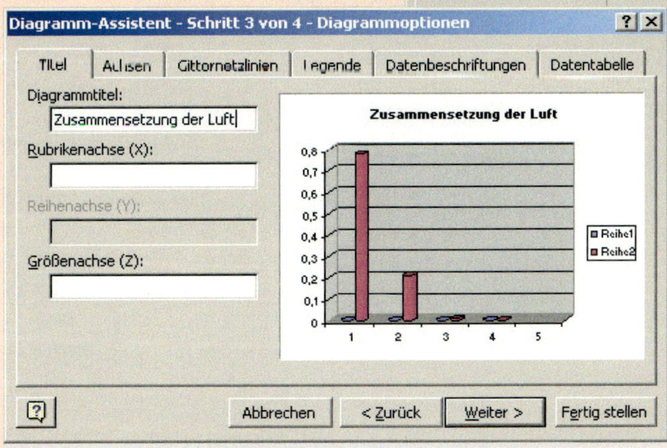

A. Eine Tabelle in Diagramme verwandeln

Viele Themen werden übersichtlich in Tabellen angeboten. Diagramme helfen dir, die Zahlenwerte aus den Tabellen zu veranschaulichen. Du kannst die Diagramme von Hand zeichnen oder am Computer mit einem Tabellenkalkulationsprogramm.

B. Einen Diagrammtyp auswählen

Schreibe eine Tabelle, z. B. im Microsoft-Programm Excel© und markiere alle Spalten. Klicke dann in der Symbolleiste auf den Diagramm-Assistenten, der dich durch das Programm führt. Wählst du z. B. als Diagrammtyp Säule aus, siehst du rechts daneben eine Auswahl verschiedener Säulendiagramme.

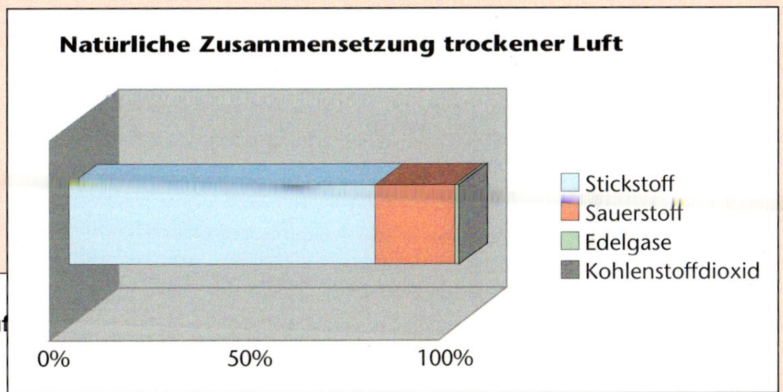

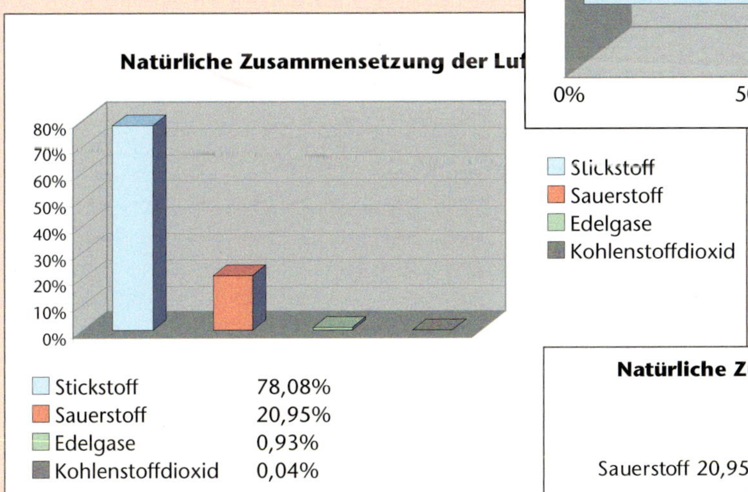

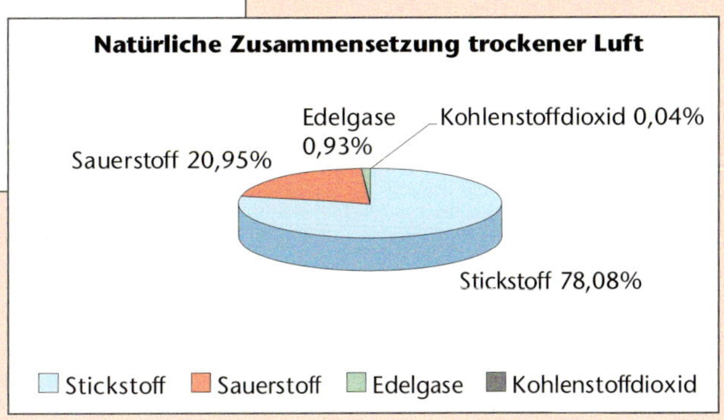

Die Entdecker des Sauerstoffs

1 Carl Wilhelm Scheele

2 Joseph Priestley

3 Antoine Laurent Lavoisier

Noch vor 200 Jahren kannte man weder die chemischen Grundlagen der Verbrennung noch die Zusammensetzung der Luft. Erst in der Mitte des 18. Jahrhunderts wurde das Element Sauerstoff von drei Wissenschaftlern entdeckt.

Sauerstoff wird entdeckt
Carl Wilhelm Scheele (1742–1786; ▷B 1) stammte aus dem zu jener Zeit schwedisch besetzten Stralsund. Seine persönliche Beziehung zu Schweden veranlasste ihn, in Malmö eine Apothekerlehre anzutreten und sich später in Köping als Apotheker niederzulassen. Bei seinen Experimenten zur Atmung entdeckte Scheele den Sauerstoff, ohne ihn allerdings Sauerstoff zu nennen. Er stellte fest, dass eine Ratte oder Fliegen unter einer abgeschlossenen Glocke nicht überleben konnten. Auch Erbsen konnten unter der Glocke nicht keimen. Aber gemeinsam konnten Tiere und Pflanzen unter der Glocke überleben (▷B 4).

4 Scheeles Experimente

Sauerstoff wird hergestellt
Joseph Priestley (1733–1804; ▷B 2) war Prediger und Sprachlehrer in England. Mit 40 Jahren trat er in die Dienste eines reichen englischen Grafen. In dieser Stellung fand er Zeit, sich mit chemischen Experimenten zu befassen. Hierbei widmete er sich vorwiegend der Erforschung von Gasen. Er erhitzte mit einem riesigen Brennglas eine sauerstoffhaltige Verbindung und konnte auf diese Weise Sauerstoff herstellen. Er wusste aber nicht, dass das entdeckte Gas das Element Sauerstoff war. Im Jahre 1774 berichtete er dem französischen Chemiker Lavoisier über seine Entdeckung.

Sauerstoff wird benannt
Antoine Laurent Lavoisier (1743–1794; ▷B 3) war von Beruf Steuerpächter und Direktor der staatlichen französischen Salpetergewinnung und Schießpulverherstellung. Von Haus aus war er Jurist, beschäftigte sich aber intensiv mit chemischen Vorgängen. So wiederholte er auch die Verbrennungsversuche von Priestley, führte aber zusätzlich noch genaue Messungen über die gebildeten und verbrauchten Stoffmengen durch. Dabei stellte er fest, dass bei seinen Versuchen jedes Mal nur ein Fünftel der eingesetzten Luftmenge verbraucht wurde und vier Fünftel der Luft nicht reagierten. Das reagierende Fünftel der Luft nannte er Sauerstoff, und die nicht reagierenden vier Fünftel der Luft nannte er Stickstoff.

Flüssige Luft

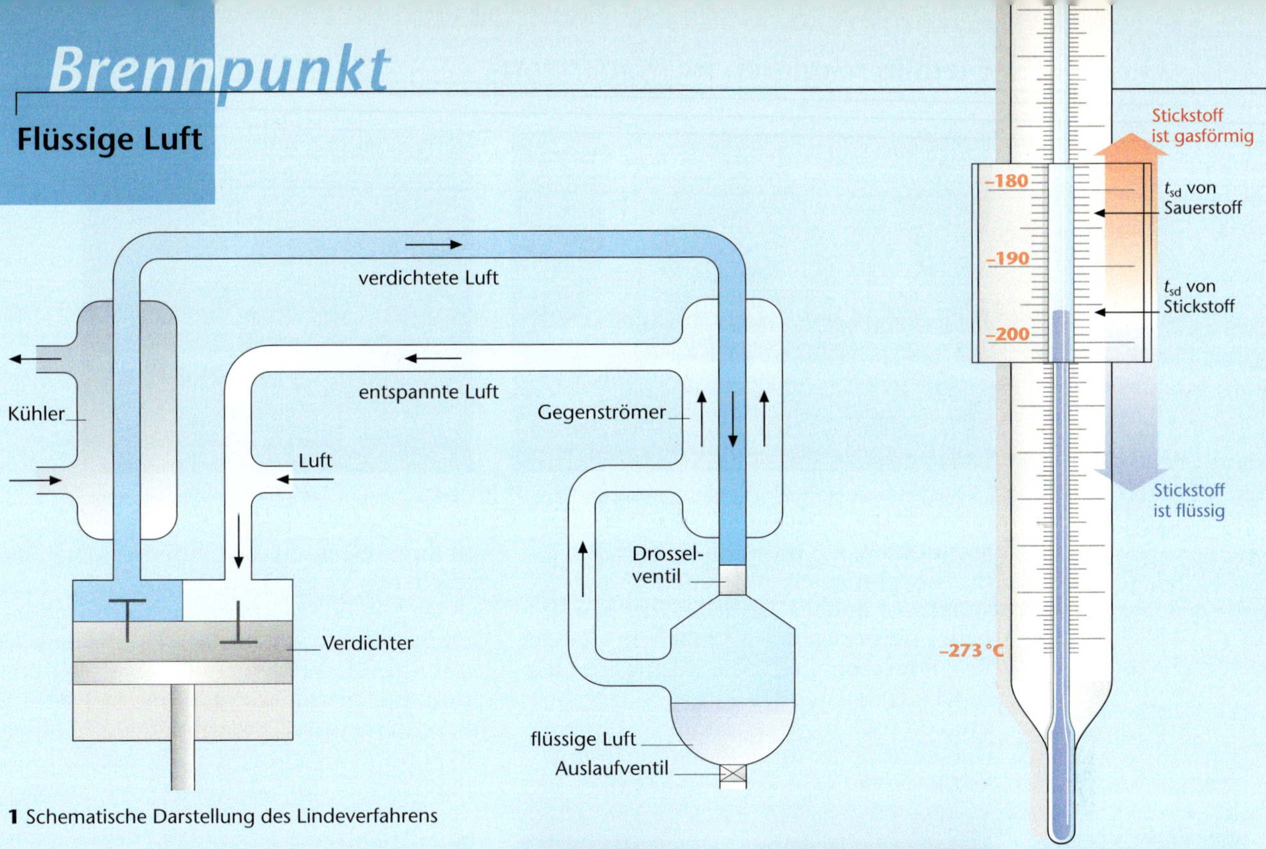

1 Schematische Darstellung des Lindeverfahrens

Bei der Herstellung von Pulverkaffee wird das wässrige Kaffeekonzentrat in ganz kurzer Zeit extrem stark abgekühlt. Solch ein Verfahren nennt man Schockgefrieren. Um Impfstoffe oder Zellkulturen langfristig aufzubewahren, lagert man sie bei sehr tiefen Temperaturen. Flüssiger Stickstoff hat eine Temperatur von unter –196 °C und eignet sich daher sowohl für die Schockgefrierung als auch zur Lagerung empfindlicher Stoffe (▷ B 3). Den flüssigen Stickstoff erhält man durch Verflüssigung der Luft und eine sich anschließende Destillation der flüssigen Luft.

Die Verflüssigung von Luft

Die Luft wird in dickwandigen Behaltern bei sehr hohem Druck zusammengepresst, dadurch wird die Luft heiß. Diese heiße Luft wird anschließend wieder auf die

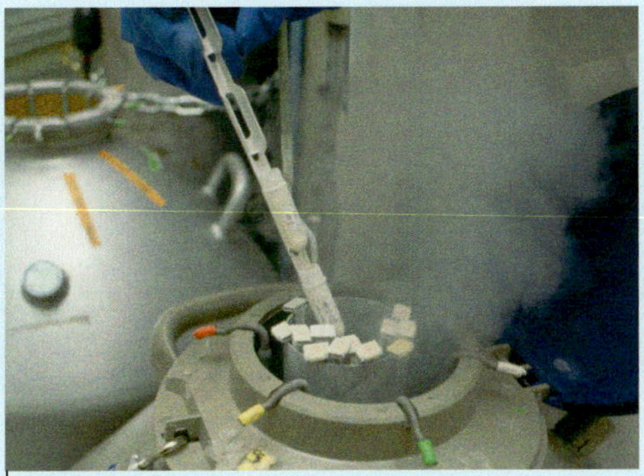

3 Tiefkühlung unter flüssigem Stickstoff

2 Flüssige Luft

normale Temperatur gekühlt und danach entspannt, d. h. der Druck der Luft wird wieder auf den Normdruck herabgesetzt. Durch diese Druckerniedrigung fällt die Temperatur der Luft erneut weiter ab. Diesen Prozess aus Druckerhöhung, Abkühlung und Druckerniedrigung wiederholt man viele Male hintereinander. Dabei wird die Luft schließlich so kalt, dass sie kondensiert, also flüssig wird (▷ B 2). Dieses Verfahren wird nach seinem Erfinder Carl von Linde (1842–1934) das **Linde-Verfahren** (▷ B 1) genannt.

Die Destillation der Luft

Erwärmt man flüssige Luft auf –196 °C, beginnt Stickstoff zu sieden. Sauerstoff siedet aber erst bei –183 °C (▷ B 1 rechts). Aufgrund ihrer unterschiedlichen Siedetemperaturen kann man die Luftbestandteile durch Destillation voneinander trennen.

1 Magnesia verhindert das Abrutschen beim Turnen.

2 Magnesium verbrennt zu Magnesiumoxid.

Magnesium, ein brennbares Metall
Entzündet man einen Streifen Magnesiumband an der Luft, verbrennt er mit heller Lichterscheinung zu einem weißen Reaktionsprodukt (▷ B 2). Magnesium hat mit Sauerstoff aus der Luft zu Magnesiumoxid reagiert. Magnesiumoxid ist ein weißer Stoff, der unter der Bezeichnung Magnesia im Sport verwendet wird (▷ B 1).

3 Eisen wird oxidiert.

Metalle reagieren mit Sauerstoff
In reinem Sauerstoff verbrennen Metalle sehr viel heftiger als an der Luft. Magnesium reagiert mit Sauerstoff so stark, dass sich das gesamte Reaktionsprodukt in Form eines weißen Rauches im Standzylinder zeigt (▷ B 4; V 1). Ein gleißendes Licht ist zu sehen. Angeglühte Eisenwolle verbrennt in reinem Sauerstoff unter lebhaftem Funkensprühen zu Eisenoxid (▷ B 3; V 2), während sie an der Luft nur glüht. Die Reaktionsprodukte unterscheiden sich nicht von denen, die beim Verbrennen an der Luft entstehen.

Bei der Reaktion von Metallen mit Sauerstoff entstehen Metalloxide.

Oxide, Oxidation
Reagiert ein Metall mit Sauerstoff, so entsteht ein **Oxid**. Oxide unterscheiden sich in ihren Eigenschaften von den Metallen, aus denen sie entstanden sind.
Es sind spröde Stoffe mit hohen Schmelztemperaturen. Die Reaktion des Metalles mit Sauerstoff bezeichnet man als **Oxidation** (griech./lat.: oxygenium, Sauerstoff). Bei den meisten Oxidationen wird Energie in Form von Licht und Wärme frei. Es handelt sich um exotherme Reaktionen.

Oxide sind Verbindungen mit Sauerstoff. Die Reaktion eines Stoffes mit Sauerstoff wird Oxidation genannt.

Reaktionen von Metalloxiden mit Wasser
Magnesium verbrennt an der Luft zu Magnesiumoxid. Schlämmt man Magnesiumoxid mit Wasser auf und gibt Universalindikator dazu, ist eine Blaufärbung festzustellen. Daher muss diese Aufschlämmung alkalisch sein (▷ B 5; V 3). Eine Aufschlämmung von Branntkalk (Calciumoxid) ergibt mit Universalindikator ebenfalls eine Blaufärbung und ist deshalb alkalisch (▷ B 6; V 4). So wie Magnesiumoxid und Calciumoxid reagieren auch andere Metalloxide. Sie bilden mit Wasser alkalische Lösungen.

Metalloxide bilden mit Wasser alkalische Lösungen.

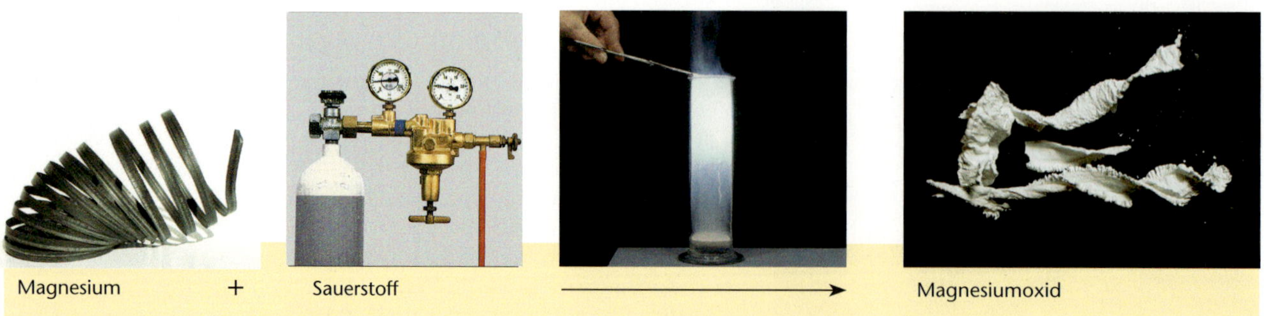

4 Magnesium und Sauerstoff reagieren zu Magnesiumoxid.

5 Eine Lösung von Magnesiumoxid in Wasser ist alkalisch.

6 Eine Lösung von Calciumoxid in Wasser ist alkalisch.

Versuche

1 Ein Magnesiumband wird in einem mit Sauerstoff gefüllten Standzylinder verbrannt, dessen Boden mit Sand bedeckt ist. (Vorsicht! Nicht in die Flamme schauen! Schutzbrille!)

2 Man füllt einen Standzylinder mit Sauerstoff und gibt einen gehäuften Esslöffel Sand in den Zylinder. Man glüht etwas Eisenwolle an und taucht sie in den Standzylinder. (Schutzbrille!)

3 In eine Petrischale wird etwas Wasser mit einigen Tropfen Universalindikator gegeben. Die Petrischale wird auf den Tageslichtprojektor gestellt. Über der Petrischale wird ein Magnesiumband so verbrannt, dass das Magnesiumoxid in die Petrischale fällt (▷ B 5). (Nicht in die Flamme schauen! Schutzbrille!)

4 Mit stark rauschender Brennerflamme wird Calcium in einem Porzellantiegel so lange erhitzt, bis es an der Luft verbrennt. Das weiße Calciumoxid gibt man in eine Petrischale, in der sich mit Universalindikator versetztes Wasser befindet (▷ B 6). (Schutzbrille!)

Aufgaben

1 In einem Porzellantiegel wird Calcium erhitzt und verbrannt. Benenne das Reaktionsprodukt.

2 Zur Untersuchung von Flammenfärbungen verwendet man Magnesiastäbchen. Auch andere Geräte, beispielsweise Magnesiarinnen, Tiegel und Reaktionsrohre bestehen aus Magnesia.
Warum ist der Stoff dafür geeignet?

Brennpunkt

Rosten

Oxidation ohne Flammenerscheinung
Werden Gegenstände aus Eisen ungeschützt der Luft und Feuchtigkeit ausgesetzt, bildet sich eine rotbraune Schicht aus **Rost** (▷ B 2). Eisen hat mit Sauerstoff aus der Luft zu **Eisenoxid** reagiert. Diese Oxidation findet ohne erkennbare Licht- und Wärmeabgabe statt. Man bezeichnet sie deshalb als **langsame Oxidation**. Die Rostschicht ist locker und spröde, wie die Mikroaufnahme zeigt (▷ B 1). Sauerstoff und Feuchtigkeit können sie leicht durchdringen und an das darunter liegende Metall gelangen. Auf diese Weise können im Laufe der Zeit selbst dicke Eisenteile durchrosten.

1 Mikroaufnahme

Rostschutz
Um Eisenteile vor Rost zu schützen, muss der Zutritt von Luft und Wasser verhindert werden. Autos werden lackiert, Eisengitter und -tore mit Rostschutzfarbe gestrichen oder mit Kunststoff überzogen, eiserne Kochtöpfe emailliert und Gartengeräte wie Spaten und Harken eingeölt.

2 Eisen rostet.

1 Olympia-Medaillen in Bronze, Silber, Gold

Vergleichende Oxidation von Metallen
Bläst man Magnesiumpulver durch ein Winkelrohr in die nicht leuchtende Flamme, verbrennt das Metall mit einem hell leuchtenden Funkenregen (▷ V 1, B 2). Wiederholt man den Versuch mit Pulver gleicher Korngröße von Kupfer und Eisen, zeigen sich deutliche Unterschiede in der Reaktionsheftigkeit. Kupfer verbrennt mit grünlicher Flamme, Eisen gelb leuchtend (▷ B 2).

Die Bereitschaft der einzelnen Metalle, mit Sauerstoff ein Oxid zu bilden, ist also unterschiedlich ausgeprägt.

Bindungsbestreben der Metalle
Von Gold zu Calcium nimmt die Bereitschaft der Metalle, mit Sauerstoff zu reagieren, zu. Nach dieser Reaktionsbereitschaft lassen sich die Metalle auch unterscheiden. Metalle, deren Reaktionsbereitschaft mit Sauerstoff groß ist, werden **unedle Metalle** genannt. Metalle wie Gold und Silber sind **Edelmetalle**, sie besitzen ein geringeres Bindungsbestreben zu Sauerstoff (▷ B 3).

Unedle Metalle haben eine große, Edelmetalle keine oder nur eine geringe Bereitschaft, mit Sauerstoff zu reagieren.

Versuche

1 Ein Winkelrohr wird in Magnesiumpulver getaucht. Das Pulver wird von unten in die nicht leuchtende Gasbrennerflamme geblasen. Das Winkelrohr soll dabei mindestens einen 20 cm langen Schenkel zum Mund haben. (Feuerfeste Unterlage! Sicherheitsabstand!) Nicht direkt in die Flamme schauen!

2 Man wiederholt den Versuch 1 mit Eisenpulver, Kupferpulver und Aluminiumpulver gleicher Korngröße.

2 Kupfer, Eisen, Magnesium reagieren unterschiedlich heftig mit Sauerstoff.

3 Reaktionsbereitschaft von Metallen mit Sauerstoff

Werkstatt

Die Heftigkeit der Oxidation von Metallen

1 Wir oxidieren Eisen

Material

Schutzbrille, Standzylinder mit Deckglas, Gasbrenner, (ggf. feuerfeste Unterlage), Tiegelzange, Spatellöffel, Sand, Eisenwolle, Sauerstoff aus der Sauerstoffflasche (wird von der Lehrkraft ausgegeben)

Versuchsanleitung

Gib ca. einen halben Zentimeter Sand in den Standzylinder. Lass den Standzylinder vom Lehrer / von der Lehrerin mit Sauerstoff füllen und decke den Zylinder mit dem Deckglas ab. Entzünde den Gasbrenner und halte einen Ballen Eisenwolle mit der Tiegelzange in die Brennerflamme (▷ B 1a). Wenn die Eisenwolle glüht, tauche sie in den mit Sauerstoff gefüllten Standzylinder (▷ B 1b).

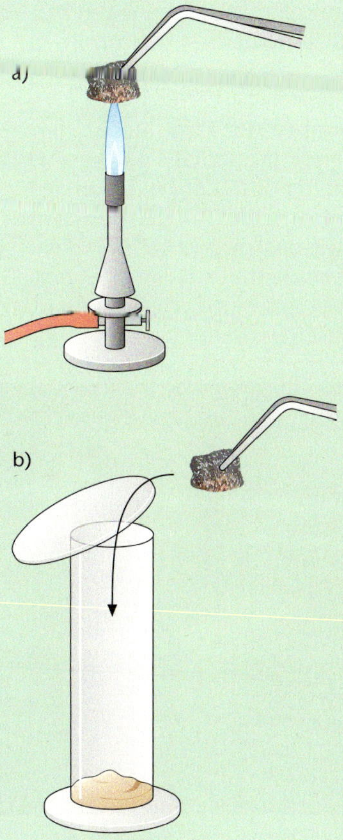

1 Eisen wird oxidiert.

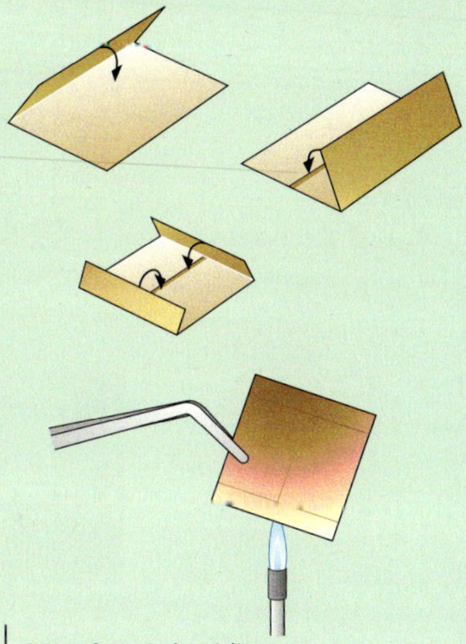

2 Kupfer wird oxidiert.

2 Wir oxidieren Kupfer

Material

Schutzbrille , Tiegelzange, Gasbrenner, feuerfeste Unterlage, Kupferblech (ca. 5 cm × 5 cm)

Versuchsanleitung

Falte ein etwa 5 cm × 5 cm großes Kupferblech (▷ B 2) (Vorsicht! Schnittverletzungen!), presse es fest zusammen und halte es mithilfe der Tiegelzange etwa eine Minute über die Flamme des Gasbrenners. Lass anschließend das Kupferblech erkalten und falte es wieder auseinander. Vergleiche den Zustand innen und außen.

3 Wir erzeugen Funkenregen

Material

Schutzbrille, Stativ, Universalklemme, Doppelmuffe, Gasbrenner (kein Kartuschenbrenner!), ein Stück Aluminiumfolie, Metallspatel mit Füllrinne, Eisenpulver, Kupferpulver, Zinkpulver (die Pulverproben sollten möglichst gleiche Korngröße besitzen) jeweils in einer Porzellanschale

Versuchsanleitung

Decke den Tisch mit einer ausreichend großen Aluminiumfolie ab und falte die Ränder der Folie nach oben um. Spanne den Gasbrenner waagerecht am Stativ ein und entzünde ihn. Achte darauf, dass kein Mitschüler in Flammenrichtung steht! Nimm dann mit dem Spatel eine kleine Prise Metallpulver aus einer der Porzellanschalen und lass das Pulver von oben auf die nicht leuchtende Gasbrennerflamme rieseln (▷ B 3). Notiere die Beobachtungen. Ordne die Metalle nach zunehmender Reaktionsheftigkeit.

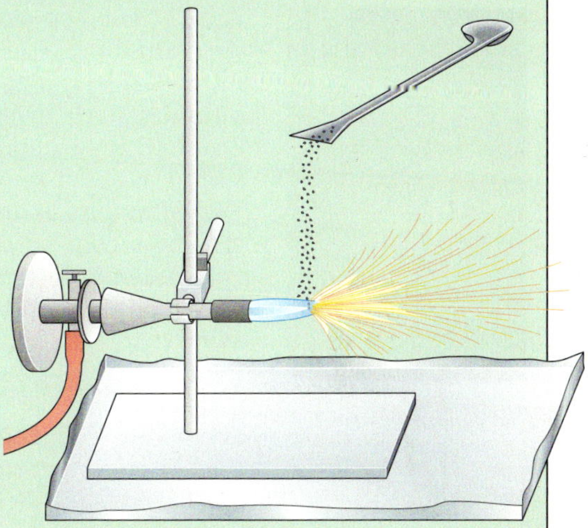

3 Ein Funkenregen wird erzeugt.

4 Wie schnell rostet Eisen?

Material

Reagenzglas, Becherglas, Spatel, fingerdicker Ballen Eisenwolle, Wasser

Versuchsanleitung

Schiebe einen Ballen Eisenwolle mit dem Spatel bis an den Boden eines Reagenzglases. Stelle das Reagenzglas mit der Öffnung nach unten in ein zu zwei Dritteln mit Wasser gefülltes Becherglas (▷ B 4). Beschreibe das Versuchsergebnis nach drei Tagen.

4 Eisenwolle unter Wasser

Brennpunkt

Schweißen und Schneiden

Schweißen – ein Schmelzprozess

Wenn beim Bau einer Eisenbrücke oder eines Autos die verschiedenen Eisenteile zusammenhalten sollen, dann werden sie entweder miteinander verschraubt, vernietet, verklebt oder verschweißt.

Beim Schweißen werden zwei Eisenteile an der Naht durch eine Schweißbrennerflamme (▷ B 2) so stark erhitzt, dass das Eisen schmilzt. Als Schweißgas benutzt man ein Gemisch aus einem Brenngas und Sauerstoff. Das geschmolzene Eisen der beiden Werkstücke fließt an der Nahtstelle zusammen oder wird durch einen Schweißdraht verbunden (▷ B 1). Wenn das Werkstück wieder abkühlt und erstarrt, ist aus zwei zuvor getrennten Eisenteilen ein zusammenhängendes Eisenteil geworden.

Schneiden – ein Oxidationsprozess

Weil Eisenplatten sich nicht leicht zersägen lassen, stellt sich die technische Frage, wie man ein Eisenstück zerteilen kann.

Wenn Eisen erst einmal so heiß ist, dass es schmilzt, dann wird es auch sehr leicht oxidiert. Unter reinem Sauerstoff verläuft die Oxidation besonders heftig. Dabei wird so viel Wärme freigesetzt, dass die Oxidation auch ohne zusätzliches Erhitzen von alleine weiterläuft. Dieses Verhalten des Eisens macht man sich beim Schneidbrenner zu Nutze.

Man erhitzt das Eisen mit dem Schneidbrenner (▷ B 2) zuerst bis zur Schmelze.

1 Ein Schweißdraht verbindet die Schweißnaht.

Dann wird das Brenngas abgestellt und stattdessen wird reiner Sauerstoff in einem punktgenauen Gasstrahl auf die Schnittstelle des Werkstücks geblasen. Unter dem Sauerstoffstrahl verbrennt Eisen. Die freigesetzte Wärme schmilzt angrenzendes Eisen, und unter dem Sauerstoffstrahl wird es oxidiert.

Gleichzeitig werden das geschmolzene Eisen und das Eisenoxid durch den Gasdruck in einem Funkenregen fortgeblasen (▷ B 3). Zurück bleibt ein Spalt im Eisenblech.

Damit aber das übrige Eisen neben der Schnittstelle nicht ebenfalls oxidiert wird, wird gleichzeitig das Edelgas Argon als Schutzgas unmittelbar neben die Schnittstelle geblasen. Das Argon schützt das restliche Eisen vor dem Zutritt von Sauerstoff und damit vor einer ungewollten Oxidation an der falschen Stelle.

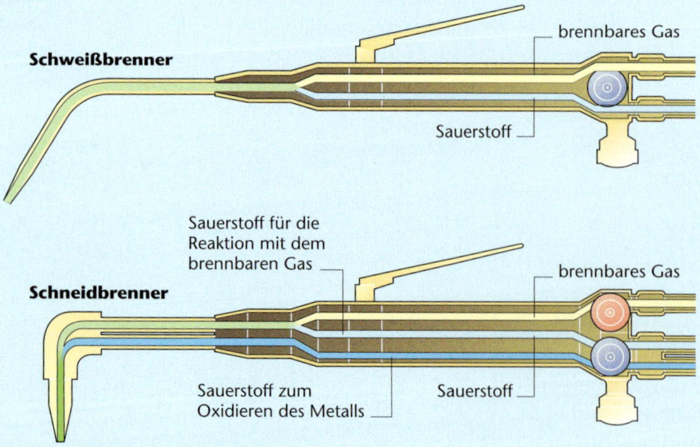

2 Querschnitt durch einen Schweiß- und einen Schneidbrenner

3 Geschmolzenes Eisen wird als Funkenregen fortgeblasen.

1 Auf dem Gartengrill wird Holzkohle verwendet.

2 Holzkohle verbrennt in Sauerstoff.

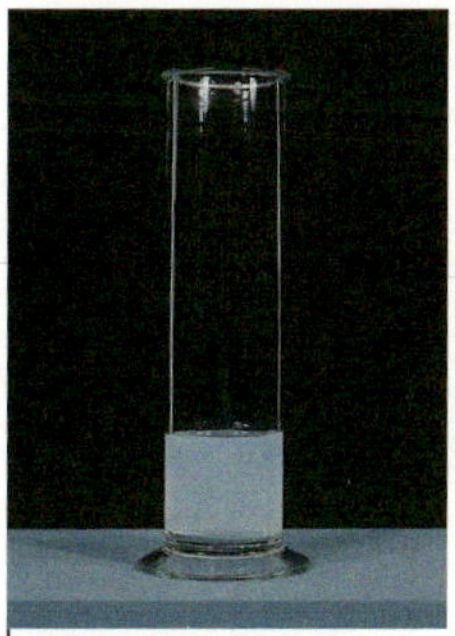

3 Kalkwasserprobe

Oxide des Kohlenstoffs
Holzkohle (▷ B 1) wird aus Holz gewonnen. Sie besteht fast ausschließlich aus dem Nichtmetall Kohlenstoff. Daneben enthält sie noch geringe Mengen mineralischer Stoffe. Zündet man Holzkohle an, so glüht sie unter Luftzufuhr hell auf und verglüht langsam unter Wärmeabgabe. Hellgraue Asche bleibt als Rückstand der Mineralstoffe übrig. Es entsteht kein sichtbares Oxid.

Taucht man angeglühte Holzkohle in einen Standzylinder mit reinem Sauerstoff, verbrennt sie zu einem farb- und geruchlosen Gas (▷ B 2; V 1). Schüttelt man Kalkwasser mit dem Gas im Standzylinder, erfährt das Kalkwasser eine milchige Trübung (▷ B 3). Diese Trübung ist ein Nachweis für Kohlenstoffdioxid. Bei der Reaktion von Kohlenstoff mit Sauerstoff ist also **Kohlenstoffdioxid** entstanden.

Kohlenstoffdioxid entsteht bei der Reaktion von Kohlenstoff mit Sauerstoff.

Kohlenstoffdioxid hat eine größere Dichte als Luft und kann deshalb umgegossen werden. Kerzen, die in verschiedenen Höhen brennen, werden im Gefäß von unten nach oben erstickt (▷ B 4).

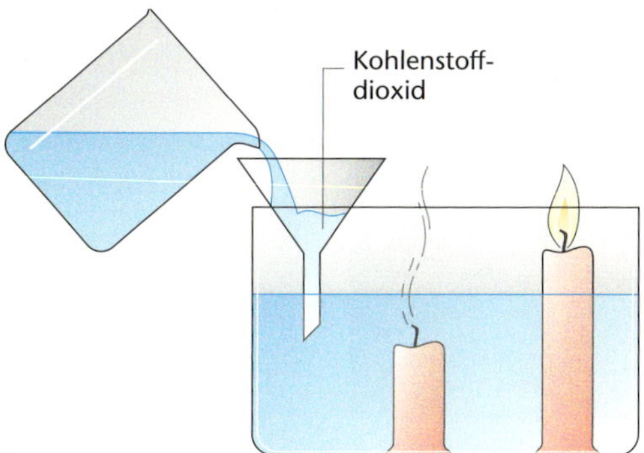

4 Kohlenstoffdioxid erstickt die Flamme.

Kohlenstoffdioxid verleiht vielen Getränken den prickelnden Geschmack. Trockeneis ist festes Kohlenstoffdioxid und wird zum Tiefkühlen von Lebensmitteln verwendet (▷ B 5).

Verbrennt Kohlenstoff bei ungenügender Luftzufuhr, so entsteht ein giftiges Gas, das **Kohlenstoffmonooxid**. Es ist farb- und geruchlos und wirkt beim Einatmen schon in geringen Mengen tödlich. Beim Entzünden verbrennt es mit blauer Flamme zu Kohlenstoffdioxid (▷ B 6). Kohlenstoffmonooxid entsteht in Verbrennungsmotoren und in Kohleheizkesseln.

5 Trockeneis zur Kühlung von Lebensmitteln

6 Kohlenstoffmonooxid verbrennt mit blauer Flamme.

Versuch

1 Entzünde ein Stück Holzkohle auf einem Verbrennungslöffel und tauche diesen in einen von der Lehrkraft mit reinem Sauerstoff gefüllten Standzylinder. Prüfe das Reaktionsprodukt mit Kalkwasser. (Schutzbrille!)

Aufgabe

1 Formuliere das Reaktionsschema für die Bildung von Kohlenstoffdioxid.

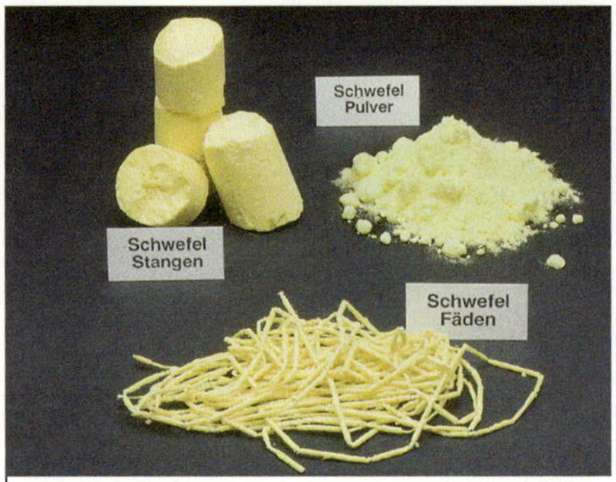

1 Handelsformen des Schwefels

2 Schwefel verbrennt.

Schwefel reagiert mit Sauerstoff
Erhitzt man Schwefel in einem Verbrennungslöffel und taucht diesen in einen Standzylinder mit reinem Sauerstoff, so verbrennt Schwefel mit leuchtend blauer Flamme (▷ B 2; V 1). Es entsteht ein farbloses, stechend riechendes Gas. Schwefel hat mit Sauerstoff **Schwefeldioxid** gebildet. Schwefeldioxid ist giftig und reizt die Schleimhäute.

Wasserstoff reagiert mit Sauerstoff
Ein Spaceshuttle wird mit Raketentriebwerken in den Weltraum gebracht. Den Antrieb bilden die beiden Gase Wasserstoff und Sauerstoff. Bei ihrer Verbrennung entstehen riesige Mengen Wasserdampf und Energie wird freigesetzt. Wasserstoff reagiert mit Sauerstoff zu **Wasserstoffoxid** (Wasser; ▷ B 3).

Stickstoff reagiert mit Sauerstoff
Bei Verbrennungsvorgängen, die bei hoher Temperatur ablaufen, reagieren Stickstoff und Sauerstoff zu Stickstoffoxiden. Dies geschieht in Verbrennungsmotoren und Kraftwerken.

Nichtmetalloxide reagieren mit Wasser
Schwefeldioxid ergibt mit Wasser eine saure Lösung (▷ B 4; V 2). Auch das bei der Verbrennung von Kohlenstoff gebildete Gas Kohlenstoffdioxid löst sich gut in Wasser und ergibt ebenfalls eine schwach saure Lösung (▷ V 3). Kohlenstoff und Schwefel sind Nichtmetalle. Ihre Verbrennungsprodukte sind **Nichtmetalloxide**, die mit Wasser **saure Lösungen** bilden.

▶ Bei der Reaktion von Nichtmetallen mit Sauerstoff entstehen Nichtmetalloxide. Nichtmetalloxide bilden mit Wasser saure Lösungen.

Versuche

1 Eine kleine Portion Schwefel wird in einem Verbrennungslöffel entzündet und dieser sofort in einen mit Sauerstoff gefüllten Standzylinder getaucht. Mit einem Deckglas wird der Zylinder verschlossen. (Abzug!)

2 Man füllt einen Standzylinder etwa 4 cm hoch mit Wasser und gibt einige Tropfen Universalindikator dazu. Ein Stück Schwefel wird auf einen Verbrennungslöffel gegeben und im Standzylinder verbrannt (Abzug!). Dann verschließt man den Standzylinder mit einem Deckglas und schwenkt ihn um.

3 Fülle einen Standzylinder etwa 4 cm hoch mit Wasser und gib einige Tropfen Universalindikator dazu. Verbrenne anschließend ein Stück Holzkohle auf dem Verbrennungslöffel im Standzylinder, bis das Feuer ausgeht. Schwenke das Wasser im Standzylinder kräftig um. Achte auf die Farbänderung.

3 In Raketentriebwerken verbrennt Wasserstoff mit Sauerstoff.

4 Eine Lösung von Schwefeldioxid und Wasser ist sauer.

1 Kohlekraftwerk

Rauchgas aus Kohlekraftwerken

In Kohlekraftwerken wird Braun- oder Steinkohle zur Wärmeerzeugung verbrannt. Neben festen Rückständen in Form von Asche entstehen bei der Verbrennung Feuerungsabgase, die als **Rauchgas** entweichen und zur Luftverschmutzung beitragen. Bei der Rauchgasentschwefelung wird Schwefeldioxid aus dem Rauchgas entfernt.

Laborversuch zur Rauchgasentschwefelung

Man erhitzt zerkleinerte Braunkohle bis zum Glühen, beobachtet die Rußabscheidung im Rundkolben und prüft das entstehende Rauchgas auf Schwefeldioxid (Prüfröhrchen). Das Rauchgas wird dann durch eine Lugol-Lösung geleitet (▷ B 4). Die Entfärbung der Lösung deutet auf Schwefeldioxid hin. Anschließend wird das Rauchgas durch Kalkwasser geleitet. Das Kalkwasser wird milchig trüb. Schwefeldioxid wird absorbiert, ein Salz bildet sich. Prüft man noch einmal auf Schwefeldioxid, wird die Lugol-Lösung farblich nicht mehr verändert.

Rauchgasentschwefelung in der Technik

In einem Waschturm, dem Absorberturm, (▷ B 2), der etwa 40 Meter hoch ist und einen Durchmesser von 15 Metern aufweist, wird das heiße schwefeldioxidhaltige Rauchgas auf ca. 50 °C gekühlt. Die Waschflüssigkeit ist eine Suspension aus Wasser und fein gemahlenem Kalkstein. Auf mehreren Düsenebenen wird die Waschsuspension in das Rauchgas gesprüht. Das gasförmige Schwefeldioxid reagiert mit der Kalksteinsuspension. Über chemische Reaktionen entsteht Gips. Durch dieses Verfahren wird der Schwefeldioxidausstoß im Rauchgas um mehr als 85 % reduziert.

2 Absorberturm

Gipspellets

Der in einer **R**auchgas**e**ntschwefelungs**a**nlage entstandene Gips (**REA**-Gips) wird zu Pellets (▷ B 3) gepresst oder nach Entzug von Wasser in rieselfähiger Form gelagert. Ein Teil dieser Gipsproduktion wird in der Baustoffindustrie verwertet.

3 Gipspellets

Versuch

1 Man baut eine Versuchsapparatur nach Bild 4 auf. Den Weg des entstehenden Rauchgases verfolgt man über Rußabscheidung, Waschflaschen mit Lugol-Lösung, Kalkwasser und wieder Lugol-Lösung bis zum Prüfröhrchen für Schwefeldioxid am Versuchsende.

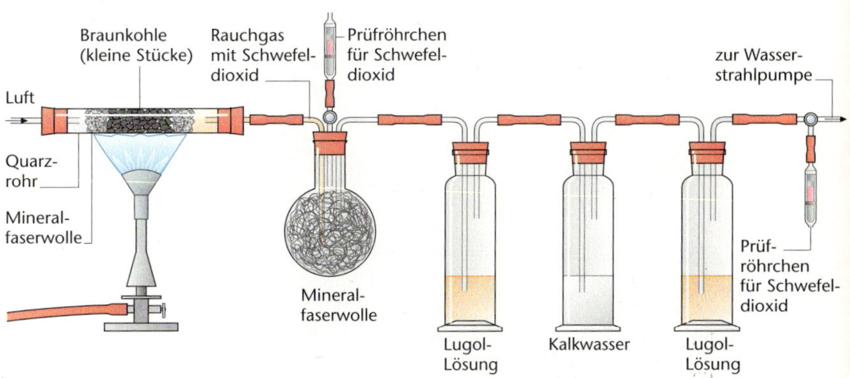

4 Schwefeldioxid wird aus dem Rauchgas entfernt.

Treibhauseffekt

1 Ein Gewächshaus ist ein Treibhaus.

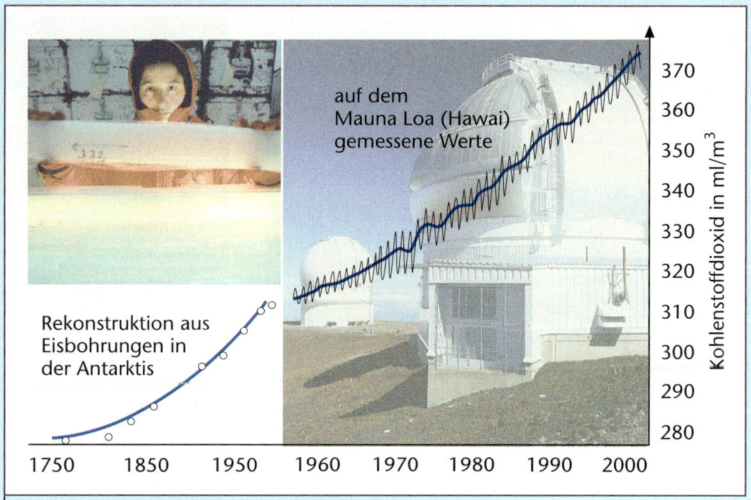

2 Kohlenstoffdioxid in der Atmosphäre

Was ist ein Treibhaus?

In einem Gewächshaus (▷ B 1) ist das Glas für normales Sonnenlicht durchlässig. Die Pflanzen und der Boden erwärmen sich und strahlen auch wieder Wärme ab. Diese Wärme wird vom Glas teilweise zurückgehalten, das Gewächshaus erwärmt sich. Pflanzen treiben in einem solchen Treibhaus auch aus, wenn es draußen kalt ist.

Treibhaus Erde

Ein Teil der Sonnenstrahlen dringt durch die Atmosphäre, die natürliche Lufthülle der Erde, und erwärmt die Oberfläche. Die von der Oberfläche zurückgeworfene Wärmestrahlung wird teilweise zurückgehalten von den Wassertröpfchen in den Wolken und vor allem von gasförmigem Wasser und Kohlenstoffdioxid in der Atmosphäre. Die Lufthülle der Erde wirkt wie die Glasscheibe eines Gewächshauses (▷ B 4). Man spricht vom Treibhauseffekt. Ohne die Gase der Atmosphäre läge die mittlere Jahrestemperatur auf der Erde bei –18 °C und nicht, wie tatsächlich gemessen, bei +15,5 °C.

Wird es wärmer auf der Erde?

Heute entsteht durch Verbrennung kohlenstoffhaltiger Brennstoffe weltweit mehr Kohlenstoffdioxid, als die Bäume und andere grüne Pflanzen aufnehmen können. Deshalb steigt der Kohlenstoffdioxidgehalt in der Luft an (▷ B 2). Auch die Vernichtung von Tropenwald durch Brandrodung erhöht den Anteil von Kohlenstoffdioxid in der Atmosphäre (▷ B 3). Dadurch verstärkt sich der natürliche Treibhauseffekt und die Temperatur in Bodennähe nimmt zu.

Aufgaben

1 Welche Gefahren sind mit der Zunahme des Treibhauseffekts verbunden?

2 Wodurch erhöht sich der Anteil von Kohlenstoffdioxid in der Atmosphäre?

3 Suche nach Informationen über weitere Treibhausgase, die das Klima auf der Erde beeinflussen.

3 Brennender Regenwald in den Tropen

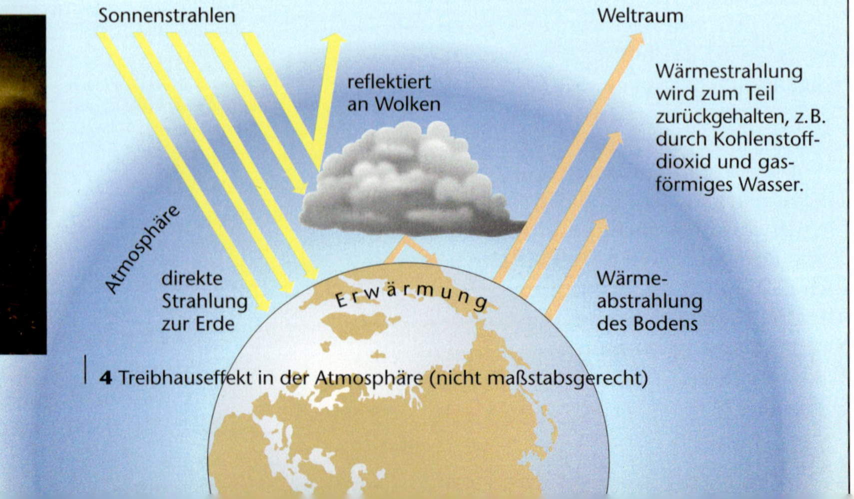

4 Treibhauseffekt in der Atmosphäre (nicht maßstabsgerecht)

Brennpunkt

Luftverschmutzung

Schädliche Verbrennungsprodukte
Kohle, Erdgas, Erdöl und Erdölprodukte wie Benzin, Diesel- und Heizöl werden verbrannt, damit die Energie, die bei diesen Oxidationsvorgängen frei wird, genutzt werden kann. Beim Verbrennen entstehen nicht nur Wasserdampf und Kohlenstoffdioxid, sondern auch andere Oxide, die als Abgase die Luft verschmutzen. Die Brennstoffe enthalten Schwefelverbindungen, deshalb entsteht das giftige **Schwefeldioxid**. Es reizt die Schleimhäute und schädigt die Atmungsorgane. Bei der Verbrennung von Benzin im Motor entstehen giftige **Stickstoffoxide** und bei einer unvollständigen Verbrennung **Kohlenstoffmonooxid**. Die Stickstoffoxide entstehen durch Oxidation von Luftstickstoff im heißen Motor. Stickstoffoxide sind schon in geringen Mengen sehr giftig, auch Kohlenstoffmonooxid beeinträchtigt schon in geringer Konzentration die Sauerstoffaufnahme des Blutes. Der Schadstoffausstoß der verschiedenen Verursacher ist sehr unterschiedlich (▷ B 1).

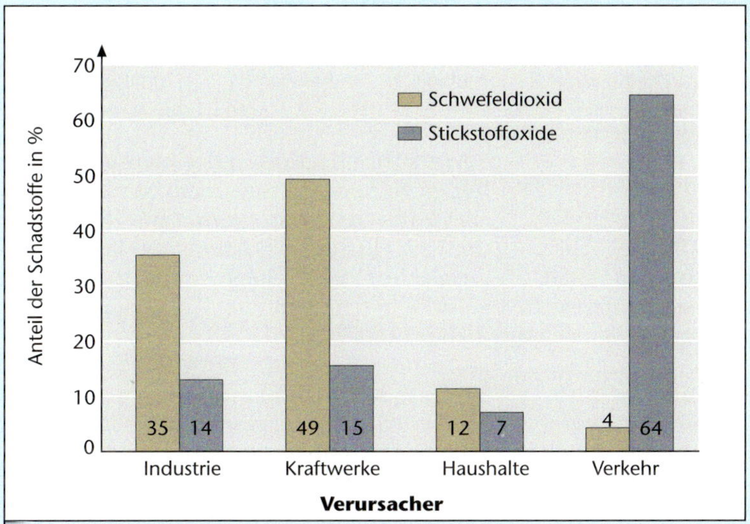

1 Schadstoffausstoß und Verursacher in Deutschland

Feinstäube
Bei Verbrennungsprozessen entstehen so genannte Feinstäube. Sie schädigen die Atmungsorgane. Da der Durchmesser der Feinstaubpartikel unter 0,2 Millimetern liegt, können die Stäube sogar durch die Lungenbläschen ins Blut gelangen. Dies ist besonders gefährlich, weil die Stäube auch Verbindungen giftiger Schwermetalle (Blei, Cadmium, Zink) enthalten können.

Zeitpunkt

Smog

1 „Big Ben" in London im Nebel

2 Polizistinnen mit Schutzmasken

London, im Dezember 1952
Die Schadstoffe in der Luft fördern die Nebelbildung. In London tauchte 1952 zum ersten Mal das Phänomen „Smog" auf (▷ B 1). Rauch und Nebel behinderten den Verkehr, innerhalb von 14 Tagen starben 4000 Menschen mehr als sonst in diesem Zeitraum. Sehr viele litten unter Augenreizung, Atem- und Kreislaufbeschwerden, vor allem Kleinkinder und ältere Menschen. Luftmessungen ergaben eine fünfmal höhere Rauchkonzentration und eine sechsmal höhere Schwefeldioxidkonzentration als sonst. Mit Tüchern und Smog-Schutzmasken (▷ B 2) versuchte die Bevölkerung, sich vor dem Smog zu schützen. Das Wort Smog ist eine Wortbildung aus den englischen Wörtern **Sm**oke = Rauch und **Fog** = Nebel und versinnbildlicht den durch die Luftverunreinigung hervorgerufenen Nebel.

Brennpunkt

Ozon am Boden

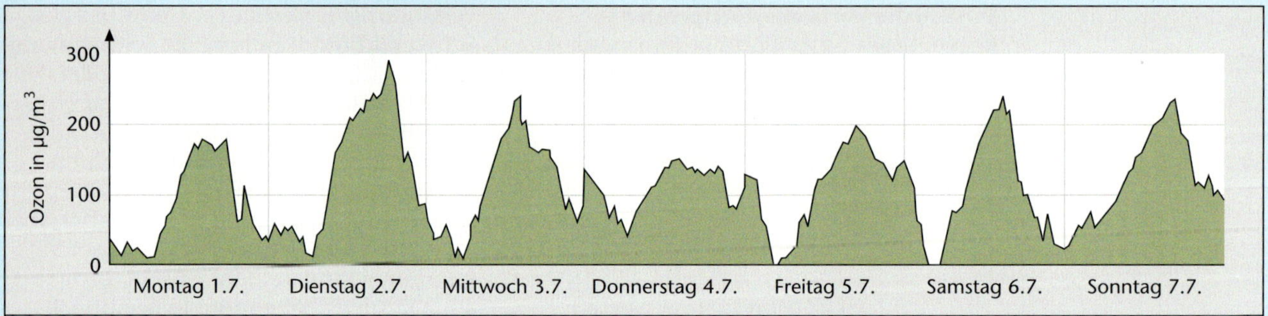

1 Ozonwerte einer Woche

2 Ozonwarnung

Ozon

Das so genannte bodennahe Ozon bildet sich in Großstädten und Industriegebieten, wenn die Luft besonders viele Schadstoffe enthält. Ozon ist ein sehr giftiges Gas mit einem typischen Geruch. Besonders Stickstoffoxide und Kohlenwasserstoffe aus den Auspuffgasen der Autos tragen bei intensiver Sonneneinstrahlung zur Ozonbildung bei. Im Frühjahr und Sommer können an heißen, sonnigen Tagen zwischen den Mittags- und Abendstunden erhöhte Ozonwerte gemessen werden. Von den Medien werden Grenzwerte an die Bevölkerung mit der Empfehlung weitergegeben, körperlich anstrengende Tätigkeiten im Freien zu meiden.

Ozon – ein Gift für die Lungen

Bei zu hohen Ozonwerten können bei dafür besonders empfindlichen Menschen wie Allergikern und Asthmatikern Kopfschmerzen, Augenreizungen, Kratzen im Hals und Atembeschwerden auftreten. Selbst bei gesunden Menschen können Lungenfunktionsstörungen auftreten. Für Ozon gibt es Schwellenwerte, um die Ozonkonzentration in der Atemluft beurteilen zu können. Bei einem Mittelwert, der unter 110 Mikrogramm pro Kubikmeter Luft (110 µg/m³) über einen Zeitraum von acht Stunden liegt, sind keine gesundheitsschädigenden Auswirkungen zu befürchten.

Ozon macht sich bemerkbar

Einige Pflanzen reagieren sehr empfindlich auf erhöhte Ozonwerte in der Luft. Bestimmte Tabakpflanzen (▷ B 4) und Kleesorten zeigen dann braune Stellen auf ihren Blättern. Ähnliche Schäden, wie sie bei Versuchspflanzen auftreten, gibt es auch bei vielen Nutzpflanzen, z. B. bei Weizen und Erbsen.

Das Ozongesetz

Im Juli 1995 wurde von der Bundesregierung das „Ozongesetz" erlassen. Es war eine Maßnahme, um die hohen Ozonwerte im Sommer zu senken. Inhalt dieses Gesetzes waren weiträumige Fahrverbote für Kraftfahrzeuge, die hohe Konzentrationen an Schadstoffen ausstoßen.
Fahrverbote sollten erteilt werden, wenn an drei Messstationen, die mehr als 50 km voneinander entfernt sind, ein Ozonwert gemessen wird, der 240 µg/m³ am selben Tag überschreitet.

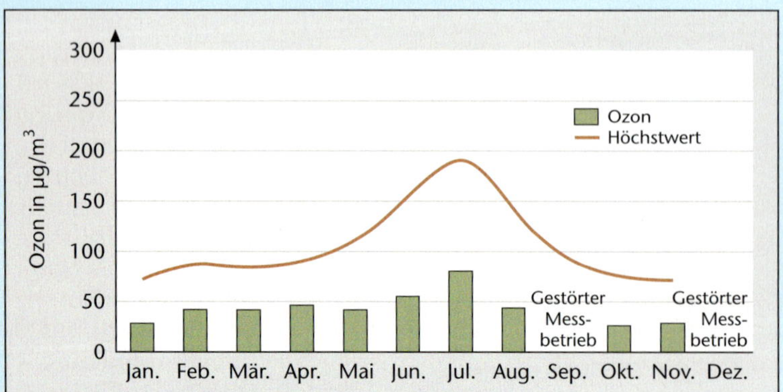

3 Ozonbelastung im Jahresverlauf

4 Die Tabaksorte Bel-W3 reagiert besonders empfindlich auf Ozon.

Reaktionen mit Sauerstoff

Bedingungen einer Verbrennung
Eine Verbrennung findet nur statt, wenn vier Bedingungen gleichzeitig erfüllt sind (▷ B 2):

1. Ein brennbarer Stoff muss vorhanden sein.
2. Luft muss ungehindert Zutritt zum brennbaren Stoff haben.
3. Die Zündtemperatur des brennbaren Stoffes muss erreicht sein.
4. Luft und brennbarer Stoff müssen im richtigen Mengenverhältnis vorliegen.

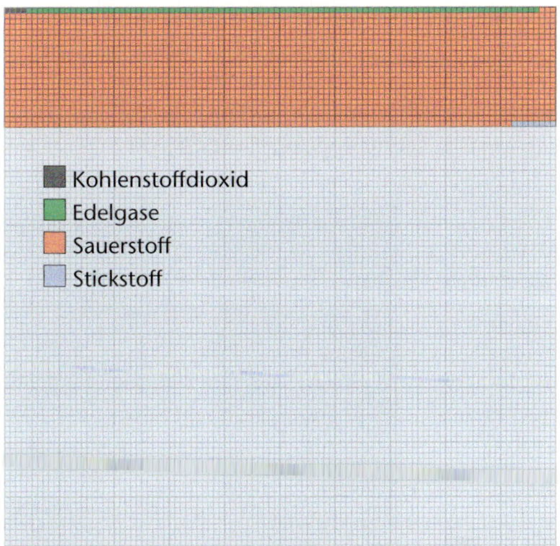

1 Zusammensetzung der Luft

Luft – ein Gasgemisch
Luft ist ein Gasgemisch, das aus Sauerstoff, Stickstoff, Kohlenstoffdioxid und Edelgasen besteht (▷ B 1).

Metalle reagieren mit Sauerstoff
Bei Reaktionen von Metallen mit Sauerstoff entstehen Metalloxide. Beispiele:

Magnesium + Sauerstoff ⟶ Magnesiumoxid
Eisen + Sauerstoff ⟶ Eisenoxid

Oxide und Oxidationen
Eine Reaktion, bei der sich ein Stoff mit Sauerstoff verbindet, nennt man Oxidation. Die entstehenden Stoffe nennt man Oxide.

Bildung alkalischer Lösungen
Metalloxide bilden mit Wasser alkalische Lösungen (▷ B 3).

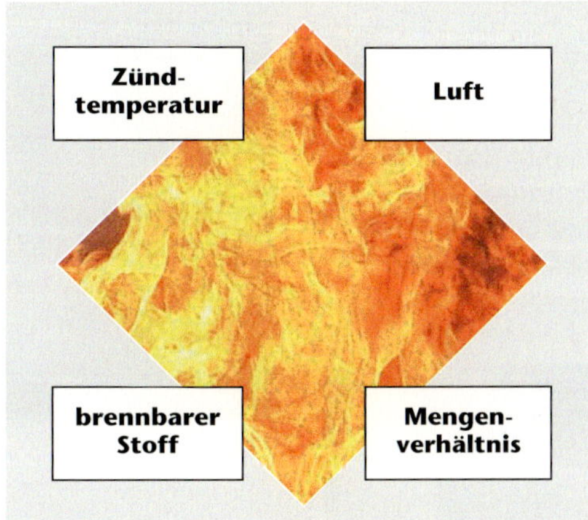

2 Bedingungen einer Verbrennung

Nichtmetalle reagieren mit Sauerstoff
Bei der Reaktion von Nichtmetallen mit Sauerstoff entstehen Nichtmetalloxide. Beispiele:

Kohlenstoff + Sauerstoff ⟶ Kohlenstoffdioxid
Schwefel + Sauerstoff ⟶ Schwefeldioxid

Bildung saurer Lösungen
Nichtmetalloxide bilden mit Wasser saure Lösungen (▷ B 4).

3 Magnesiumoxid bildet in Wasser eine alkalische Lösung.

4 Schwefeldioxid bildet in Wasser eine saure Lösung.

Aufgaben

1 Terpentinöl ist schwer entzündbar. Sprüht man es in die Gasbrennerflamme, entzündet es sich sofort und brennt mit einer Stichflamme (▷ B 1). Erkläre dies.

1 Zu Aufgabe 1

2 Jeder Landwirt weiß, dass sich feuchtes Heu in einer Scheune leicht selbst entzündet (▷ B 2). Deshalb misst er regelmäßig die Temperatur des eingelagerten Heus. Überlege, wodurch es zur Selbstentzündung kommen kann.

2 Zu Aufgabe 2

3 Wenn man Kupfer über die rauschende Gasbrennerflamme hält, entsteht Kupferoxid (▷ B 3). Wenn man aber Kupfer über eine Kerzenflamme hält, dann bildet sich Ruß und kein Kupferoxid. Erkläre den Unterschied. Formuliere das Reaktionsschema für die Bildung von Kupferoxid.

3 Zu Aufgabe 3

4 Aus einer roten Gasflasche wird ein farbloses Gas in ein Reaktionsrohr gefüllt und entzündet. Die Reaktion verläuft explosiv. Nach der Reaktion ist im Rohr ein Beschlag zu sehen, der sich mit Watesmopapier (▷ B 4) nachweisen lässt. Welche chemische Reaktion wurde durchgeführt? Formuliere das Reaktionsschema und gib die Reaktionsart an.

4 Zu Aufgabe 4

5 Gib ein Merkmal an, nach dem man entscheiden kann, ob ein Metall edel ist.

6 Regen ist ganz schwach sauer, auch in reiner Luft. Warum?

7 Auch im Körper des Menschen finden Oxidationen statt.
a) Welche Stoffe werden dabei oxidiert?
b) Wodurch unterscheiden sich solche Oxidationen von Verbrennungen an der Luft?
c) Wozu dient die frei werdende Energie (▷ B 5)?

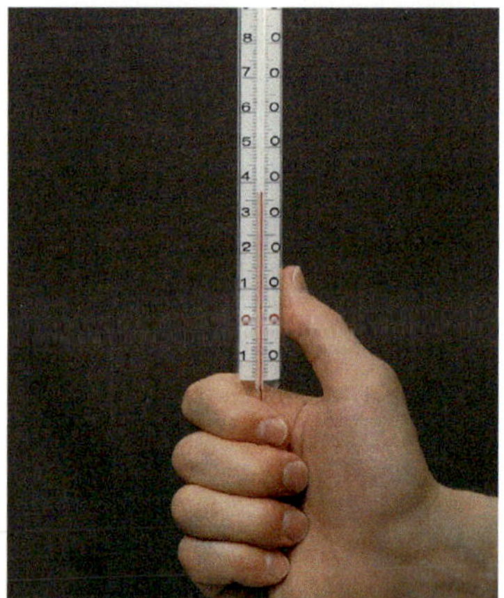

5 Zu Aufgabe 7

8 Ein Rostschutzmittel lässt sich aus Sauerstoff und Blei herstellen. Zu welcher Stoffklasse gehört das Rostschutzmittel demnach?

9 Nenne einen Grund, warum man das Kohlenstoffdioxid als einen natürlichen Bestandteil der Luft bezeichnen kann. Man könnte Kohlenstoffdioxid aber auch als Luftschadstoff bezeichnen. Unter welcher Voraussetzung?

Die Menge der Schadstoffe in der Luft wird häufig in der Einheit ppm angegeben. 1 ppm = 1 part per million bedeutet: 1 Teilchen unter 1 Million Teilchen insgesamt. Beispielsweise ist die Schadstoffkonzentration von 1 ppm so viel wie 1 cm^3 Schadstoff in 1 m^3 Luft.

1 Die Menge eines Schadstoffs in der Luft wird mit 1500 ppm angegeben. Wie hoch ist der Prozentanteil des Schadstoffs an der gesamten Luft?

2 Man kann gasförmige Schadstoffe in der Luft problemlos mit einem Gasspürgerät messen.

a) Warum sollte man beim Abgastest eines Mofas unbedingt auch den Kohlenstoffmonooxidanteil bestimmen?

b) Im Leerlauf ist der Anteil von Kohlenstoffmonooxid besonders hoch. Was bedeutet das für die Arbeit in Reparaturwerkstätten und Garagen?

3 Zum Grillen wird häufig Holzkohle verwendet.
Die weißgraue Asche ist nicht das Oxid des Kohlenstoffs. Beschreibe die Bildung und den Nachweis des entstehenden Oxids von Kohlenstoff.

4 Grüne Pflanzen benötigen zum Leben Kohlenstoffdioxid und Wasser. Zeige auf, wie Tiere und Menschen von den Pflanzen abhängig sind. Zeichne dazu ein Schema, nutze Informationen aus Büchern und dem Internet.

Hamburg meldet: Land unter

Noch weiß niemand genau, ob solche Schreckensmeldungen eintreffen werden: Italien hat sich in eine unfruchtbare Steppenlandschaft verwandelt, in Süddeutschland sind alle Fichten und Tannen abgestorben, dafür blühen im Schwarzwald die Orangen, der Kölner Dom steht zur Hälfte unter Wasser und Hamburg ist überflutet.

5 Hamburg meldet: „Land unter"! Lies die Meldung dieser Zeitschrift und beurteile die Aussagen. Stelle einen Bezug zu Kohlenstoffdioxid her.

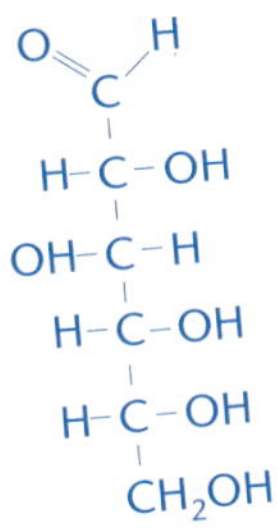

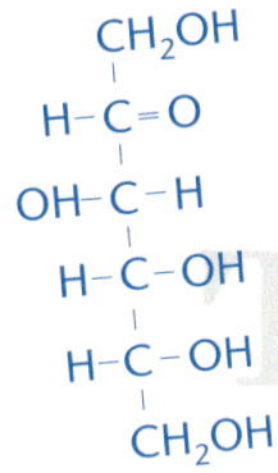

Die **chemische** Zeichensprache

Chemische Substanzen und Vorgänge werden mithilfe von Formeln beschrieben. Auch die meisten Laien wissen, dass die Formel H_2O für Wasser steht. Dem, der diese „Geheimsprache" lesen kann, erschließt sich eine gewisse Ordnung in der Welt und er kann zahlreiche chemische Beobachtungen deuten.

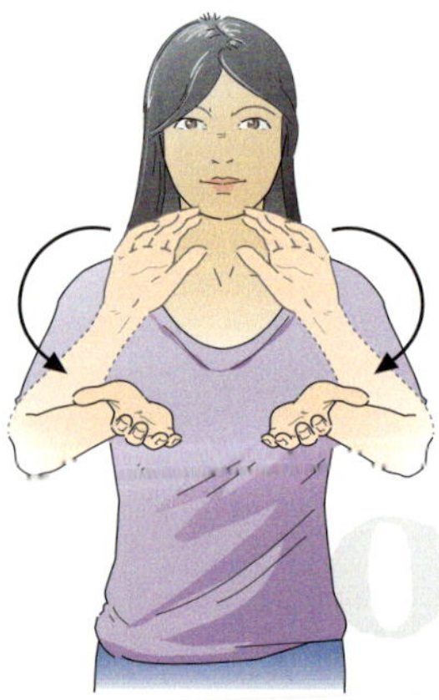

Menschen können sich sowohl über die flüchtige Lautsprache, als auch über die beständige Schriftsprache oder über Bilder miteinander verständigen. In welcher Situation wählt ihr welche Form der Kommunikation?

Als „Symbol" kann ein Bild Sprachgrenzen überwinden. Tragt die Bedeutung der auf dieser Seite dargestellten „Symbole" zusammen!

Auch Geheimsprachen arbeiten mit „Symbolen". Tragt einige Beispiele zusammen!

CO_2

O_2

H_2O

Cu

H_2

CuO

C

Al_2O_3

1 Eine Kerze brennt ab.

Ein Stoff wird „leichter"
Eine angezündete Kerze wird mit der Zeit kleiner (▷B 1). Aus dem Kerzenwachs entsteht unter anderem das Reaktionsprodukt Kohlenstoffdioxid, das sich verflüchtigt. Die Kerze verliert an Masse.

Ein Stoff wird „schwerer"
Eine Balkenwaage, an der zwei Ballen Eisenwolle mit der gleichen Masse hängen, ist im Gleichgewicht. Erhitzt man einen Ballen, neigt sich die Waage zu der Seite, an der die verbrannte Eisenwolle hängt (▷B 3; V 1). Das Verbrennungsprodukt Eisenoxid besitzt wegen des hinzukommenden Sauerstoffs eine größere Masse als der Ausgangsstoff.

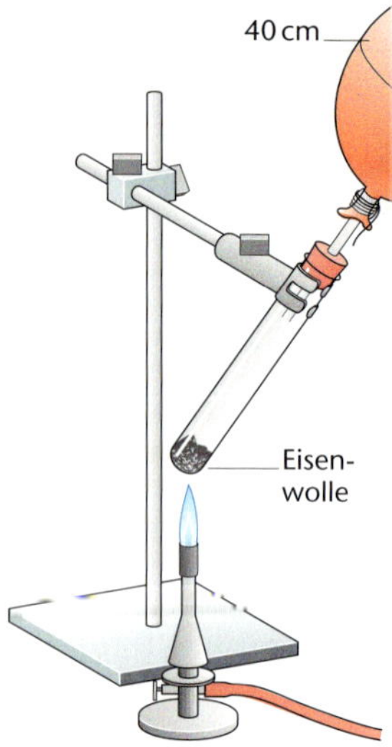

2 Eisenwolle wird in einer geschlossenen Apparatur verbrannt.

Leichter oder schwerer – ein Gesetz?
Es scheint so, als würden die Massen bei manchen Reaktionen kleiner werden, bei anderen größer. Dies hängt davon ab, ob bei der Reaktion flüchtige Reaktionsprodukte entstehen. Um die Massenveränderung bei chemischen Reaktionen beurteilen zu können, muss man die Versuche in einer **geschlossenen Apparatur** durchführen.
Im Versuch 2 (▷B 2) wird Eisenwolle in einer geschlossenen Apparatur verbrannt. Der mit Sauerstoff gefüllte Ballon liefert den für die Verbrennung notwendigen Sauerstoff. Nach der Reaktion ist der Sauerstoffballon sichtlich kleiner geworden. Ein Massenvergleich der Apparatur vor und nach der Reaktion ergibt, dass die Massen gleich sind. Dasselbe Ergebnis erhält man beim Verbrennen einer Kerze in einer geschlossenen Apparatur (▷B 4; V 3).

3 Eisenwolle wird an einer Balkenwaage erhitzt.

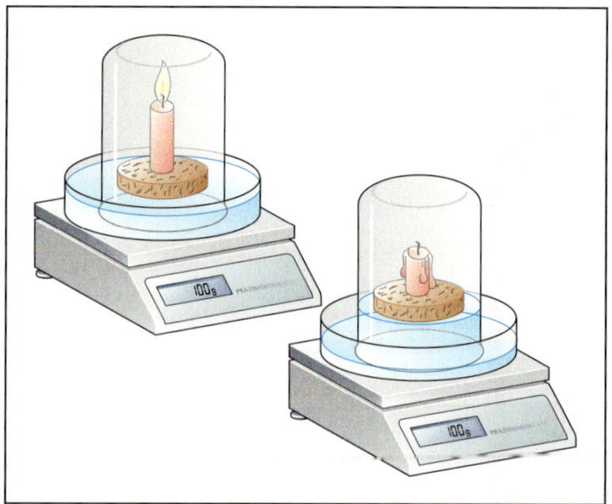

4 Eine Kerze wird in einer geschlossenen Apparatur verbrannt.

Auch hier ist keine Massenveränderung vor und nach der Reaktion festzustellen. Diese Beobachtungen wurden in vielfältiger Weise von Naturwissenschaftlern bestätigt. ANTOINE L. LAVOISIER (1743–1794) erkannte als Erster die gesetzmäßigen Zusammenhänge zwischen den Massen der Ausgangsstoffe und den Massen der Endstoffe. Dieses Gesetz nannte er das **Gesetz von der Erhaltung der Masse.**

▶ Bei chemischen Reaktionen ist die Masse der Ausgangsstoffe gleich der Masse der Endstoffe.

Versuche

1 Man hängt zwei Ballen Eisenwolle mit der gleichen Masse an eine Balkenwaage. Wenn die Waage im Gleichgewicht ist, erhitzt man einen Ballen und beobachtet (▷B 3).
(Feuerfeste Unterlage! Schutzbrille!)

2 Man gibt 1 g Eisenwolle in ein Reagenzglas und verschließt es mit einem durchbohrten Stopfen und einem Glasrohr, auf dem luftdicht ein mit Sauerstoff gefüllter Luftballon (Ø ca. 40 cm) befestigt ist (▷B 2). Man wiegt die Apparatur, entzündet danach die Eisenwolle mit der Brennerflamme und wiegt nach der Reaktion erneut.

3 Stelle eine auf Kork befestigte kleine Kerze in eine zu zwei Dritteln mit Wasser gefüllte Glaswanne. Stülpe ein Becherglas über die Kerze und wiege die gesamte Apparatur. Entzünde dann die Kerze unter dem Becherglas. Beobachte und erkläre (▷B 4).

Zeitpunkt

Die Waage als Messinstrument

Lavoisier – einer der bedeutendsten Chemiker des 18. Jahrhunderts
Antoine Laurent Lavoisier (1743–1794; ▷B 1) zählt zu den Wegbereitern der modernen Chemie. Er stellte zum Beispiel Untersuchungen über die Analyse und Synthese von Wasser an. Er war auch an der Umstellung der Maße und Gewichte auf das Dezimalsystem beteiligt. Er führte die Waage als Messinstrument bei chemischen Reaktionen ein.

Die Waage – eine Revolution in der Chemie
Lavoisier erkannte bei einem Experiment zur Wasseruntersuchung, dass beim Erwärmen offensichtlich kein Massenverlust auftritt. Um diesen Sachverhalt genauer untersuchen zu können, wog Lavoisier das Glasgefäß und ließ drei Monate lang Tag und Nacht Wasser in diesem Gefäß unter Rückfluss sieden. Es sammelte sich im Laufe dieser Zeit am Boden des Glasgefäßes ein erdiger Rückstand, der aus der Reaktion des Wassers mit dem Glasgefäß stammte. Lavoisier wog den Rückstand und das Gefäß. Er stellt fest, dass das Gefäß genau um den Betrag dieses Rückstandes leichter geworden war.

1 A. L. Lavoisier

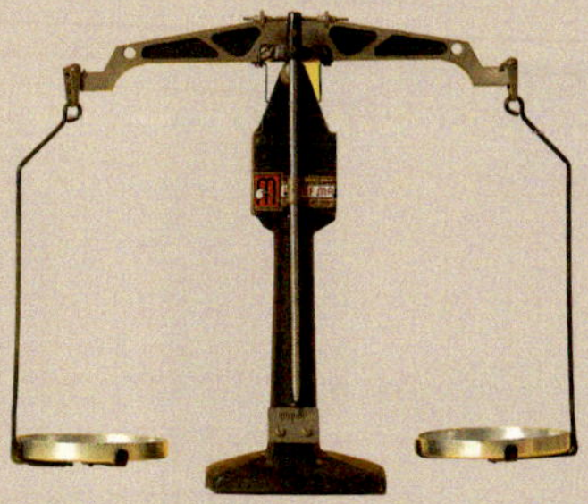
2 Historische Apothekerwaage

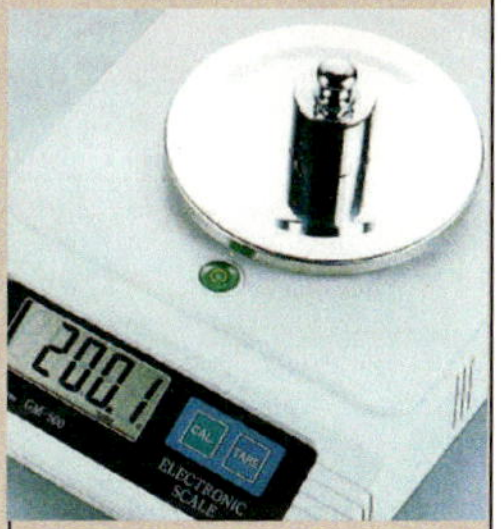

3 Moderne Laborwaage

Lavoisier führte viele ähnliche Versuche durch und formulierte 1789 das noch heute gültige Gesetz von der Erhaltung der Masse:
„Man könne von dem Grundsatz ausgehen, dass vor und nach einer Operation die gleiche Menge an Materie vorliegt."

Werkstatt

Werden Stoffe „leichter" oder „schwerer"?

1 Streichholzköpfe werden verbrannt

Material
Schutzbrille, Gasbrenner, Zange, 2 dünnwandige Reagenzgläser, Reagenzglashalter, Stopfen mit Bohrung und passendem kurzem Glasrohr, Klebeband, Bindfaden, Schere, Waage, 10 Streichhölzer, Luftballon

Versuchsanleitung
a) Knipse mit der Zange die Köpfe von den Streichhölzern ab. Gib 5 Streichholzköpfe in ein Reagenzglas und wiege die Apparatur. Verbrenne dann die Streichholzköpfe im Reagenzglas über der Brennerflamme. Halte dabei das Reagenzglas mit dem Reagenzglashalter. Wenn sich die Streichholzköpfe entzündet haben, lass die Apparatur abkühlen und wiege erneut.

b) Gib 5 Streichholzköpfe in das zweite Reagenzglas. Verschließe das Reagenzglas mit einem durchbohrten Stopfen. Führe das Glasrohr in den Stopfen ein und befestige einen Luftballon mit Faden und Klebeband so auf dem Glasrohrende, dass dieser dicht abschließt (▷B 1).
Wiege die Apparatur. Verbrenne nun die Streichhölzer über der Brennerflamme. Wiege die Apparatur nach dem Erkalten erneut.

Aufgaben
1. Wie sind die Beobachtungen aus Versuch b) zu erklären?

2. Wie unterscheiden sich Versuch 1a) und b)? Erkläre.

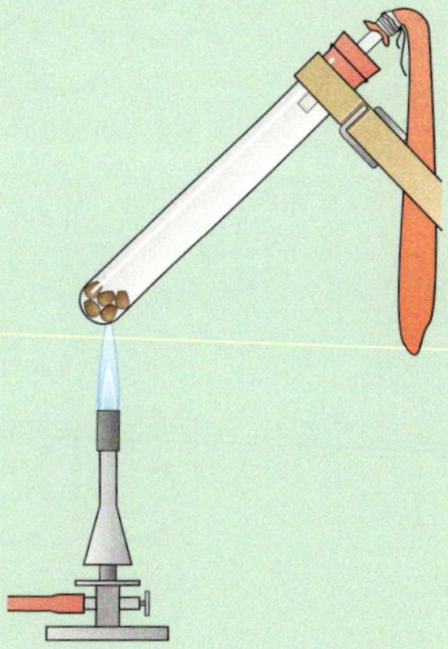
1 Streichholzköpfe werden verbrannt.

1 DALTON und seine Atomvorstellungen

Die Atomvorstellungen nach DALTON
Kleinste, unteilbare Teilchen erhielten von griechischen Philosophen wie DEMOKRIT und ARISTOTELES den Namen **atomos** (griech.: unteilbar). Mehr als 2000 Jahre fand der Atombegriff kaum Anwendung. Erst als die Schriften griechischer Gelehrter im Mittelalter ins Lateinische übersetzt wurden, tauchte der Begriff wieder auf. Wesentliche Aussagen zur Vorstellung über Atome stammen von JOHN DALTON (1766–1844). 1808 veröffentlichte er ein Buch mit dem Titel: „A new system of chemical philosophy“. Darin schrieb er seine Gedanken zu der Atomvorstellung nieder (▷ B 1).

Atome erhalten Zeichen und Symbole
Wie die griechischen Philosophen konnte auch DALTON die Atome nicht sehen. Er entwickelte lediglich Vorstellungen (Modelle) zur Erklärung verschiedener Phänomene. DALTON führte dazu Kreise als Symbole für Atome ein. Zur Unterscheidung der verschiedenen Atomsorten versah er die Kreise mit Punkten, Linien oder Anfangsbuchstaben der Elemente. Auf diese Weise erhielt jedes damals bekannte Element ein bestimmtes Symbol (▷ B 2).

Ein Element besteht aus einer einheitlichen Atomsorte.

Gehen Elemente wie z. B. Wasserstoff und Sauerstoff eine Verbindung ein, so bleiben Größe, Masse und Gestalt der einzelnen Atome erhalten. Sie ordnen sich nur auf eine bestimmte Art neu an. Die Teilchen des Wassers bestehen aus zwei Wasserstoffatomen und einem Sauerstoffatom. Daher setzt sich das Symbol für die Verbindung Wasser aus den Symbolen für Sauerstoff- und Wasserstoffatome zusammen.

Das Molekül
Eine Verbindung, die aus mindestens 2 miteinander verbundenen Atomen besteht, wird **Molekül** (lat.: moles, Masse, Klumpen) genannt. Die Atome eines Moleküls können gleichartig oder verschiedenartig sein. So sind im Wasserstoffmolekül zwei Wasserstoffatome miteinander verbunden, im Wassermolekül jedoch zwei Wasserstoffatome und ein Sauerstoffatom (▷ B 3). Gase, wie z. B. Wasserstoff oder Sauerstoff, sind aus Molekülen mit jeweils zwei gleichartigen Atomen aufgebaut.

Moleküle setzen sich aus mindestens zwei Atomen zusammen. Viele Gase bestehen aus zweiatomigen Molekülen.

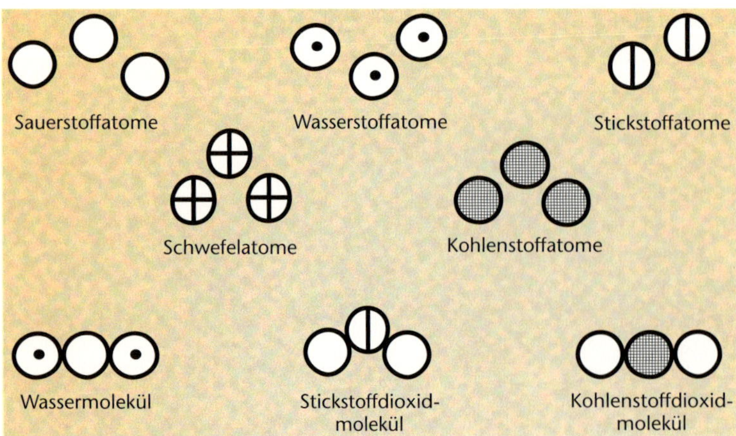

2 Symbole für Atome und Moleküle nach DALTON

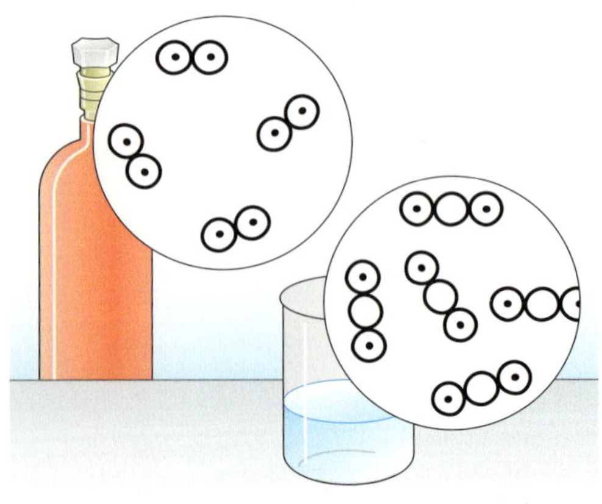

3 Wasserstoff- und Wassermoleküle nach DALTON

Die chemische Reaktion als Umgruppierung von Teilchen

1 Holzkohle besteht fast nur aus Kohlenstoffatomen.

2 Sauerstoff besteht aus Sauerstoffmolekülen.

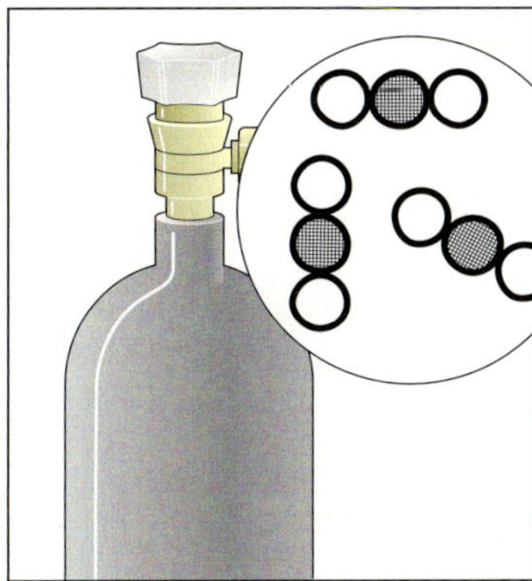

3 Kohlenstoffdioxid besteht aus Kohlenstoffdioxidmolekülen.

Verbrennt Holzkohle in einem Sauerstoffstrom, so entsteht ein Oxid mit dem Namen Kohlenstoffdioxid. Es kann mit Kalkwasser nachgewiesen werden (▷ B 5). Die Ausgangsstoffe besitzen andere Eigenschaften als das Reaktionsprodukt Kohlenstoffdioxid – eine chemische Reaktion hat stattgefunden.

Die Bildung von Molekülen – Teilchen gruppieren sich um

Holzkohle besteht weitgehend aus Kohlenstoffatomen (▷ B 1). Das Gas Sauerstoff besteht aus Molekülen, die aus je zwei Sauerstoffatomen zusammengesetzt sind (▷ B 2). Atome bleiben laut DALTON unverändert.
Das Gesetz von der Erhaltung der Masse lässt sich dadurch erklären, dass bei der Reaktion keine Atome verloren gehen.

Es hat sich lediglich die Anordnung der Atome geändert. Das Kohlenstoffdioxidmolekül, welches hier entsteht, setzt sich zusammen aus einem Kohlenstoffatom und zwei Sauerstoffatomen (▷ B 3). Bei der chemischen Reaktion hat eine **Umgruppierung der Atome** stattgefunden (▷ B 5).

Bei chemischen Reaktionen lösen sich Atome aus ihren Verbänden und bilden neue Anordnungen. Es findet eine Umgruppierung der Atome statt.

mono	1
di	2
tri	3
tetra	4

4 Griechische Vorsilben

Aufgabe

1 Flüssiges Wasser entsteht, wenn Wasserstoffgas mit Sauerstoffgas reagiert. Erkläre diesen Vorgang mithilfe der Umgruppierung der Teilchen.

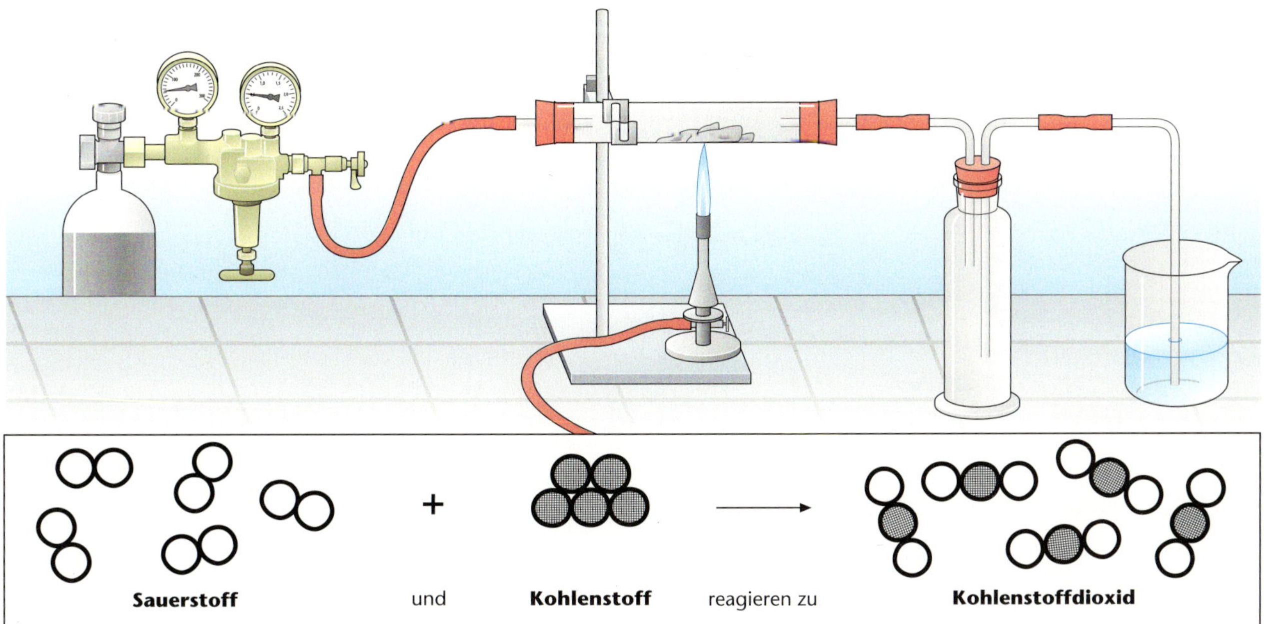

5 Die chemische Reaktion als Umgruppierung von Atomen

Zeitpunkt

Symbole im Wandel der Zeit

1 Alchemistische und astrologische Symbole

Die Symbolsprache der Alchemisten
Seit Urzeiten verwenden die Menschen Zeichen und Symbole zur Kommunikation. Im Mittelalter erfanden die Alchemisten eine Symbolsprache für chemische Stoffe und chemische Vorgänge. Sie verschlüsselten ihre Erkenntnisse so, dass sie nur von Eingeweihten verstanden und angewendet werden konnten. Zudem stellte ein einziges alchemistisches Symbol den Teil einer ganzen philosophischen Weltanschauung dar und diente auch als magisches Beschwörungszeichen.

Im Zentrum von Bild 1 ist das alchemistische Symbol für Quecksilber dargestellt, das von anderen Symbolen für weitere Metalle umgeben ist. Die Symbole können auch astrologisch gedeutet werden. Bei dem alchemistischen Symbol für Quecksilber ist der Kreis ein Symbol für die Sonne und der Halbkreis ein Symbol für den Mond. Die dritte Grundfigur, das Kreuz, steht für die Erde und erinnert an die vier Himmelsrichtungen, aber auch an die „vier Grundelemente" Feuer, Wasser, Luft und Erde (▷B3).

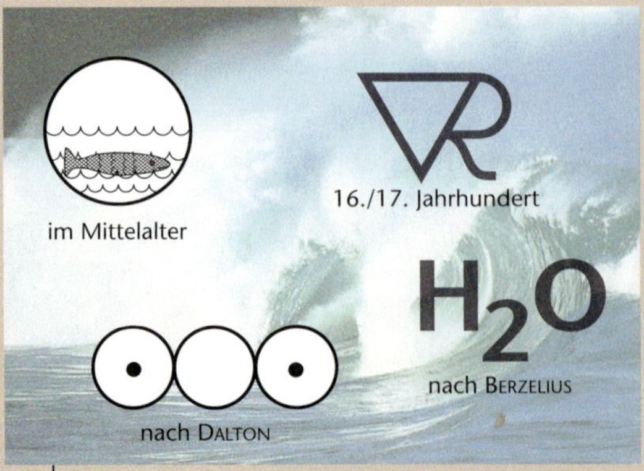

2 Das Symbol für Wasser im Wandel der Zeit

3 Die „vier Elemente" Feuer, Wasser, Luft und Erde

Symbole wandeln sich
Man wählt Symbole, wenn man durch ein einfaches Bild oder ein Zeichen Ideen sichtbar, nachvollziehbar und greifbar machen möchte. Ein Herz steht z. B. als Symbol für die Liebe und hat mit dem eigentlichen biologischen Organ wenig gemeinsam.
Inzwischen hat sich jedoch die Vorstellung von den Stoffen gewandelt und dementsprechend haben sich auch die Symbole geändert. Das Symbol für Quecksilber lautet heute Hg.

Auch für das Wasser sind im Laufe der Jahrhunderte verschiedene Symbole überliefert worden (▷B2).

Manche Symbole – wie das Herz – kann jeder verstehen. Die Bedeutung anderer Symbole – wie z. B. die der chemischen Zeichensprache – müssen erst gelernt werden.

Aufgaben

1 Suche im Internet nach mindestens fünf alchemistischen Symbolen und ihren Bedeutungen.

2 Erkläre, warum Feuer, Wasser, Luft und Erde nach heutiger Vorstellung keine Elemente sind.

Brennpunkt

Das Spiel mit den Teilchen

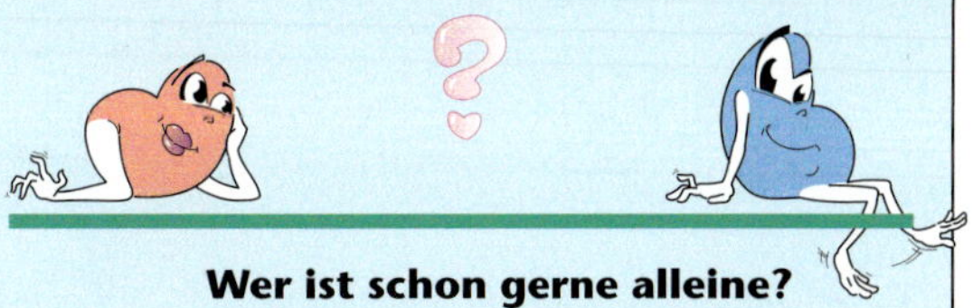

Wer ist schon gerne alleine?

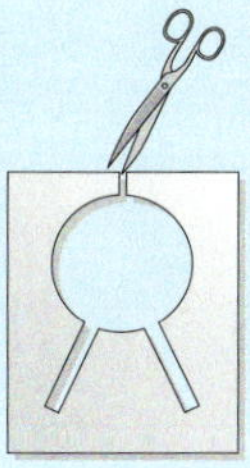

Atome schließen sich nach festen Spielregeln zu größeren Gruppen zusammen. Ein Atom eines Elements geht häufig nur eine bestimmte Anzahl von Bindungen ein.

● Fertige aus einer festen Pappe eine Schablone an, indem du Kreise (Durchmesser 3 cm) mit ein, zwei, drei oder vier „Armen" ausschneidest!

Farbe	Arme	Symbol	Name
weiß	1	H	Wasserstoff
grün	1	Cl	Chlor
rot	2	O	Sauerstoff
blau	3	N	Stickstoff
schwarz	4	C	Kohlenstoff

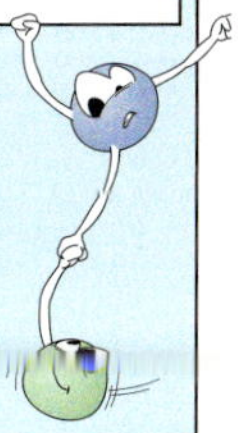

Atommodelle – eine Phantasievorstellung

Chemiker haben für ihre Phantasien dreidimensionale Modelle geschaffen. Der spielerische Umgang mit diesen Modellen bereitet Vergnügen und gibt Aufschluss darüber, wie sich Atome verbinden.

● Schau dir genau an, was du in einem Molekülbaukasten vorfindest. Baue die Teile nach deinen Vorstellungen zusammen und beschreibe.

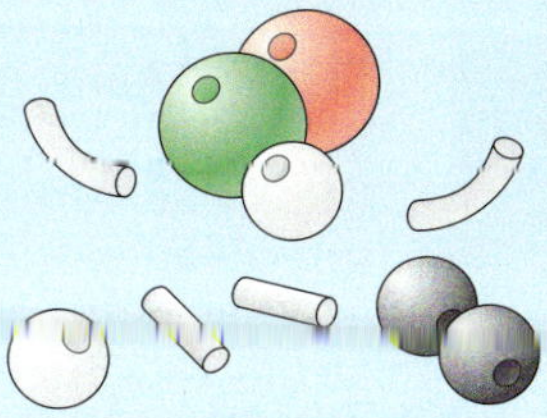

● Erstelle mithilfe der Schablone „Teilchengruppen" nach deinen Vorstellungen. Die Teilchen müssen sich dabei an den Händen fassen und es darf keine Hand frei bleiben. Zur Kennzeichnung kannst du die Teilchen einfärben, ihr Symbol oder ihren Namen verwenden.

Türschilder aus Phantasieland

Postboten sind immer in Zeitdruck. Darum sind Türschilder auch so gestaltet, dass die Boten möglichst schnell sehen können, wer in einem Haus wohnt.

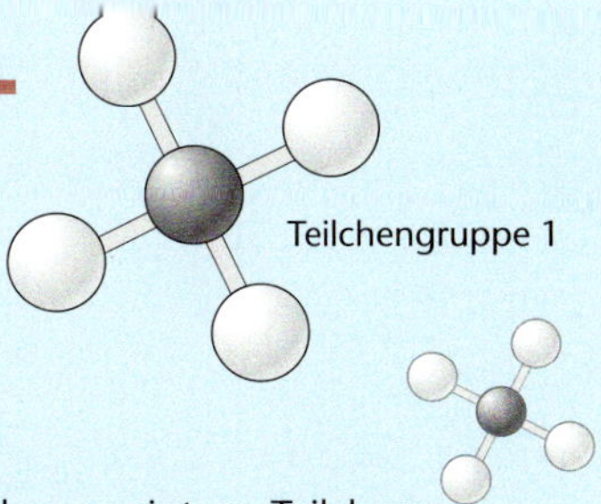

Teilchengruppe 1

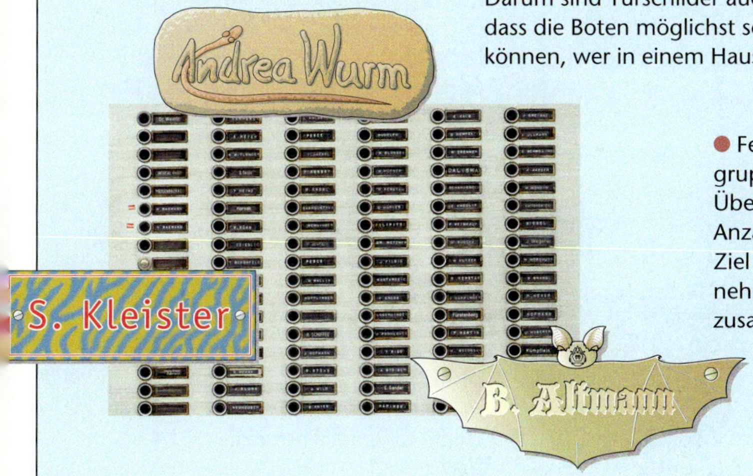

● Fertige für die beiden gezeigten „Teilchengruppen" Türschilder an.
Übersetze dazu sowohl die Art wie auch die Anzahl der Teilchen in einen sinnvollen Namen. Ziel ist, dass der Postbote möglichst schnell entnehmen kann, wie viele und welche Teilchen hier zusammenhängen!

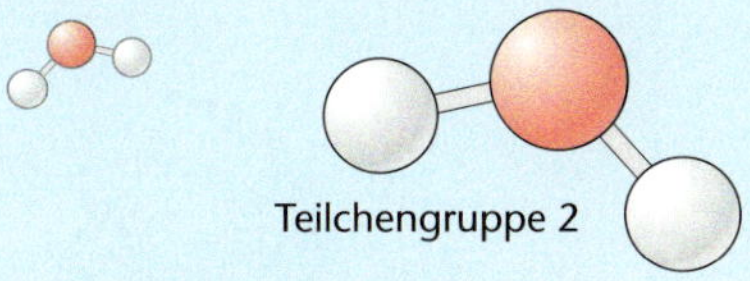

Teilchengruppe 2

CO_2

O_2

H_2O

„Die chemischen Zeichen müssen Buchstaben sein, damit sie ohne Verunzierung gedruckt werden können (...) Ich wähle deshalb als Zeichen die Anfangsbuchstaben im lateinischen Namen eines jeden Grundstoffes".

1 BERZELIUS und die chemische Zeichensprache

Cu

H_2

CuO

C

Al_2O_3

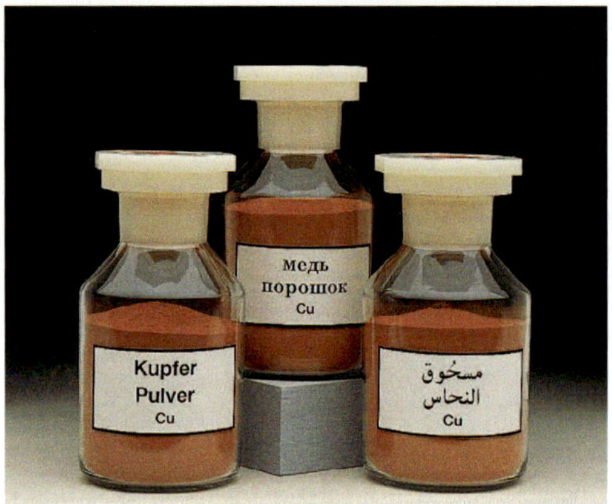

2 Symbole sind international verständlich.

Elementname	**Symbol**	**Namensursprung/ Bedeutung**
Wasserstoff	H	lat.: Hydrogenium, Wasserbildner
Sauerstoff	O	lat.: Oxygenium, Säurebildner
Stickstoff	N	lat.: Nitrogenium, Salpeterbildner
Eisen	Fe	lat.: Ferrum
Kohlenstoff	C	lat.: Carbon, Kohle
Kupfer	Cu	lat.: Cuprum, aus Zypern
Schwefel	S	lat.: Sulfur
Silber	Ag	lat.: Argentum, Argentinien
Gold	Au	lat.: Aurum
Quecksilber	Hg	lat.: Hydrargyrum, flüssiges Silber
Blei	Pb	lat.: Plumbum
Zinn	Sn	lat.: Stannum
Chlor	Cl	griech.: chloros, gelbgrün

3 Die Herleitung der Symbole

Die Entwicklung der heutigen Symbolschreibweise

Die noch heute gebräuchlichen Symbole wurden zu Beginn des 19. Jahrhunderts von dem schwedischen Naturwissenschaftler JÖNS JAKOB BERZELIUS (1779–1848) in die Chemie eingeführt. In seinen „Annals of Philosophy" beschrieb er 1811 seine Idee, die Anfangsbuchstaben der griechischen oder lateinischen Namen als Symbole für die Elemente zu verwenden.

Bei gleichen Anfangsbuchstaben – z. B. Carbon und Cuprum – wird zur Unterscheidung bei einem der beiden Elemente der zweite Buchstabe hinzugefügt. Dabei wird der erste Buchstabe immer groß und der zweite Buchstabe immer klein geschrieben (▷B3).

Die chemische Formel

Sind in einem Molekül mehrere Atome miteinander verbunden, so werden sie durch eine chemische Formel beschrieben, wie zum Beispiel H_2O oder CO_2.

▶ Die chemische Formel gibt die Art und die Anzahl der miteinander verbundenen Atome an.

Die Art der Atome wird dabei durch die entsprechenden Symbole und die Anzahl der jeweiligen Atome im Molekül durch eine kleine, tiefgestellte Zahl angegeben. Die „1" wird nicht mitgeschrieben. Die Formel H_2O besagt, dass in einem Wassermolekül zwei Wasserstoffatome und ein Sauerstoffatom miteinander verbunden sind.

Aufgaben

1 Zeichne die Moleküle Stickstoffdioxid, Kohlenstoffdioxid und Wasser in der DALTON´schen Vorstellung. Suche dann für jedes Kreissymbol das entsprechende Symbol von BERZELIUS heraus und „übersetze" so die Formel in die moderne Schreibweise!

2 Schreibe die Formel:
a) Ein Methanmolekül besteht aus einem Kohlenstoffatom und vier Wasserstoffatomen.
b) Ein Ammoniakmolekül besteht aus einem Stickstoffatom und drei Wasserstoffatomen.

3 Deute folgende Formeln:
a) SO_2, b) O_3, c) H_2SO_4.

„(…) Ein Atom eines bestimmten Elements kann nur eine bestimmte Anzahl von Bindungen eingehen!“

1 Sir Edward Frankland

Atom	Symbol	Wertigkeit
Wasserstoff	H	I
Magnesium	Mg	II
Sauerstoff	O	II
Stickstoff	N	III
Aluminium	Al	III
Kohlenstoff	C	IV

2 Die Wertigkeit einiger Atome

Die Wertigkeit von Atomen

Die Formel für Wasser ist H_2O und nicht HO. Wie kann man ermitteln, wie viele Atome einer Sorte jeweils in einem bestimmten Molekül miteinander verbunden sind?

Der englische Chemiker Sir Edward Frankland (1825 – 1899) schlug 1852 in diesem Zusammenhang in seiner Veröffentlichung „Philosophical Transaction“ zum ersten Mal das Konzept der Wertigkeiten vor. Die Wertigkeit eines Atoms gibt an, wie viele Wasserstoffatome es binden oder ersetzen kann. Zahlreiche Untersuchungen haben gezeigt, dass das Wasserstoffatom selbst immer einwertig ist. Die Wertigkeit eines Atoms wird mit einer römischen Zahl gekennzeichnet (▷ B 2).

▶ Die Wertigkeit eines Elementes gibt an, wie viele Wasserstoffatome von einem Atom dieses Elements gebunden oder ersetzt werden können.

Aufgaben

1 Ermittle die Formel für
a) Magnesiumoxid,
b) Natriumsulfid (Natrium ist I-wertig und Schwefel II-wertig).

2 Vergleiche die Abbildungen der „Steckbausteine“ aus (▷ B 3) mit den jeweiligen Atomen im Molekülmodell in (▷ B 4).

Bis zur Zeit Edward Franklands wurde als Formel für Wasser oft noch HO geschrieben. Nach dem Konzept der Wertigkeiten ergibt sich aber, dass ein Sauerstoffatom zwei Wasserstoffatome binden kann. Das Sauerstoffatom ist also II-wertig und die Formel muss dementsprechend H_2O lauten (▷ B 4).

Bestimmung von Formeln mithilfe der Wertigkeit

1. Schritt: Wertigkeit ermitteln
Die Wertigkeiten der einzelnen Atome werden aus der Tabelle abgelesen und den jeweiligen Atomen zugeordnet. Als Modell können Steckbausteine dienen (▷ B 3).

2. Schritt: Wertigkeiten ausgleichen
Die Atome werden durch Vervielfachen solange ergänzt, bis alle Steckplätze belegt sind. Ein II-wertiges Sauerstoffatom kann demnach zwei I-wertige Wasserstoffatome binden.

3. Schritt: Formel erstellen
Die Anzahl gleichartiger Steckbausteine wird in der Formel durch eine kleine, tiefgestellte Zahl verdeutlicht. Die „1“ wird nicht geschrieben. Die Formel von Wasser lautet also H_2O.

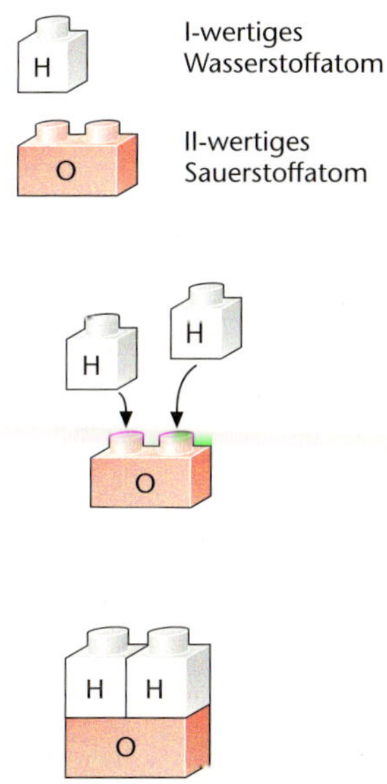

3 Der Weg zur Formel

4 Das Wassermolekül

Strategie

Die Bildung chemischer Formeln

Durch die Idee FRANKLANDS steht uns eine einfache Methode zum Aufstellen chemischer Formeln zur Verfügung. Je nachdem, was dir lieber ist, kannst du sie spielerisch oder rechnerisch ermitteln. Als Beispiel soll die Formel von Aluminiumoxid ermittelt werden.

Formeln spielerisch erstellen

1. Schritt: Man liest aus einer Tabelle die Wertigkeit der Atome ab und verdeutlicht sie mithilfe von Steckbausteinen. Die Anzahl der Steckplätze entspricht der Wertigkeit des jeweiligen Atoms.

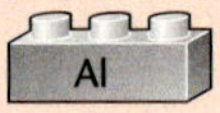

Aluminium (Al)
III-wertig

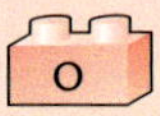

Sauerstoff (O)
II-wertig

2. Schritt: Nun werden die Atome durch Vervielfachen so ergänzt, dass alle Steckplätze „belegt" sind.

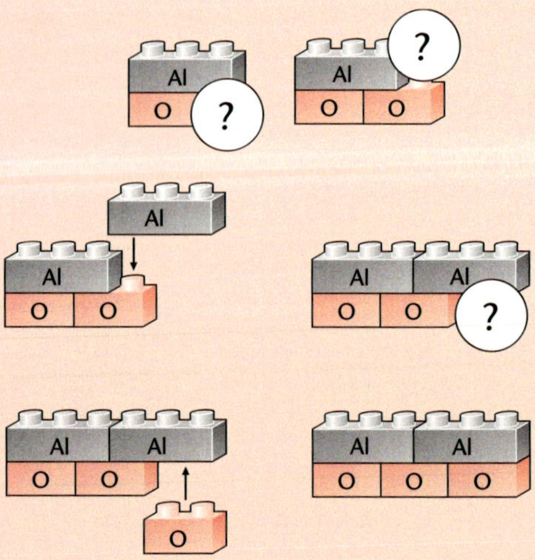

3. Schritt: Die Anzahl der Atome im Verbindungsteilchen kann nun abgelesen werden. Sie wird in der Formel hinter dem Symbol als tiefgestellte arabische Zahl geschrieben.

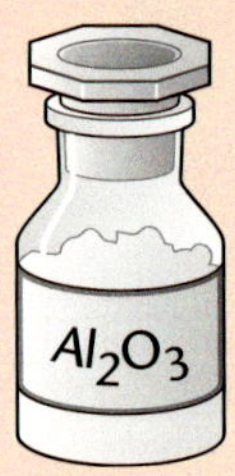

Formeln rechnerisch ermitteln

1. Schritt: Der Name der Verbindung wird aufgeschrieben und die Namen der beteiligten Elemente in unterschiedlichen Farben unterstrichen. In unserem Beispiel handelt es sich um eine Verbindung von Aluminium mit Sauerstoff.

<u>Aluminium</u><u>oxid</u>

Daraufhin werden die Elementsymbole zugeordnet.

Aluminiumatom: Al
Sauerstoffatom: O

2. Schritt: Es wird eine Hilfsformel aufgestellt, die nur die Art der beteiligten Stoffe als Symbol enthält.

AlO

3. Schritt: Die Wertigkeiten der Atome werden aus der Tabelle abgelesen.

Al: III-wertig
O: II-wertig

4. Schritt: Das kgV (kleinstes gemeinsames Vielfaches) der Wertigkeiten wird ermittelt.

Das kgV von III und II ist 6

5. Schritt: Es wird zu jeder Wertigkeit eine Zahl ermittelt, mit der diese multipliziert werden muss, um das kgV zu ergeben.

III x 2 = 6
II x 3 = 6

6. Schritt: Der ermittelte Multiplikator wird in der Hilfsformel dem Atom mit der entsprechenden Wertigkeit zugeordnet. Der Multiplikator wird hinter das Symbol als tiefgestellte, arabische Zahl geschrieben.

Al_2O_3

Ein Modell für die Reaktionsgleichung

Ein Ausflug ins Grüne

Bei einem Ausflug ins Grüne sollte man sich reichlich mit Getränken versorgen.

Der Getränkehändler, zu dem du fährst, ist ein ganz komischer Kauz! Er verkauft dir immer nur eine Flasche Cola, wenn du gleichzeitig 2 Flaschen Limonade dazu kaufst. Du kommst mit 4 Flaschen Limonade aus dem Laden. Wie viele Flaschen Cola hast du gekauft?

Nicht im Zweierpack

Damit nicht genug. Der Getränkehändler lagert die Flaschen in Zweierpacks, gibt aber nur Dreierpacks ab. Die Flaschen müssen also auch noch entsprechend umgepackt werden!

Übertrage folgendes Schema in dein Heft und fülle es sinnvoll aus.
Kürze die Colaflaschen mit „A" und die Limonadenflaschen mit „B" ab!

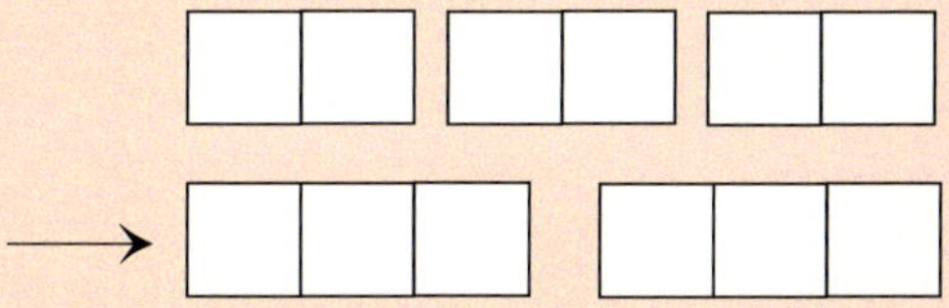

Verkürzung der Schreibweise

Im Folgenden sind einige Kurzschreibweisen angegeben. Überlege, welche Schreibweise den Ablauf beim Getränkehändler am sinnvollsten beschreibt. Begründe.

a) $2\,A + 4\,B \longrightarrow 2\,A + 4\,B$
b) $A_2 + B_4 \longrightarrow A_2 + B_4$
c) $A_2 + B_4 \longrightarrow AB_2 + AB_2$
d) $A_2 + 2\,B_2 \longrightarrow 2\,AB_2$
e) $2\,A + B_4 \longrightarrow 2\,AB_2$

Eine Modellvorstellung

Unser Besuch beim Getränkehändler stellt ein Modell für die chemische Reaktionsgleichung dar. Die vollständige Reaktionsgleichung für die Bildung von Wasser aus den Elementen lautet:

$$2\,H_2 + O_2 \longrightarrow 2\,H_2O$$

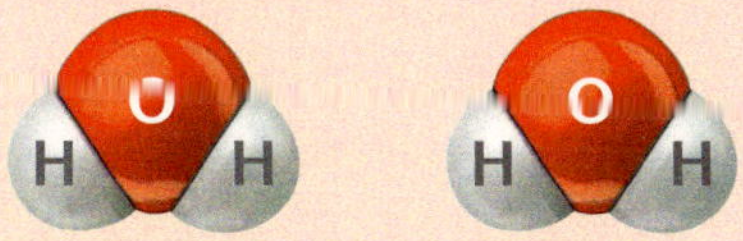

Aufgaben

1 Formuliere das Reaktionsschema für die Reaktion $2\,H_2 + O_2 \longrightarrow 2\,H_2O$.

2 Welche Atomsorte entspricht im Modell den Limonadenflaschen, welche den Colaflaschen?

3 Erkläre, was während einer chemischen Reaktion passiert.

4 Erkläre, was die „große 2" und die „tiefgestellte 2" aussagen.

Vom Reaktionsschema zur Reaktionsgleichung
Bei der Reaktion von Sauerstoff mit Eisen bildet sich Eisenoxid.
Diese Reaktion kann durch ein Reaktionsschema in Worten formuliert werden:

Eisen + Sauerstoff ⟶ Eisenoxid

Ein solches Reaktionsschema ist weder international verständlich, noch kann daraus abgelesen werden, wie viele Atome an der Reaktion beteiligt sind.
Mithilfe der chemischen Symbolsprache ist es nun möglich, solche Reaktionsschemata kürzer, verständlicher und genauer zu formulieren.

1. Schritt: Aufstellen des Reaktionsschemas in Worten
„Eisen reagiert mit Sauerstoff zu Eisenoxid." Dies ist die einfachste Formulierung einer chemischen Reaktion, die als Reaktionsschema formuliert werden kann:

Eisen + Sauerstoff ⟶ Eisenoxid

Nicht berücksichtigt ist hier die mengenmäßige Zusammensetzung der an der Reaktion beteiligten Teilchen.

Vor der Reaktion:
- Eisen ist ein Feststoff und besteht nur aus Eisenatomen.
- Sauerstoff liegt in Form von zweiatomigen Molekülen vor (▷B 1).

Nach der Reaktion:
Eisenoxid hat die Formel Fe_2O_3 (▷B 2) und die Eisenoxidteilchen können nun als „Verbindungsteilchen" bezeichnet werden. Sauerstoff ist II-wertig. Das Eisenatom ist III-wertig. Die Wertigkeit kann man auch im Namen mit angeben: Eisen(III)-oxid.

2. Schritt: Ersetzen durch Symbole und Formeln
Beachtet man die Überlegungen aus Schritt 1, so lautet die Schreibweise nun:

$Fe + O_2 \longrightarrow Fe_2O_3$

Vergleicht man die Anzahl der an der Reaktion beteiligten Atome, stellt man fest, dass pro Eisenoxidteilchen 3 Atome Sauerstoff benötigt werden. Links vom Pfeil stehen aber zunächst nur 2 Sauerstoffatome zur Verfügung. Man sagt: „Die Gleichung stimmt noch nicht".

3. Schritt: Ausgleichen des einen Reaktionspartners
Es reagieren 3 Sauerstoffmoleküle zu 2 Verbindungsteilchen Eisenoxid. Es sind nun 6 Sauerstoffteilchen auf beiden Seiten der Gleichung vorhanden.

$Fe + 3\ O_2 \longrightarrow 2\ Fe_2O_3$

4. Schritt: Ausgleichen des anderen Reaktionspartners
Wenn aber insgesamt 4 Eisenatome für 2 Verbindungsteilchen Fe_2O_3 benötigt werden, müssen auch auf der linken Seite der Gleichung 4 Eisenatome bereitgestellt werden. Die ausgeglichene Reaktionsgleichung lautet dann:

$\mathbf{4\ Fe + 3\ O_2 \longrightarrow 2\ Fe_2O_3}$

▶ In einer Reaktionsgleichung muss die Anzahl der an der Reaktion beteiligten Atome vor und nach der Reaktion gleich sein.

Aufgaben

1 Erstelle die Reaktionsgleichung für die Bildung von Wasser aus den Elementen.

2 Wie lautet die Reaktionsgleichung für die Bildung von Aluminiumchlorid (Cl ist I-wertig) aus Aluminiumatomen und zweiatomigen Chlormolekülen ?

3 Natrium (Na ist I-wertig) reagiert mit Schwefel (S ist II-wertig). Wie lautet die Reaktionsgleichung?

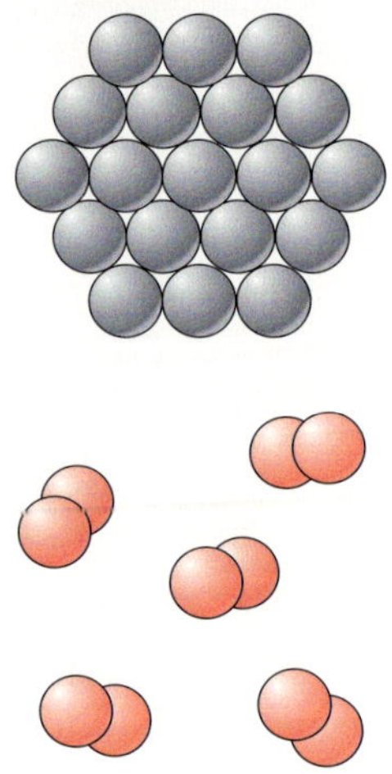

1 Eisenatome und Sauerstoffmoleküle im Modell

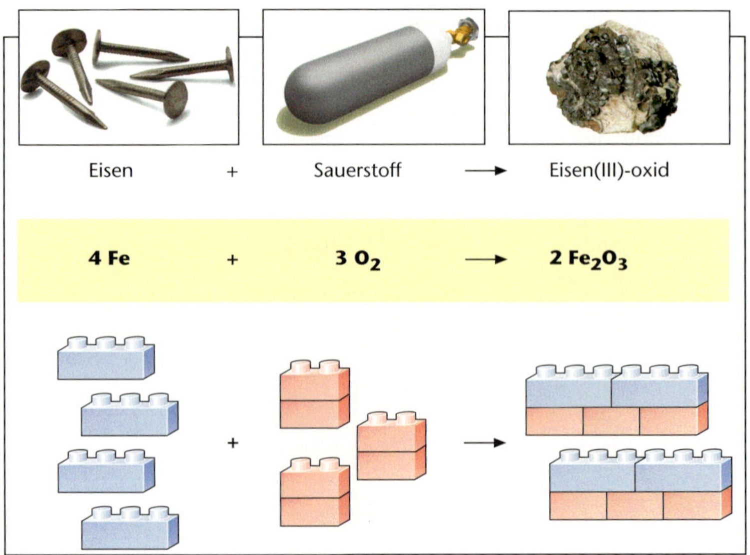

2 Vom Reaktionsschema zur Reaktionsgleichung

Brennpunkt

Bestimmung der Atommassen

Atome erkennt man an ihren Massen
Das Element Eisen enthält nur Eisenatome. Eisenatome besitzen eine bestimmte Masse, die diese von Atomen anderer Elemente eindeutig unterscheidet. Moleküle bestehen aus mindestens zwei Atomen. Die Masse eines Moleküls setzt sich daher aus den Massen der am Aufbau beteiligten Atome zusammen. Dieses Wissen um die unterschiedlichen Atom- und Molekülmassen macht man sich bei der Betrachtung chemischer Reaktionen zunutze.

Die Arbeitsweise eines Messgerätes zur Atommassenbestimmung – ein Modell
In einem Behälter befinden sich verschiedenfarbige Kugeln mit unterschiedlichen Massen (▷ B 1). Jede Kugel steht stellvertretend für ein Atom eines bestimmten Elementes. Man lässt die Kugeln auf ein Tablett fallen. Seitlich ist ein Luftgebläse angebracht, welches mit gleich bleibendem Luftstrom die Kugeln von der Seite anbläst. Die Kugeln werden nun je nach Masse unterschiedlich weit abgelenkt und in Gefäßen aufgefangen. In jedem Gefäß befinden sich Kugeln mit der gleichen Masse. Anhand einer Vergleichsskala werden die Massen der einzelnen Kugeln verglichen. Hierauf sieht man beispielsweise, dass das Chloratom eine ca. 35-mal so große Masse wie das Wasserstoffatom besitzt.

Die Arbeitsweise eines Messgerätes zur Atommassenbestimmung
Mithilfe eines Massenspektrometers lassen sich die Massen von Molekülen und Atomen heute sehr genau bestimmen (▷ B 2). Die zu untersuchenden Moleküle bzw. Atome werden elektrisch aufgeladen. Da sie verschiedene Massen und Ladungen haben, werden sie in einem Magnetfeld auch verschieden stark abgelenkt (▷ B 3). Das leichteste Atom wird am weitesten, schwerere Atome weniger weit abgelenkt. Daraus berechnen Wissenschaftler die genauen Atom- oder Molekülmassen.

Aufgabe

1 Wievielmal schwerer ist
a) das Kohlenstoffatom als das Wasserstoffatom?
b) das Schwefelatom als das Sauerstoffatom?

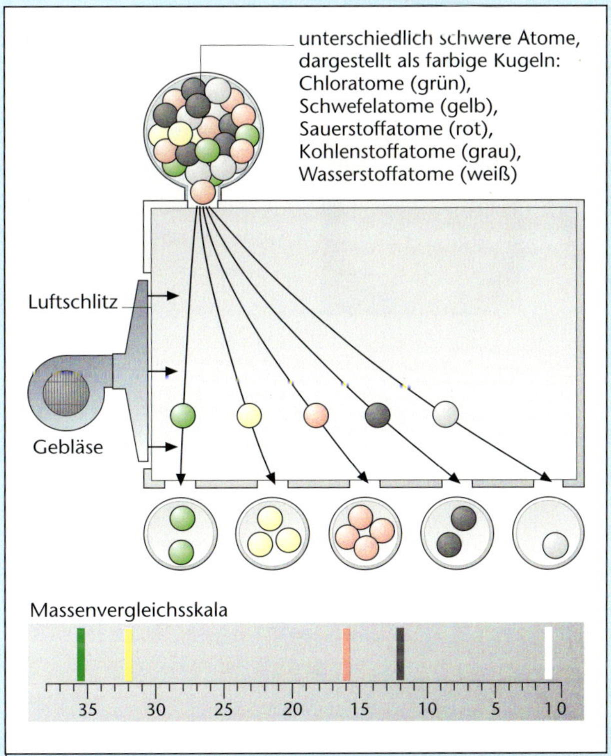

1 Modell zur Veranschaulichung eines Messgerätes zur Atommassenbestimmung

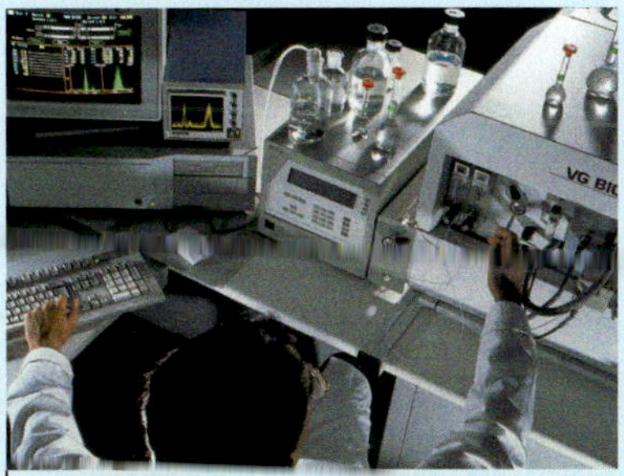
2 Massenspektrometer

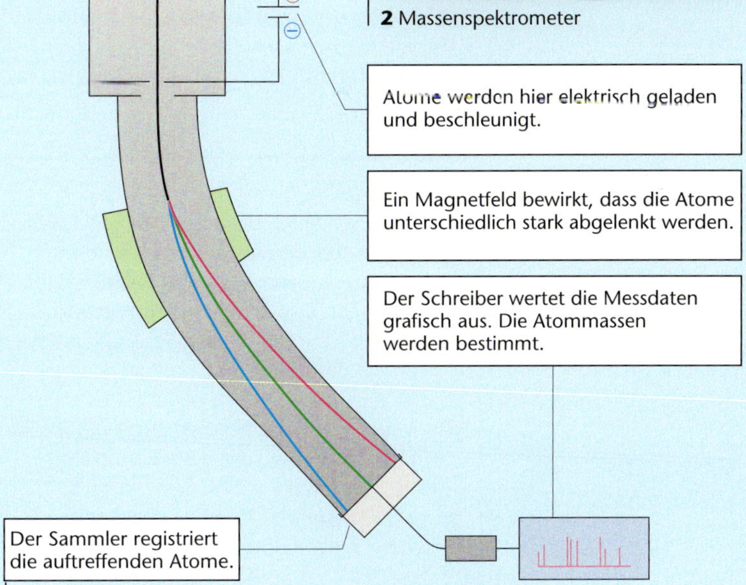

3 Schematische Schnittdarstellung eines Massenspektrometers

Teilchen werden gezählt – das Mol

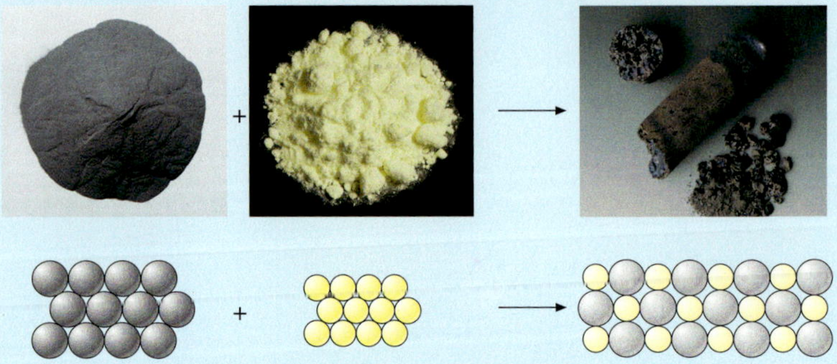

1 Eisen und Schwefel reagieren zu Eisensulfid.

Welche Masse haben Atome?
Bestimmt man die Masse eines Wasserstoffatoms in Gramm, so erhält man einen extrem kleinen Wert.

Ein Wasserstoffatom hat die Masse von 0,000 000 000 000 000 000 000 001 674 g. Solche Zahlenwerte sind für Berechnungen viel zu umständlich. Deshalb hat man eine neue Maßeinheit eingeführt: die **Atommasseneinheit** mit der Abkürzung **u** (engl.: unit, Einheit). Sie ist genau festgelegt: 1 u ist der zwölfte Teil der Masse eines Kohlenstoffatoms, das sind genau 0,000 000 000 000 000 000 000 001 661 g.

Da dieser Wert fast übereinstimmt mit der Masse des Wasserstoffatoms kann man vereinfacht auch sagen: Ein Wasserstoffatom hat etwa die Masse 1 u.
Die Masse anderer Atome kann man mithilfe der Atommasse eines Wasserstoffatoms leicht miteinander vergleichen (▷ B 2).

Versuche

1. 1,6 g Schwefelpulver werden mit 1,4 g feinem Eisenpulver gut gemischt und über dem Gasbrenner zur Reaktion gebracht. Das Reaktionsprodukt wird gewogen und auf seine Beschaffenheit untersucht (Abzug!).
2. Man wiederholt Versuch 1 mit 0,8 g Schwefelpulver und 2,8 g Eisenpulver.
3. Man wiederholt den Versuch 1 mit 1,6 g Schwefelpulver und 2,8 g Eisenpulver.

Auf das richtige Massenverhältnis kommt es an
Lässt man 1,4 g Eisen und 1,6 g Schwefel miteinander reagieren, dann bleibt ein Rest an Schwefel übrig (▷ V 1). Dagegen bleibt bei der Reaktion von 2,8 g Eisen mit 0,8 g Schwefel ein Rest Eisen übrig (▷ V 2).

Nimmt man jedoch 2,8 g Eisenpulver und 1,6 g Schwefel (▷ V 3), dann bleibt kein Rest übrig. Eisen und Schwefel reagieren vollständig zu 4,4 g Eisensulfid. Nimmt man beliebige Vielfache oder Teile dieser Stoffportionen, läuft die Reaktion ebenfalls vollständig ab. So reagieren 56 g Eisenpulver und 32 g Schwefel auch ohne Rest miteinander.
56 g Eisen und 32 g Schwefel haben dasselbe Massenverhältnis wie 2,8 g Eisen und 1,6 g Schwefel.

Gleich viele Atome reagieren
Die Reaktionsgleichung für die Reaktion von Eisen und Schwefel lautet:

$$Fe + S \longrightarrow FeS$$

Da 1 Eisenatom mit 1 Schwefelatom zu 1 Eisensulfid-Teilchen reagiert, reagieren auch bei 2,8 g Eisen und 1,6 g Schwefel (▷ V 3) gleich viele Eisenatome und Schwefelatome miteinander (▷ B 1). Ebenso sind in 56 g Eisen dann auch gleich viele Eisenatome enthalten wie Schwefelatome in 32 g Schwefel.

Schaut man ins Periodensystem der Elemente (siehe Anhang), fällt auf, dass ein Eisenatom 55,8 u wiegt und ein Schwefelatom 32,1 u.
Wie viele Atome enthalten aber 56 g Eisen bzw. 32 g Schwefel?

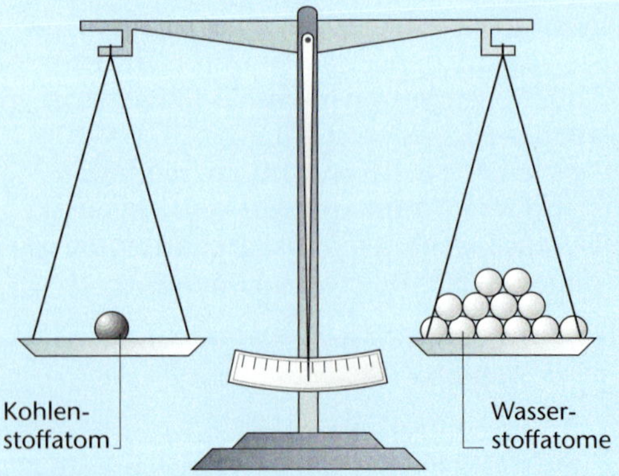

2 Ein Kohlenstoffatom wiegt so viel wie zwölf Wasserstoffatome.

Kann man Atome zählen?
Die Anzahl der Eisenatome in 56 g Eisen ist unvorstellbar groß.
56 g Eisen bestehen aus 600 000 000 000 000 000 000 000 (= $6 \cdot 10^{23}$) Eisenatomen. Auch 32 g Schwefel bestehen aus $6 \cdot 10^{23}$ Schwefelatomen. Da es umständlich ist, mit einer solch großen Zahl zu rechnen, fasst man diesen Zahlenwert zu einer neuen Einheit zusammen:
$6 \cdot 10^{23}$ = 1 mol.
Wie Gramm die Maßeinheit für die Masse *m* ist, ist Mol die Maßeinheit für die **Stoffmenge *n***. Die Stoffmenge gibt die Anzahl der Teilchen in mol an.
Jede Stoffportion, die aus $6 \cdot 10^{23}$ Teilchen besteht, hat also die Stoffmenge 1 mol dieses Stoffes (▷ B 4).

Wie viel wiegt 1 mol einer bestimmten Teilchenart?
1 Wasserstoffatom wiegt $1{,}6 \cdot 10^{-24}$ g oder 1 u. 1 mol Wasserstoffatome, also $6 \cdot 10^{23}$ Wasserstoffatome, wiegen 1 g oder $6 \cdot 10^{23}$ u.
Weil ein Schwefelatom 32-mal so schwer ist wie ein Wasserstoffatom, sind auch 1 mol Schwefelatome 32-mal so schwer wie 1 mol Wasserstoffatome, nämlich 32 g. 1 mol Eisenatome wiegen nach diesen Überlegungen 56 g und 1 mol Kohlenstoffatome 12 g.
Um zu wissen, wie viel 1 mol einer Atomart wiegt, schaut man im Periodensystem nach, wie schwer das entsprechende Atom ist.

Wie bestimmt man aber die Masse von 1 mol einer Verbindung?
Die Verbindung Eisensulfid setzt sich aus den Elementen Eisen und Schwefel zusammen. Die Masse von 1 mol Eisensulfid (FeS) ergibt sich aus der Summe der Massen von 1 mol Eisenatomen und 1 mol Schwefelatomen. 1 mol Eisensulfid hat demnach die Masse von ca. 88 g (▷ B 4).

Die richtige Anzahl ohne abzuzählen
Die Stoffmenge „erspart" dem Chemiker das Abzählen der Atome. Das wäre auch gar nicht möglich, denn man kann die Atome nicht einzeln abzählen (▷ B 3). Über die Masse eines Atoms weiß der Chemiker, welche Masse des Elementes er abwiegen muss, um 1 mol des Elementes zu erhalten.

3 Kann man Atome zählen?

Reaktionsgleichungen anders gelesen
Bei der Reaktion von Eisen mit Schwefel zu Eisensulfid reagieren die gleiche Anzahl von Atomen miteinander. Lässt man eine Teilchenanzahl von $6 \cdot 10^{23}$ Atome miteinander reagieren, kann man die Reaktionsgleichung auch folgendermaßen lesen:

$$Fe + S \longrightarrow FeS$$

Lies: 1 mol Eisenatome reagieren mit 1 mol Schwefelatomen zu 1 mol Eisensulfid.

Aufgabe

1 Wie viel Gramm Eisen und wie viel Gramm Schwefel muss man zur Reaktion bringen, um 264 g Eisensulfid zu erhalten?

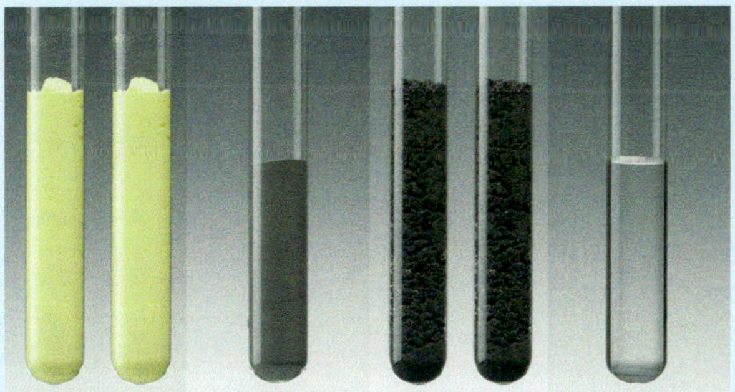

Teilchen	Schwefel (S)	Eisen (Fe)	Eisensulfid (FeS)	Wasser (H_2O)
Masse der Stoffportion (*m*) (gerundet)	32 g	56 g	88 g	18 g
Teilchenmasse (*u*)	32,1 u	55,8 u	87,9 u	18 u
Teilchenanzahl	$6 \cdot 10^{23}$	$6 \cdot 10^{23}$	$6 \cdot 10^{23}$	$6 \cdot 10^{23}$

4 1 mol verschiedener Stoffportionen

Schlusspunkt

Die chemische Zeichensprache

Das Gesetz von der Erhaltung der Masse
Bei chemischen Reaktionen ist die Masse der Ausgangsstoffe gleich der Masse der Reaktionsprodukte.

Element
Ein Element besteht aus einer einheitlichen Atomsorte.

Molekül
Ein Molekül setzt sich aus mindestens zwei Atomen zusammen. Viele Gase bestehen aus zweiatomigen Molekülen.

Die chemische Reaktion
Bei chemischen Reaktionen lösen sich die Atome aus ihren Verbänden und bilden neue Anordnungen. Es findet eine Umgruppierung der Atome statt.

Die chemische Formel
Die chemische Formel gibt die Art und die Anzahl der miteinander verbundenen Atome an (▷B 2).

Die Wertigkeit
Die Wertigkeit gibt an, wie viele Wasserstoffatome ein Atom des betreffenden Elements binden oder ersetzen kann.

Die Reaktionsgleichung
In einer Reaktionsgleichung muss die Anzahl der an der Reaktion beteiligten Atome vor und nach der Reaktion gleich sein (▷B 1).

Die Atommasseneinheit u
Die Masse eines Atoms wird in Atommasseneinheiten mit der Einheit u angegeben.

Das Mol
Die Stoffmenge n gibt die Teilchenzahl einer Stoffportion an. Die Einheit ist Mol. 1 mol: $6 \cdot 10^{23}$ Teilchen.

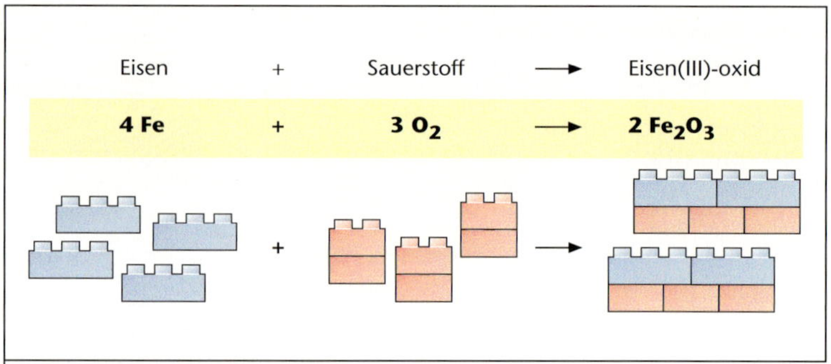

1 Aufstellen einer Reaktionsgleichung

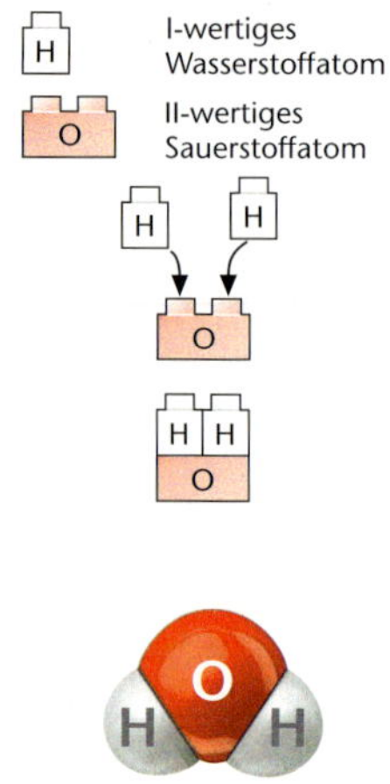

2 Der Weg zur Formel

Aufgaben

1 Magnesium (II-wertig) und Stickstoff (III-wertig) reagieren zu Magnesiumnitrid.
a) Bilde die Formel für Magnesiumnitrid,
b) formuliere Reaktionsschema und Reaktionsgleichung.

2 Deute folgende Angaben:
a) 10 H_2O,
b) 3 NH_3,
c) 4 Cl_2.

3 Erläutere mithilfe der Abbildung (▷B 3) den Ablauf einer chemischen Reaktion nach dem Teilchenmodell.

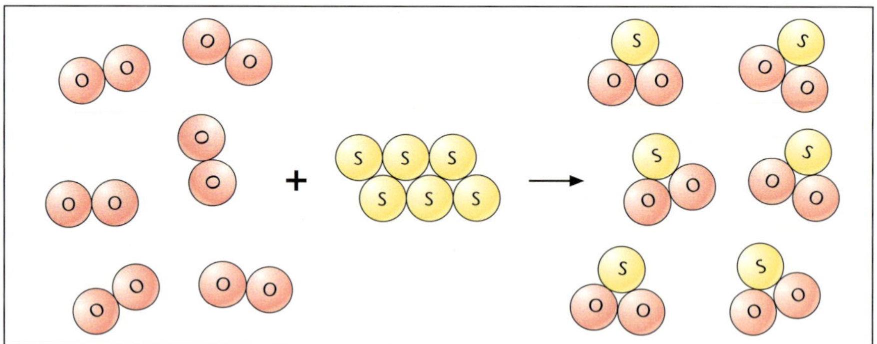
3 Zu Aufgabe 3

4 Erstelle die Reaktionsgleichung:
a) Für die Zerlegung von Eisen(III)-chlorid in seine Elemente. Beachte dabei, dass Chlor nur als zweiatomiges Molekül vorkommt.
b) Für die Synthese von Schwefeltrioxid.

5 $2\,H_2 + O_2 \longrightarrow 2\,H_2O$
a) Formuliere die Reaktionsgleichung in Worten!
b) Du setzt 2 mol Wasserstoff ein. Berechne die entsprechende Masse in Gramm.

6 Eine Aluminiumstange wiegt 108 g. Berechne die Stoffmenge der Stange in mol.

7 192 g Sauerstoff reagieren vollständig mit Aluminium zu Aluminiumoxid.
a) Berechne die Stoffmenge des Sauerstoffs in mol.
b) Berechne die benötigte Masse an Aluminium.

Chemietest
Thema: Chemische Zeichensprache

◆ **Frage 1:**

Um die Veränderung sehen zu können, müssen wir das Experiment in einer geschlossenen Apparatur durchführen. Dazu wird Eisenwolle in ein Reagenzglas gegeben und mit einem mit Sauerstoff gefüllten Ballon verschlossen. Daraufhin wird das Reagenzglas mit dem Gasbrenner erhitzt.
Als Reaktionsprodukt erhalten wir einen Stoff mit dem Namen Eisenoxid.

◆ **Frage 2:**

Eisen + Sauerstoff ⟶ Eisenoxid

◆ **Frage 3:**

Die Formel des Reaktionsproduktes Eisenoxid ist Fe_2O_3, da Eisen III-wertig und Sauerstoff II-wertig ist.
Die vorläufige Reaktionsgleichung lautet nun:
$Fe + O_2 \longrightarrow Fe_2O_3$

◆ **Frage 4:**

Da auf der linken Seite nur ein Eisenatom und zwei Sauerstoffatome, auf der rechten aber zwei Eisenatome und drei Sauerstoffatome sind, stimmt die Gleichung noch nicht.
$Fe + O_2 \longrightarrow Fe_2O_3$ / Eisenatome ausgleichen
$2\,Fe + O_2 \longrightarrow Fe_2O_3$ / Sauerstoffatome ausgleichen
$2\,Fe + 3\,O_2 \longrightarrow 2\,Fe_2O_3$ / Eisenatome ausgleichen
$4\,Fe + 3\,O_2 \longrightarrow 2\,Fe_2O_3$

◆ **Frage 5:**

a) 4 Eisenatome und 3 Sauerstoffmoleküle reagieren zu 2 Verbindungsteilchen Eisenoxid.
b) 4 mol Eisen und 3 mol Sauerstoff reagieren zu 2 mol Eisenoxid.

1 Du hast dir beim Skaten ein Bein gebrochen und mehrere Wochen im Chemieunterricht gefehlt. Dein Lehrer verlangt dennoch von dir, den letzten Test nachzuschreiben.

Du leihst dir daraufhin von einem Klassenkameraden seine schriftliche Übung aus und versuchst nun, anhand seiner Lösungen die Zusammenhänge zu verstehen.

Denn beim Kopieren sind die Aufgabenstellungen verloren gegangen. Formuliere anhand der Antworten für jeden dargestellten Schritt die Aufgabenstellung, die der Lehrer hier gestellt haben könnte.

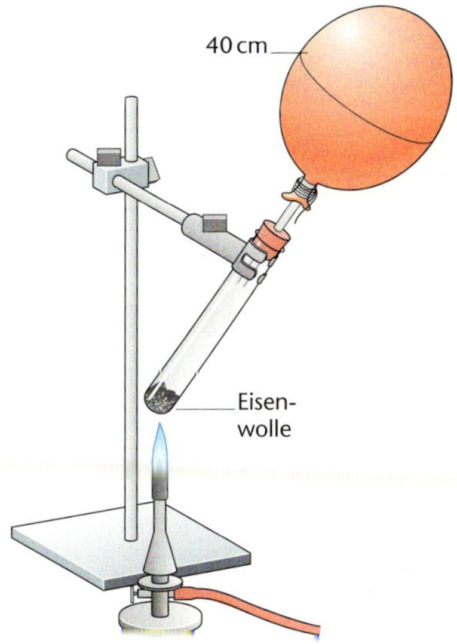

2 Der Tag des Nachschreibtests ist für dich gekommen. Deine Aufgabe lautet: „Aluminiumpulver wird in einen Verbrennungslöffel gegeben, erhitzt und in einen mit Sauerstoff gefüllten Standzylinder gehalten. Formuliere die vollständige Reaktionsgleichung und erkläre jeden der Schritte dabei ausführlich!“

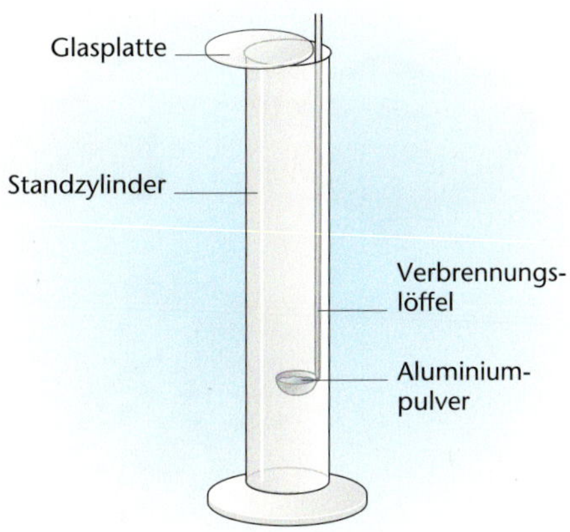

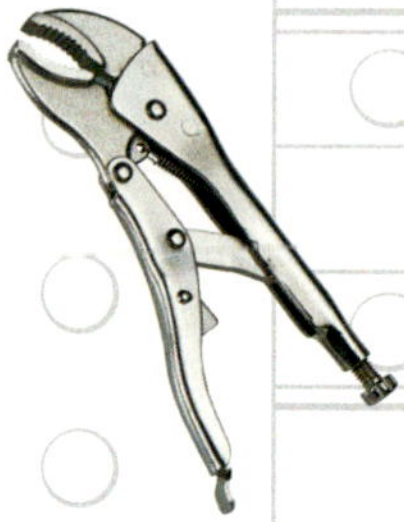

Reduktion und Redoxreaktion

Viele Metalle waren und sind wichtige Gebrauchsmetalle der Menschen. Zunächst als Schmuck oder Grabbeilagen verwendet, wurden sie bald auch als Werkzeuge oder Waffen eingesetzt. Die Erde hält solche Schätze bereit, sie müssen aber erst gehoben und chemisch aufbereitet werden.

Nennt einige Metallgegenstände aus eurem Alltag, die für euch wichtig sind.

Gold kommt „gediegen“ vor, Kupfer und Eisen in der Regel nur in Verbindungen. Erklärt den Begriff „gediegen“.

Der Mensch ist schon seit jeher an Metallen wie Eisen und Kupfer interessiert. Sie sind aber in der Natur in ihren Verbindungen „versteckt“ und so für den Menschen nicht direkt zugänglich. Kennt ihr schon einige Aufarbeitungsverfahren?

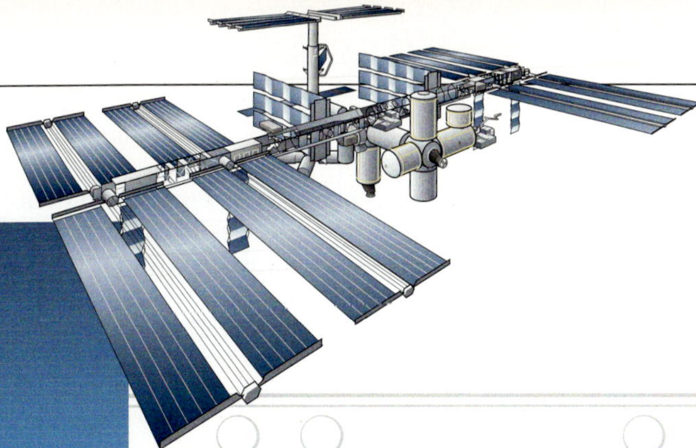

Reduktion durch Zuführen von Energie
Erhitzt man Silberoxid im Reagenzglas (▷V 1), so entsteht aus dem schwarzen Pulver eine weiße, poröse Substanz (fein verteiltes Silber). Es kann zu glänzenden Tröpfchen zusammengeschmolzen werden. Die Glimmspanprobe beweist, dass gleichzeitig Sauerstoff entstanden ist.

Silberoxid ⟶ Silber + Sauerstoff | endotherm

Die Reaktion ist **endotherm**, es muss ständig Energie zugeführt werden. Auf diese Weise kann man das Metall aus seinem Oxid herstellen.
Man sagt, das Metall ist **reduziert** (lat.: reducere, zurückführen) worden.

Eine chemische Reaktion, bei der Sauerstoff abgegeben wird, wird als Reduktion bezeichnet.

Reduktion durch ein Reduktionsmittel
Die Reduktion durch Zuführen von Energie gelingt bei vielen Metallen nur bei sehr hohen Temperaturen. Es gibt aber noch einen anderen Weg der Metallgewinnung aus dem Oxid.

Die Reaktion zwischen schwarzem Kupferoxid und Eisen (▷V 2) läuft nach dem ersten Aufglühen freiwillig weiter. Neben einem grauschwarzen Feststoff erkennt man auch rötliche Kügelchen: es ist Kupfer entstanden.

Kupferoxid + Eisen ⟶ Kupfer + Eisenoxid

Das metallische Eisen kann dem Kupferoxid den Sauerstoff entreißen.
Eisen ist ein **Reduktionsmittel**.

Eisenoxid reagiert dagegen mit Kupfer nicht (▷V 3).

Ein Stoff, der in der Lage ist, andere Stoffe zu reduzieren, wird Reduktionsmittel genannt.

Versuche

1. Man gibt 0,5 g Silberoxid in ein Reagenzglas und erhitzt mit der nicht leuchtenden Brennerflamme. Gleichzeitig wird ein glimmender Holzspan über die Öffnung des Reagenzglases gehalten. (Schutzbrille!)

2. Fülle ein Gemisch aus 1,6 g schwarzem Kupferoxid und 0,8 g Eisenpulver in ein Reagenzglas. Erhitze das Gemisch bis zum ersten Aufglühen über einer feuerfesten Unterlage. Beobachte den Ablauf der Reaktion, ohne weiter zu erhitzen. (Schutzbrille!)

3. Mische 1,6 g rotes Eisenoxid mit 0,8 g Kupferpulver und erhitze das Gemisch in einem Reagenzglas mehrfach bis zum Glühen. (Schutzbrille!)

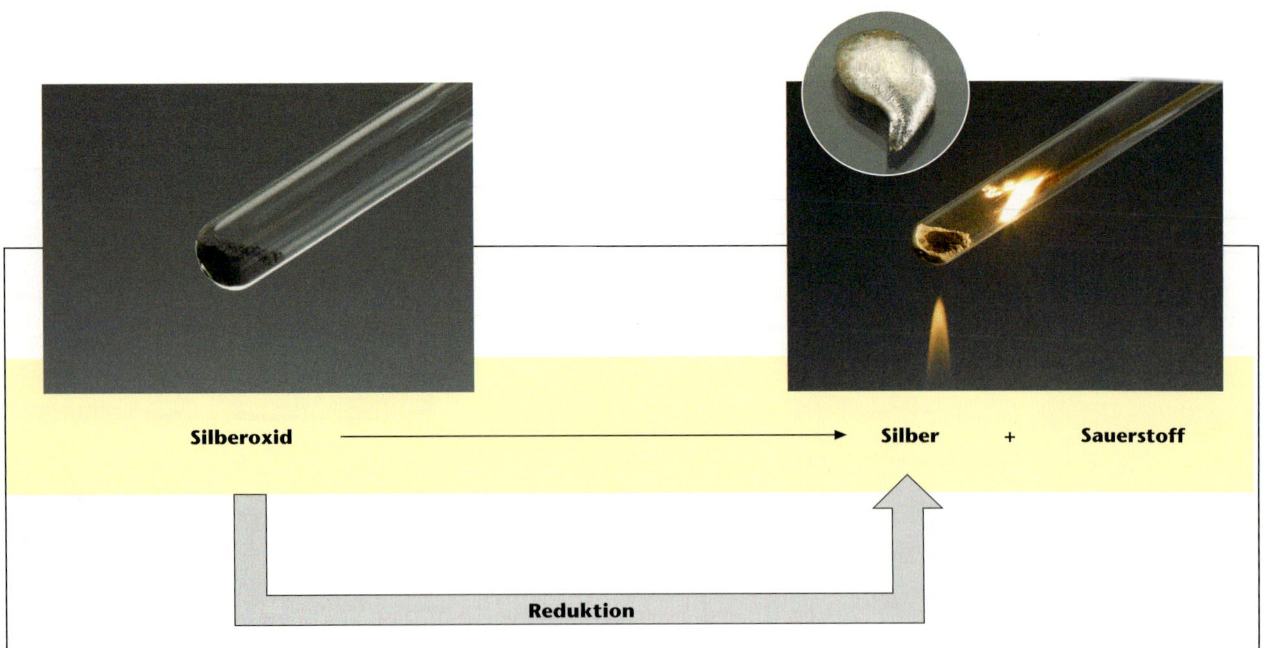

1 Silber wird reduziert.

Die Reduktion von Metalloxiden

1 Material zu Versuch 1

1 Die Reduktionskraft von Eisen

Material

Schutzbrille, Reagenzglas, Brenner, feuerfeste Unterlage, Reibschale, Reagenzglashalter, Spatellöffel, Waage, schwarzes Kupferoxid, Eisenpulver

Versuchsanleitung

Mische 1,6 g schwarzes Kupferoxid mit 0,8 g Eisenpulver in einer Reibschale und gib das Gemisch dann in ein Reagenzglas. Nun erhitze kräftig mit der rauschenden Flamme des Brenners über einer feuerfesten Unterlage.
Beobachte nach dem ersten Aufglühen den Ablauf, ohne weiter zu erhitzen.

Aufgaben

1. Fertige vor Versuchsbeginn eine Versuchsskizze an, indem du die in Bild 1 dargestellten Geräte verwendest und dabei sinnvoll zusammenfügst! Ergänze die Skizze mit den fehlenden Geräten und Chemikalien eigenständig.

2. Beschreibe deine Versuchsbeobachtungen schriftlich in deinem Heft.

3. Formuliere zunächst das Reaktionsschema und dann die Reaktionsgleichung (das Kupferatom und das Sauerstoffatom haben die Wertigkeit II).

2 Wir stellen Kupfer her

Material

Schutzbrille, Reagenzglas, Becherglas, durchbohrter Gummistopfen, gewinkeltes Glasrohr, Stativ, Doppelmuffe, Universalklemme, Gasbrenner, Reibschale mit Pistill, Filterpapier, Waage, Spatellöffel, Steinwolle, schwarzes Kupferoxidpulver, Holzkohlepulver, Kalkwasser

Versuchsanleitung

Wiege 3 g schwarzes Kupferoxid und 0,3 g Holzkohlepulver ab. Stelle aus beiden Stoffen in der Reibschale ein Gemisch her. Fülle das Gemisch in das Reagenzglas. Gib in die Reagenzglasöffnung etwas Steinwolle. Schiebe das gewinkelte Glasrohr vorsichtig in den Stopfen und verschließe das Reagenzglas damit. Bringe das Reagenzglas waagerecht so am Stativ an, dass das Glasrohr gerade in das Kalkwasser ragt und der Gasbrenner unter das Gemisch gestellt werden kann. Erhitze das Gemisch zunächst vorsichtig bis zum Glühen (▷ B 2).

Nachdem das Gemisch durchgeglüht ist, schiebe sofort die Klemme am Stativ nach oben und hebe dadurch das Glasrohr aus dem Kalkwasser. Hierdurch wird verhindert, dass das Kalkwasser in das Reagenzglas steigt.

Aufgaben

1. Beschreibe den Versuchsablauf.

2. Welche Aufgabe hat das Kalkwasser?

3. Formuliere die Reaktionsgleichung.

4. Ordne der Reaktion die Begriffe „Reduktionsmittel" und „Reduktion" sinnvoll zu.

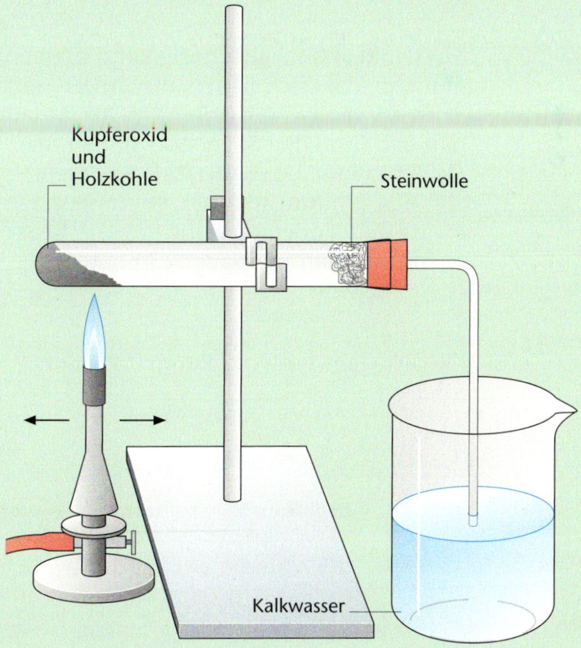

2 Wir stellen Kupfer her.

1 Kupfer, Eisen und Magnesium reagieren unterschiedlich heftig mit Sauerstoff.

Die Reduktionskraft der Metalle
Versucht man Eisenoxid mit Kupfer zu reduzieren, so setzt keine Reaktion ein. Das Eisen „hält“ den Sauerstoff „zu stark fest“. Man kann Kupfer gegenüber Eisenoxid nicht als Reduktionsmittel einsetzen.

Bindungsbestreben der Metalle
Die Elemente haben ein unterschiedlich starkes Bestreben, mit Sauerstoff zu reagieren (▷B 1). Nach diesem Bestreben lassen sich die Metalle einteilen. Metalle, deren Reaktionsbereitschaft mit Sauerstoff groß ist, werden unedle Metalle genannt. Metalle wie Gold und Silber sind Edelmetalle. Sie besitzen ein geringes Bindungsbestreben zu Sauerstoff (▷B 2).

Wer wird reduziert, wer wird oxidiert?

Kupferoxid + Eisen ⟶ Kupfer + Eisenoxid

Aus der Reaktionsgleichung kann man entnehmen, dass sich Sauerstoff „lieber“ mit Eisen als mit Kupfer verbindet. Außerdem hält das Eisen den Sauerstoff stärker fest als das Kupfer. Der Sauerstoff wechselt also den Bindungspartner, wenn man ein Metall verwendet, das eine größere Reaktionsbereitschaft mit Sauerstoff hat.

Das Eisen nimmt den Sauerstoff auf – es wird oxidiert. Das Kupferoxid hingegen gibt den Sauerstoff ab. Es wird reduziert. Mit der Reduktion ist gleichzeitig eine Oxidation abgelaufen. Chemiker sprechen von einer **Redoxreaktion**. Der Begriff Redoxreaktion ist eine Wortschöpfung aus den Begriffen **Red**uktion und **Ox**idation.

Eine chemische Reaktion, bei der eine Reduktion und eine Oxidation zusammen auftreten, wird als Redoxreaktion bezeichnet.

Reduktionsmittel und Oxidationsmittel – Mittel zum Zweck
Ein Stoff, der in der Lage ist, andere Stoffe zu reduzieren, heißt Reduktionsmittel. Er wird während der Reaktion selbst oxidiert. Dementsprechend werden Stoffe, die in der Lage sind, Sauerstoff auf andere Stoffe zu übertragen, als Oxidationsmittel bezeichnet. Der Stoff wird während des chemischen Vorgangs selbst reduziert.

Reduktion und Oxidation laufen gleichzeitig ab. Der eine Vorgang findet nicht ohne den anderen statt.
Bei der Wort- und der Reaktionsgleichung kann dies verdeutlicht werden.

Reduktion (Kupferoxid → Kupfer)
Kupferoxid + Eisen ⟶ Kupfer + Eisenoxid
Oxidation (Eisen → Eisenoxid)

Reduktion (CuO → Cu)
$CuO + Fe \longrightarrow Cu + FeO$
Oxidation (Fe → FeO)

2 Reaktionsbereitschaft von Metallen mit Sauerstoff

Versuche

1 Ein schwer schmelzbares Reagenzglas (wie in Bild 3) wird etwa 3 cm hoch mit Sand beschickt. Dieser wird mit einer Pipette mit so viel Wasser befeuchtet, wie er aufnehmen kann. Es darf keine Flüssigkeit mehr austreten, wenn man das Reagenzglas waagerecht hält. Das Reagenzglas wird nun in ein Stativ eingespannt. In das Reagenzglas schiebt man ein Knäuel blankgeschmirgeltes Magnesiumband. Zum Auffangen des entstehenden Gases wird das Reagenzglas mit einem durchbohrten Gummistopfen verschlossen, an den ein gewinkeltes Glasrohr angeschlossen wird (Stahlwollesicherung!). Das Magnesiumband wird nun zunächst stark mit der Brennerflamme erhitzt. Danach wird der feuchte Sand fächelnd erhitzt. Wenn das Metall aufglüht, wird nur noch die Wasserdampfentwicklung fortgesetzt. Mit dem aufgefangenen Gas wird die Knallgasprobe durchgeführt. (Schutzscheibe! Schutzbrille!)

2 In einen mit Kohlenstoffdioxid gefüllten Standzylinder (am Boden Sand) führt man ein brennendes Magnesiumband ein. (Schutzbrille! Nicht direkt in die Flamme sehen!)

Wir haben Redoxreaktionen zwischen Metallen und Metalloxiden kennen gelernt. Die Nichtmetalloxide Wasser und Kohlenstoffdioxid können aber ebenfalls reduziert werden.

Aufgaben

1 Ordne in den folgenden Reaktionsgleichungen die Begriffe Oxidation, Reduktion, Oxidationsmittel und Reduktionsmittel sinnvoll zu:
a) $FeO + Zn \longrightarrow ZnO + Fe$
b) $PbO + Zn \longrightarrow Pb + ZnO$
c) $PbO + Fe \longrightarrow Pb + FeO$
d) $CuO + Pb \longrightarrow Cu + PbO$

2 a) Formuliere für die Reaktion von Wasser mit Magnesium die Reaktionsgleichung.
b) Ordne die Begriffe Oxidation, Reduktion, Oxidationsmittel und Reduktionsmittel sinnvoll zu.

3 Überlege, ob es möglich ist, Wasser auch mit Hilfe von Kupfer zu reduzieren!

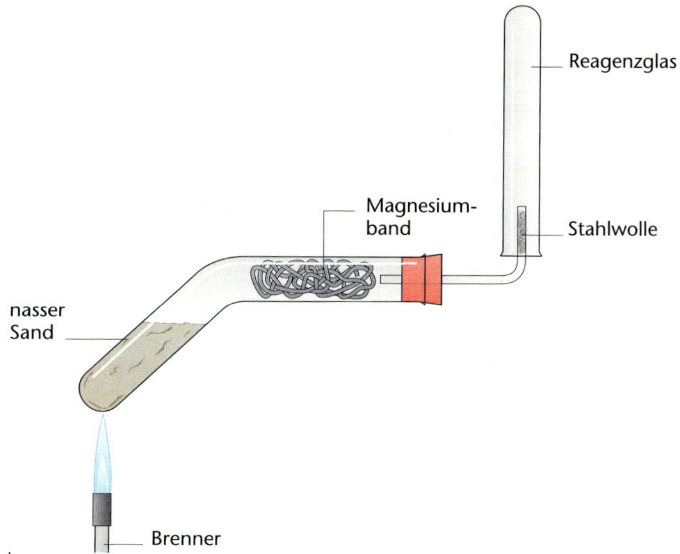

3 Die Reduktion des Wassers durch Magnesium

Die Reduktion des Wassers
Wasserdampf kann durch heißes Magnesium reduziert werden (▷ B 3). Dabei wird der Sauerstoff auf das Metall übertragen und dort gebunden. Es bildet sich Magnesiumoxid. Wasserstoff wird freigesetzt, kann aufgefangen und durch die Knallgasprobe nachgewiesen werden (▷ V 1).

Das Metall ist also in der Lage, dem Wasser (Wasserstoffoxid H_2O) den Sauerstoff zu entreißen. Das Wasserstoffoxid ist reduziert worden. Magnesium hat Wasser reduziert. Auch hier findet eine Redoxreaktion statt.

Reduktion (Wasser → Wasserstoff)

Wasser + Magnesium ⟶ Wasserstoff + Magnesiumoxid

Oxidation (Magnesium → Magnesiumoxid)

Das Oxidationsmittel ist in diesem Fall das Nichtmetalloxid Wasser.

Die Reduktion von Kohlenstoffdioxid
Die Reduktionskraft des Magnesiums reicht aus, um Kohlenstoffdioxid zu Kohlenstoff zu reduzieren (▷ V 2). Es entstehen Magnesiumoxid und fester Kohlenstoff.

Reduktion (CO_2 → C)

$$CO_2 + 2\,Mg \longrightarrow C + 2\,MgO$$

Oxidation (Mg → MgO)

Dabei stellt Magnesium das Reduktionsmittel dar und wird selbst oxidiert. Kohlenstoffdioxid ist das Oxidationsmittel und wird selbst reduziert.

4 Magnesium reagiert mit Kohlenstoffdioxid.

1 Der ICE fährt auch bei hohen Geschwindigkeiten ohne Erschütterungen.

Das Thermitverfahren

Moderne Züge müssen auch bei hohen Geschwindigkeiten möglichst ohne Erschütterungen fahren. Kilometerlange Gleise können nicht in einer Fabrik hergestellt werden. Transportierbare Schienen müssen deshalb erst auf der Trasse zusammengeschweißt werden, damit daraus Schienen „ohne Unterbrechung" entstehen. Das Schweißverfahren hierzu heißt **Thermitverfahren.**

Ein Versuch soll dieses Verfahren verdeutlichen (▷V 1; B 3). Die extrem helle Flamme und die weit sprühenden Funken weisen auf eine äußerst heftige exotherme Reaktion hin. Durch die Öffnung im Boden des Blumentopfes tropft flüssiges Material in den Sand. Nach dem Erkalten kann man durch Untersuchung mit einem Magneten dieses Material als Eisen identifizieren.

Es läuft eine Redoxreaktion ab, bei der Aluminium dem Eisenoxid den Sauerstoff entzieht. Aluminium bindet den Sauerstoff folglich stärker als Eisen.

Durch die stark exotherme Reaktion wird so viel Wärme frei, dass das Eisen weit über seine Schmelztemperatur hinaus erhitzt wird.

Fließt das flüssig gewordene Eisen zwischen die Enden der zu verbindenden Eisenbahnschienen, werden diese auch flüssig. Das Material verschmilzt. Eine Form verhindert das seitliche Abfließen und bildet die Schiene (▷B 2).

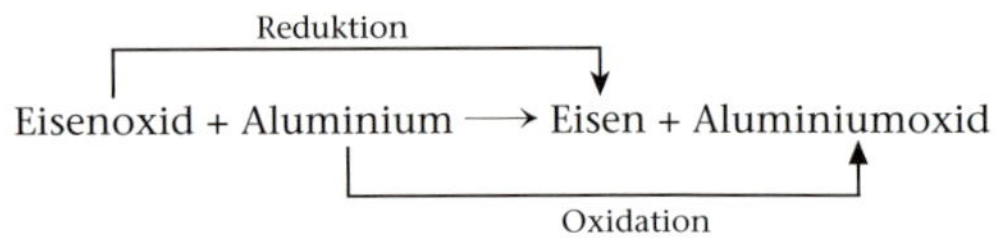

Versuch

1 Ein Thermitgemisch aus 15 g rotem, trockenem Eisenoxid, 5 g Aluminiumgrieß und 0,5 g Aluminiumpulver wird in eine Hülse aus Alufolie geschüttet, die in einem mit Sand gefüllten Blumentopf steckt. Auf das Gemisch gibt man etwas Magnesiumpulver. Man steckt in das Gemisch ein Magnesiumband und zündet es an (▷B 3).
(Schutzbrille! Schutzhandschuhe! Nur im Freien durchführen! Sicherheitsabstand! Feuerfeste Unterlage, z. B. Sandwanne, benutzen!)

2 Durch die Thermitreaktion entstehen „Endlosschienen."

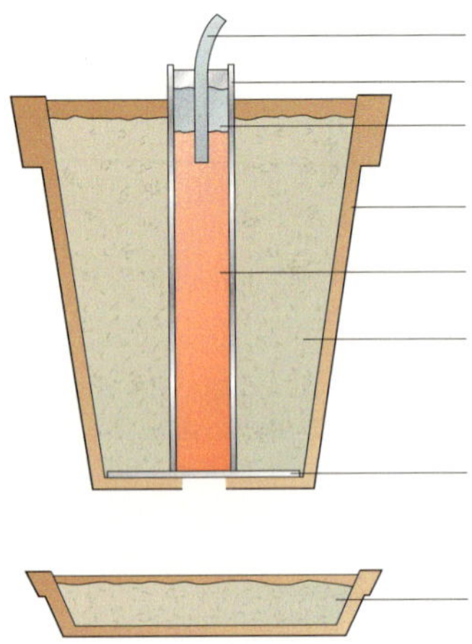

3 Der Versuchsaufbau zum Thermitverfahren

Chemie und Internet

Chemisches Wissen aus dem Internet
Im Internet sind auf mehr als einer Milliarde Seiten neben vielen fragwürdigen Inhalten auch viele interessante, wichtige und neue Informationen zu finden. Auch zu Fragen der Chemie gibt es Antworten.
So könnte man der Frage nachgehen, wer das Thermitverfahren erfunden hat. Dies soll mithilfe des Internets beantwortet werden. Dabei lernt man, mit dem neuen Medium umzugehen.

A. Adresszeile eines Browsers
Die Eingabe einer bekannten **Internet-Adresse** in die Adresszeile (▷ B 1) eines Browsers führt direkt auf die Homepage oder Domäneseite eines Anbieters. Beispielsweise führen die Adressen www.BASF.de oder www.bayer.de oder www.Schering.de auf die Domäneseiten großer Chemiekonzerne.
Oft sind geeignete Adressen jedoch nicht bekannt, sodass andere Wege zur Informationsfindung gewählt werden müssen.

B. Suchmaschinen nutzen
Suchmaschinen sind Programme zum Finden von Internetseiten. Unter der Adresse www.suchfibel.de findet man eine große Auswahl von Suchmaschinen.

Bekannte Suchmaschinen sind: www.google.de, www. yahoo.de oder www.altavista.de.
Unterschiedliche Suchmaschinen liefern unterschiedliche Ergebnisse.
Das erste Suchwort soll „Thermitverfahren“ sein.
In kürzerster Zeit liefert die Suchmaschine eine Auswahl von mehreren hundert Seiten (▷ B 2).

Zusätzlich stehen im Netz auch **Metasuchmachinen** (z. B. www.metager.de) zur Verfügung. Diese bewerten nach Eingabe eines Suchwortes verschiedene Suchmaschinen nach der Anzahl der Treffer.

C. Intelligent suchen
Suchmaschinen lassen zu, nach mehreren Begriffen gleichzeitig zu suchen. Die Begriffe müssen nur durch ein Leerzeichen getrennt sein oder man setzt ein „+“ (bzw. „und“ oder „and“) zwischen die Begriffe.
Gibt man beispielsweise die Begriffe „Thermitverfahren + Erfinder“ ein, werden nur noch Seiten angezeigt, die beide Suchworte gleichzeitig enthalten. Die Seitenanzahl lässt sich dadurch erheblich verringern (▷ B 3).

Aufgaben

1 Suche aus dem Internet mithilfe der Verknüpfungsfunktion Belege für die Anwendungsmöglichkeiten des Thermitverfahrens.

2 Suche den Bildungsserver von Niedersachsen.

3 Finde im Internet Informationen zum Thema „Verwendung von Aluminium“.

1 Die Adresszeile

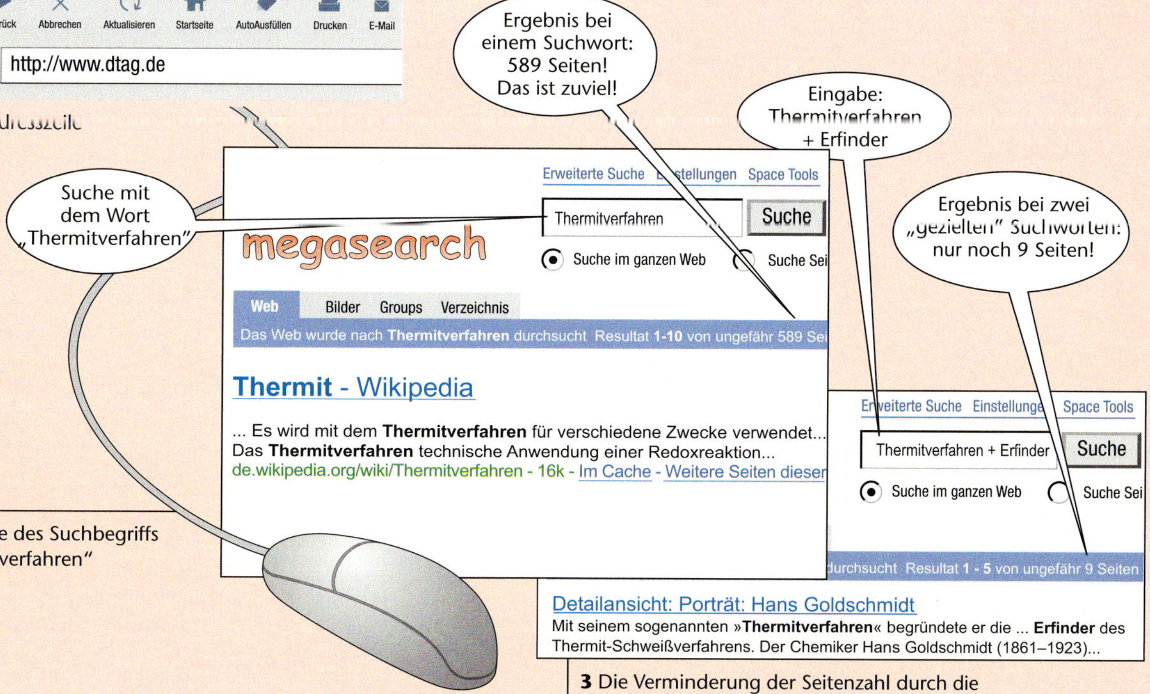

2 Eingabe des Suchbegriffs „Thermitverfahren“

3 Die Verminderung der Seitenzahl durch die Verknüpfung von Suchbegriffen mit „+“

Der Hochofenprozess

1 Eisenerz

2 Koks

4 Hochofenanlage

Eisen aus Eisenerz

Die Herstellung von Eisen ist eine wichtige Grundlage für den technischen Fortschritt. Eisen wird in einem Hochofen (▷ B 4) durch Reduktion von Eisenoxid mit Kohlenstoff gewonnen. Eingesetzt werden Eisenerze (Eisenoxide) und Steinkohlenkoks, der aus fast reinem Kohlenstoff besteht. Koks entsteht durch Erhitzen von Steinkohle unter Luftabschluss (Verkokung).

Redoxreaktionen im Hochofen

Im Hochofen werden in einem ständigen Prozess von oben Erz, Koks und Zusatzstoffe zugeführt, während von unten heiße Luft (Heißwind) mit ca. 1300 °C eingeblasen wird (Gegenstromprinzip, ▷ B 5).

Kohlenstoff kann mit dem Sauerstoff der heißen Luft zwei unterschiedliche gasförmige Oxide bilden: Kohlenstoffmonooxid und Kohlenstoffdioxid.

Im Hochofen entsteht zunächst durch das Einblasen der heißen Luft hauptsächlich das giftige Gas Kohlenstoffmonooxid.

Kohlenstoff + Sauerstoff ⟶ Kohlenstoffmonooxid

Kohlenstoffmonooxid steigt im Hochofen auf und entzieht, da es ein starkes Reduktionsmittel ist, dem von oben kommenden Eisenoxid den Sauerstoff. Es wird dabei zu Kohlenstoffdioxid oxidiert. Gleichzeitig entsteht aus dem Eisenoxid durch Reduktion Eisen.

Eisenoxid + Kohlenstoffmonooxid ⟶ Eisen + Kohlenstoffdioxid

Das sich bildende Kohlenstoffdioxid reagiert in der darüber liegenden Koksschicht wieder zu Kohlenstoffmonooxid.

Kohlenstoffdioxid + Kohlenstoff ⟶ Kohlenstoffmonooxid

Im unteren Teil des Hochofens wird Eisen direkt durch den Kohlenstoff reduziert:

Eisenoxid + Kohlenstoff ⟶ Eisen + Kohlenstoffmonooxid

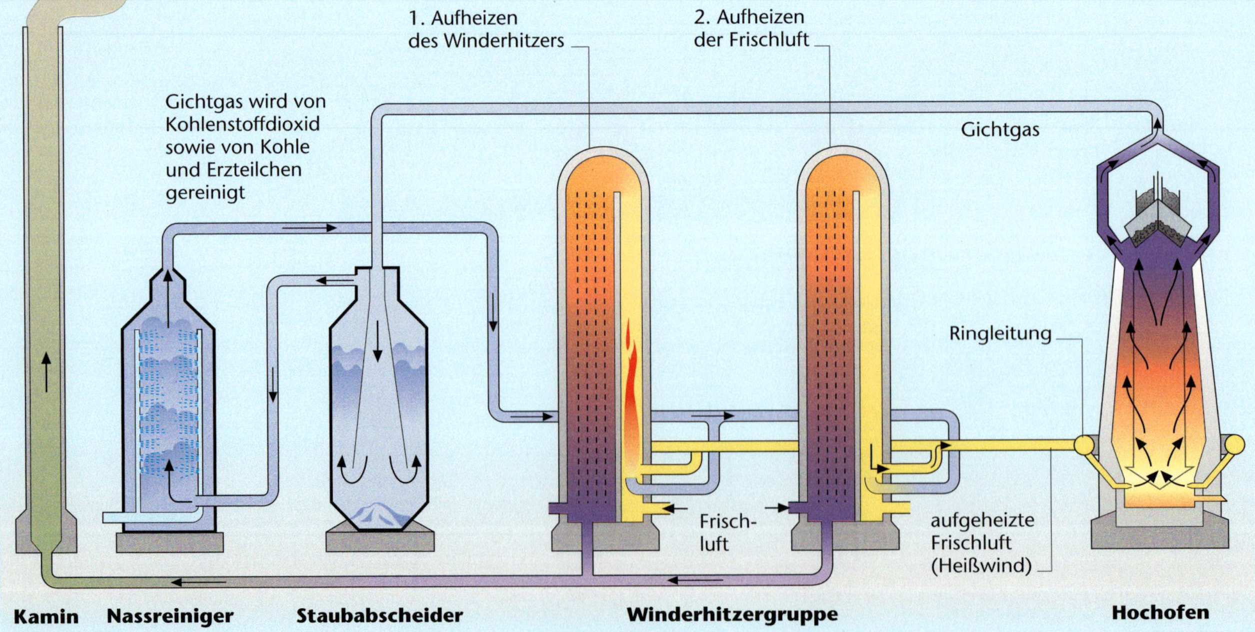

3 Funktion einer Hochofenanlage

Die Hochofenanlage

Im Hochofen entstehende Gase und Gase, die vom eingeblasenen Heißwind übrig bleiben, entweichen als Gichtgas. Das Gichtgas ist brennbar und kann wieder im Hochofen verwertet werden. Vorher wird es im Nassreiniger und Staubabscheider gereinigt (▷B3). Dann wird es in den Winderhitzer geleitet, wo es unter Luftzufuhr verbrannt wird. Mit der frei werdenden Hitze wird Frischluft aufgeheizt, die als Heißwind in den Ofen geleitet wird.

Hochofenabstich

Das entstandene Eisen ist aufgrund der hohen Temperatur im unteren Teil des Hochofens flüssig. Es sammelt sich auf dem Boden des Hochofens. Dort wird es von Zeit zu Zeit „abgestochen“ (▷B6). Die Zusatzstoffe, die so genannten Zuschläge, reagieren mit den Verunreinigungen des Erzes. Dabei entsteht Schlacke, die auf dem Roheisen schwimmt. Diese Schlacke wird für die Zementherstellung und im Straßenbau verwendet.

6 Hochofenabstich

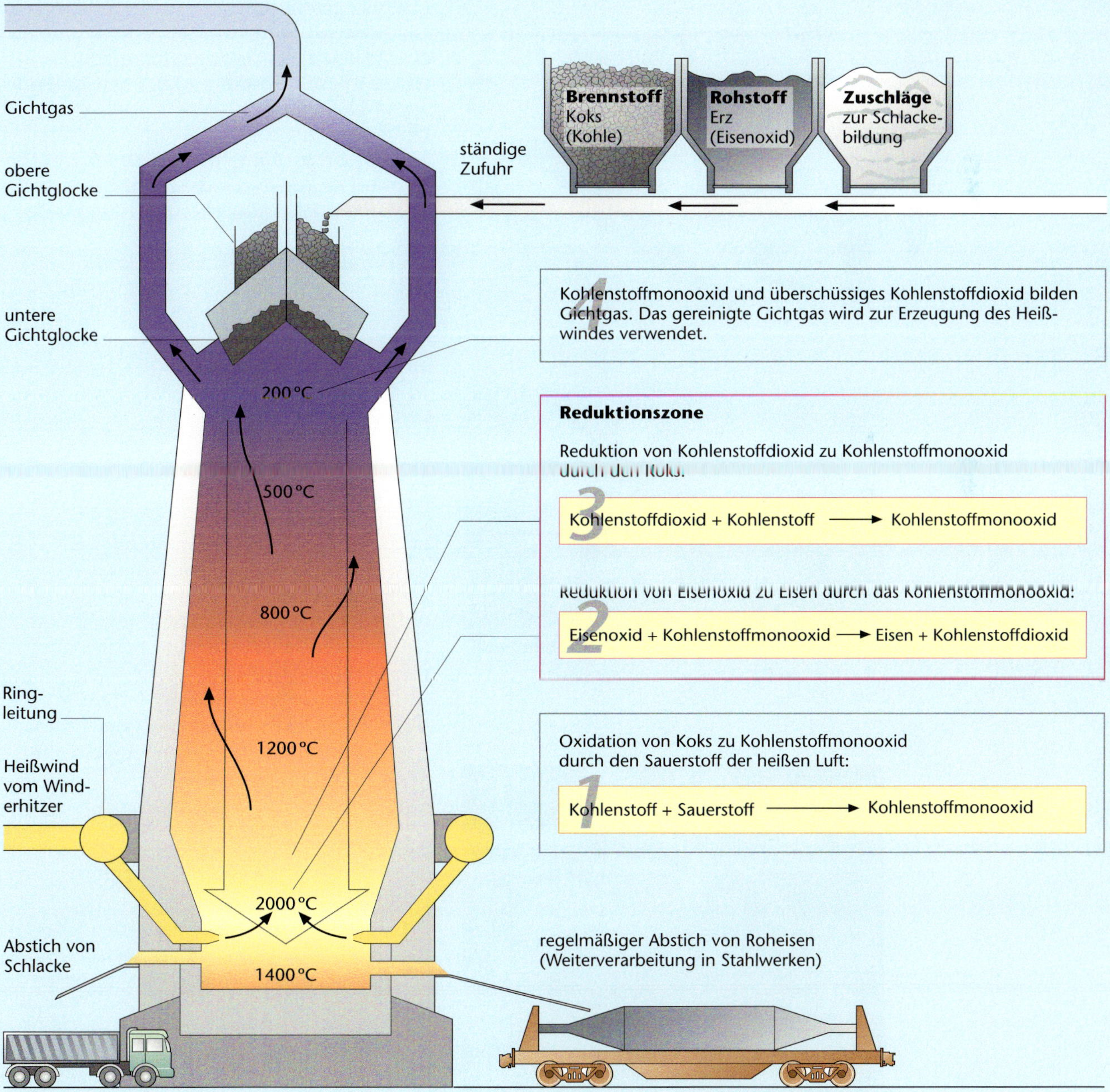

5 Abläufe im Hochofen

Der Hochofenprozess verändert die Welt

1 Bereits die Ägypter besaßen viele Eisengegenstände.

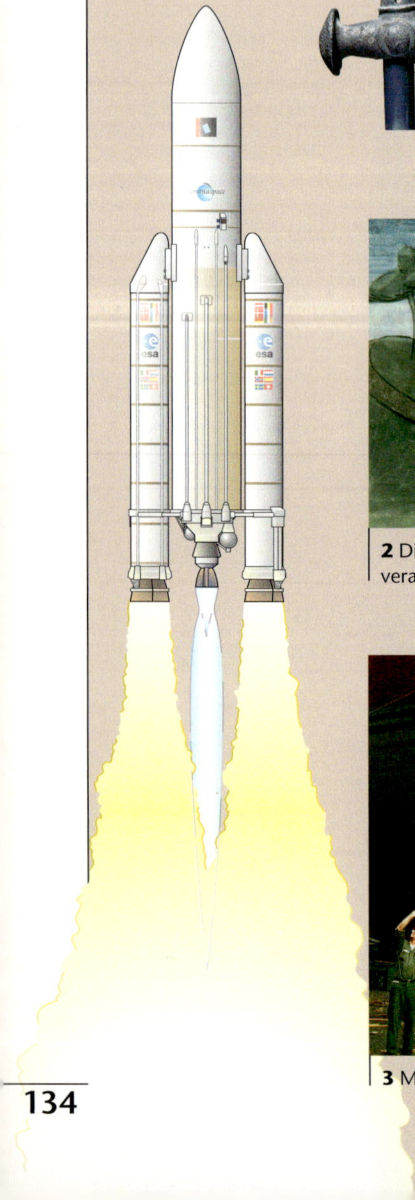

2 Die Römer konnten Eisen herstellen und verarbeiten.

3 Modernes Leben ist ohne Eisen kaum denkbar.

Von der Eisenzeit …

Irgendwann in grauer Vorzeit wurde das Eisen von den Menschen entdeckt. Wahrscheinlich wurde zunächst das ziemlich reine und seltene Eisen aus Meteoriten für Waffen, Werkzeuge und Schmuck verwendet. Man findet heute kleinere Eisengegenstände in ägyptischen Gräbern, die vor ca. 4000 Jahren angelegt wurden (▷ B 1).
Das Zeitalter, in dem das Eisen der wichtigste Werkstoff für die Menschen wurde, nennt man **Eisenzeit**. Für Europa ist das die Zeit von ca. 800 v. Chr. bis 15 v. Chr. Um 400 v. Chr. wurde im Siegerland bereits Eisenerz gewonnen.
Die Römer hatten vor 2000 Jahren einfache Anlagen zur Eisenherstellung in Italien, Spanien, England und in Deutschland am Rhein.
Die ersten leistungsfähigeren Hochöfen entstanden im 14. Jahrhundert. Im 18. Jahrhundert wurde durch die Einführung des Kokses der Bau moderner Hochöfen möglich.
Völker, die hartes und festes Eisen herstellen konnten, waren anderen Völkern gegenüber im Vorteil. Nicht zufällig sind die meisten Produkte aus Eisen, die wir aus vergangenen Zeiten finden, Jagd- oder Kriegsmaterialien: Speere, Schilde, Rüstungen, Pfeilspitzen (▷ B 2).

… zum Raketenzeitalter

Heute bestehen die vielen Millionen Motoren, die meisten Karosserien der Autos und wichtige Teile von Schiffen (▷ B 3) und Flugzeugen aus Stahl, einem Veredelungsprodukt des Eisens. Die Feststofftanks der „Ariane 5“ müssen sehr hohem Druck standhalten und sind aus besonderem Stahl konstruiert.
Auch viele Gegenstände des Alltags, wie Bestecke und Werkzeuge, aber auch die Kugellager der Inlineskates bestehen aus besonderen Stahlsorten.

Aufgaben

1 Vergleiche das Leben der letzten Naturvölker dieser Erde mit der Aussage: „Modernes Leben ist ohne Eisen nicht denkbar.“

2 Als die Europäer 1492 n. Chr. Amerika entdeckten, fanden sie bei den Indianern kein Eisen. Das Denken dieser Menschen hatte andere Schwerpunkte. Welche?

Stahl

Vom Roheisen zum Stahl

Roheisen enthält aufgrund der Herstellung mit Koks etwa 3 bis 4 % Kohlenstoff und ist dadurch spröde. Man bläst deshalb in einem besonderen Ofen, einem Konverter (▷ B 1; B 2) reinen Sauerstoff in das flüssige Roheisen. Das Einblasen von Sauerstoff in den Konverter wird von den Fachleuten als „Frischen" des Roheisens bezeichnet. Dadurch wird Kohlenstoff zu Kohlenstoffdioxid verbrannt, das als Gas entweicht. Das zurückbleibende kohlenstoffarme Eisen hat neue Eigenschaften und wird Stahl genannt.

Stahl – wozu?

Mit dem Stahl haben sich die Menschen ein Produkt geschaffen, das Grundlage für verschiedenste Wirtschaftszweige wie Automobilherstellung, Schiffsbau, Bauindustrie, Maschinenbau und Rüstungsindustrie ist.

Stahlverarbeitung

Flüssiger Stahl kann in Formen gegossen werden (Gussstahl), dabei entstehen beispielsweise Schiffsschrauben und andere Maschinenteile. Meistens wird Stahl in heißem Zustand weiterverarbeitet. Auf vollautomatischen Walzstraßen (▷ B 3) werden Stahlträger oder dünne Bleche hergestellt.

Stahl – welche Sorte?

Durch geringe Zusätze von Stahlveredlern werden die Eigenschaften der Edelstähle wesentlich verbessert. Stahlveredler können Aluminium, Chrom, Cobalt, Kupfer, Mangan, Molybdän, Nickel, Niob, Silicium, Titan, Vanadium, Wolfram oder andere Metalle sein. In Deutschland werden etwa 2 500 Stahlsorten hergestellt. Eine im Küchenbereich häufig verwendete Stahlsorte ist der V2A-Stahl (▷ B 4).

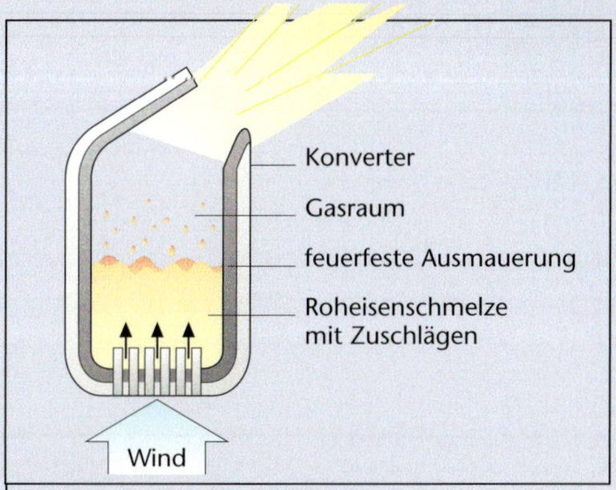

1 Schnitt durch einen Konverter

2 Konverter zur Stahlgewinnung

3 Walzstraße bei der Stahlherstellung

Man erhält je nach den Zusätzen nicht rostende oder hitzebeständige Stähle, unmagnetische Stähle oder Stähle mit außerordentlich hohen magnetischen Eigenschaften, Stahlsorten mit besonderer Härte, Säurebeständigkeit oder Zugfestigkeit. So bewirken z. B. Zusätze von Chrom und Wolfram mehr Härte, oder Zusätze von Nickel und Vanadium mehr Zähigkeit.

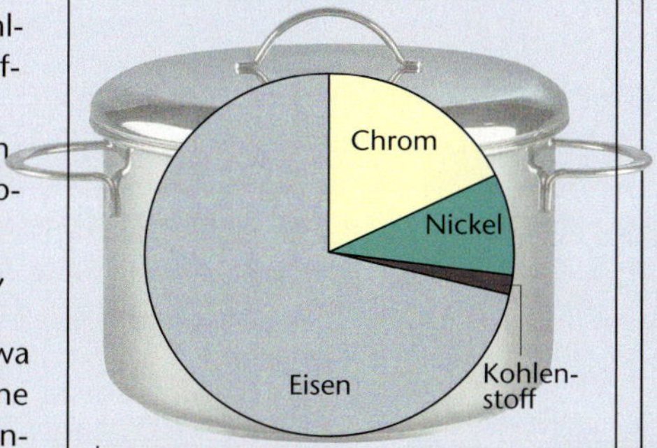

4 Zusammensetzung von V2A-Stahl

Aufgaben

1 Informiere dich über die Größenordnung der Stahlerzeugung in Europa, USA, Russland, China und Japan.

2 „Nirosta" ist ein eingetragenes Warenzeichen. Was bedeutet dieses Kunstwort?

3 Die Bezeichnung „Oxygenstahlwerk" verrät etwas über die Arbeitsweise. Erkläre.

4 Suche nach Zusammensetzungen von Stahlsorten.

Metallverarbeitung

Metallgegenstände faszinieren
Im Laufe seiner Geschichte wurde der Mensch immer geschickter in der Gewinnung von Stoffen aus der Natur und deren Bearbeitung.

1 Maske von Tutanchamun

So folgen in Mitteleuropa nach der Steinzeit die Kupferzeit (4. Jahrtausend v. Chr.), die Bronzezeit (2. Jahrtausend v. Chr.) und endlich die Eisenzeit (800–15 v. Chr.). Aufgrund ihres faszinierenden Glanzes und ihrer leichten Verformbarkeit dienten Metalle wie Kupfer, Eisen und Gold schon früh zur Schmuckherstellung und zur Herstellung von Gebrauchsgegenständen.
Wie wertvoll Gegenstände waren, die aus diesen Metallen hergestellt wurden, zeigt sich schon daran, dass sie häufig als Grabbeilagen dienten.

Der Mensch findet kostbare Naturschätze ...
Wie die meisten Metalle kommt Kupfer in der Natur nur in geringem Maße „gediegen" vor. In der Bronzezeit wurden Geräte und Waffen aus Bronze, einer Legierung aus Kupfer und Zinn, hergestellt. Aus dieser Zeit sind Bergbautechnologien zum Abbau von Kupfer- und Zinnerzen überliefert.

... und erfindet Aufbereitungsverfahren
Als man entdeckte, dass Metalle aus Erzen gewonnen werden können, war dies ein gewaltiger Fortschritt. Kupfer war das erste Metall, das auf diese Weise hergestellt wurde.

2 Metallwerkstatt

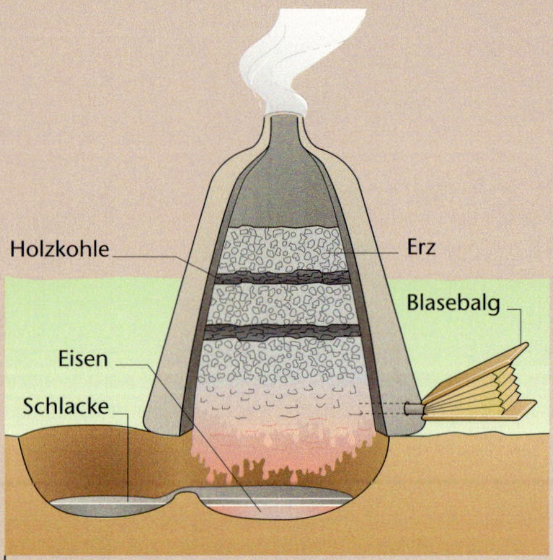

3 Schema eines Rennfeuerofens

Es wird angenommen, dass die Menschen ursprünglich gediegenes Eisen (urkeltisch „isorai", oder indogermanisch „eison", glänzend) aus Meteoriten verwendeten. Um größere Mengen der Metalle aus ihren Verbindungen zu erhalten, benötigt man spezielle Verfahren, mit deren Hilfe man die Metalle vom Sauerstoff „befreien" und sie aufarbeiten kann (verhütten).

Der Vorläufer des Hochofens
Eisen ist seit etwa 3000 Jahren das wichtigste Gebrauchsmetall. Schon früh wurde Eisen im heutigen Südwestdeutschland als Handelsgut erworben. Aufgrund von Geräte- und Waffenfunden geht man davon aus, dass die „Urnenfelderleute" Süddeutschlands ab 800 v. Chr. in der Lage waren, größere Mengen Eisen herzustellen. In Rennfeueröfen (▷ B 3) wurde das Eisen gewonnen.

Aufgaben

1 Nenne mindestens 5 Berufe, die sich im Laufe der Zeit im Zusammenhang mit der Bearbeitung von Metallen gebildet haben.

2 Die Zeit des „Wilden Westens" ist vielfach geprägt durch den „Goldrausch"! Berichte, wie die Goldgräber gearbeitet haben.

3 Im zweiten Weltkrieg spielte der Stahl bei der Produktion von Rüstungsgütern eine wichtige Rolle. Informiere dich in diesem Zusammenhang im Internet über „Deutschlands Norwegenfeldzug", „Montanunion" und „Europäische Union".

Schlusspunkt

Reduktion und Redoxreaktion

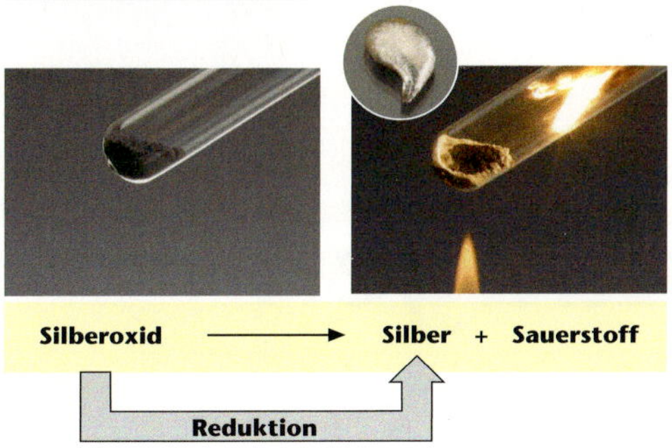

1 Die Reduktion

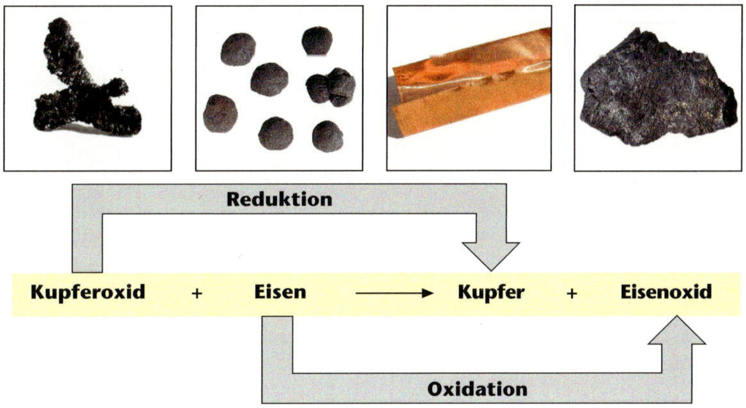

2 Die Redoxreaktion

Reduktion
Eine chemische Reaktion, bei der Sauerstoff abgegeben wird, ist eine Reduktion (▷ B 1).

Reduktionsmittel
Ein Stoff, der in der Lage ist, andere Stoffe zu reduzieren, wird als Reduktionsmittel bezeichnet. Er wird dabei selbst oxidiert.

Redoxreaktion
Eine Reaktion, bei der Reduktion und Oxidation gleichzeitig ablaufen, nennt man Redoxreaktion (▷ B 2).

Oxidationsmittel
Ein Stoff, der in der Lage ist, andere Stoffe zu oxidieren, wird als Oxidationsmittel bezeichnet. Er wird dabei selbst reduziert.

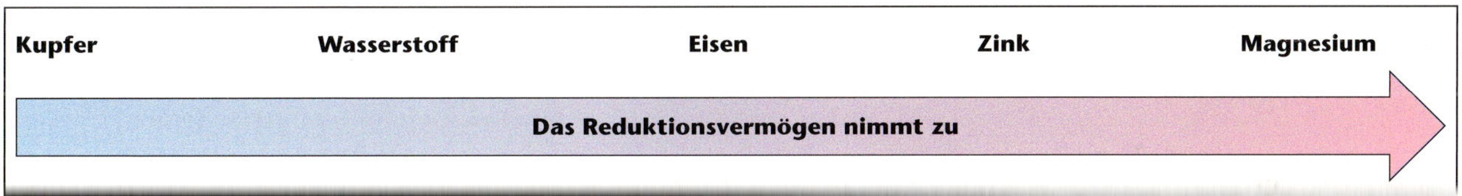

3 Das Reduktionsvermögen einiger Metalle im Vergleich zum Wasserstoff

Aufgaben

1 Nenne zwei Metalle, mit denen Eisenoxid reduziert werden kann.
a) Formuliere jeweils das Reaktionsschema und die Reaktionsgleichung.
b) Kennzeichne das Oxidationsmittel und das Reduktionsmittel.

2 a) Gold ist ein edles Metall und Eisen ein unedles Metall. Begründe diesen Unterschied mithilfe des Bindungsbestrebens dieser Metalle zu Sauerstoff.
b) Zeichne die Abbildung 3 in dein Heft ab und ordne das Edelmetall Gold ein.

3 Welche Stoffe entstehen bei der Reduktion von Wasser mit Magnesium? Formuliere das Reaktionsschema.

4 Beim Thermitverfahren läuft eine Redoxreaktion ab, bei der Aluminium dem Eisenoxid den Sauerstoff entzieht. Ordne Aluminium nach seiner Reduktionskraft in die Reihe der Metalle ein.

5 Schon vor 2000 Jahren gewannen die Römer Blei aus einem sulfidischen Erz (PbS). Durch Erhitzen unter Luftzufuhr (Rösten) erhielten sie das Oxid. Dieses wurde dann mit Kohlenstoff reduziert. Ist Blei ein starkes oder ein schwaches Reduktionsmittel?

6 Rost (▷ B 4) entsteht, wenn Eisen mit Luft (und Wasser) in Berührung kommt. Handelt es sich hierbei um einen Redoxprozess? Informiere dich!

4 Zu Aufgabe 6

Säuren und Laugen in Haushalt und Umwelt

Unter dem Begriff „Säure" können wir uns etwas vorstellen, der Begriff „Lauge" sagt uns viel weniger. Aufgrund ihrer unterschiedlichen Eigenschaften kann der Chemiker die beiden Stoffgruppen leicht unterscheiden.

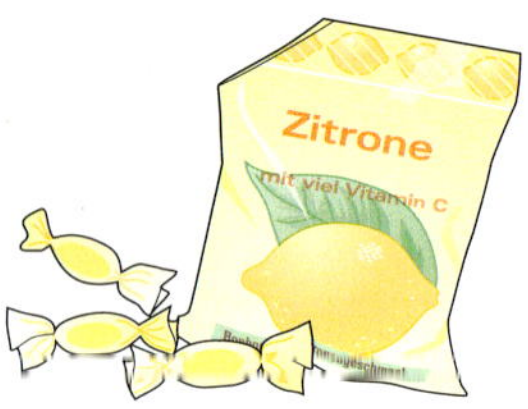

In welchen Lebensmitteln und Reinigern begegnen dir Säuren?

Recherchiere, woher der Begriff Lauge stammt. Frage auch deine Großeltern.

Laugen sind alkalische Lösungen. Wie lassen sich saure und alkalische Lösungen leicht voneinander unterscheiden?

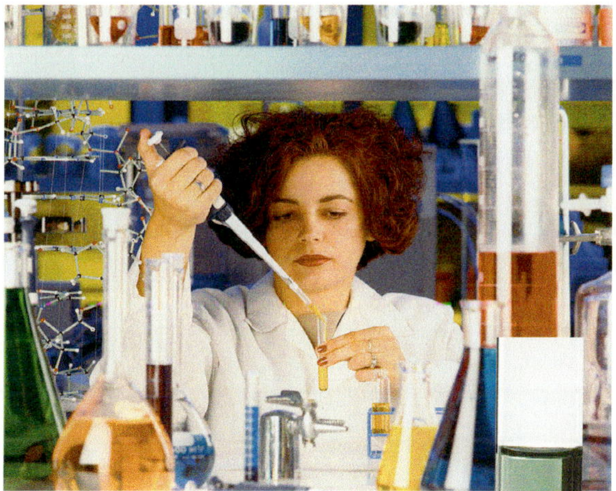

Essig Reiniger
wirkt kalklösend in Küche und Bad
740 ml
FIX Rohrfrei
mit Dosier-system

Werkstatt

Vom Apfel zum Apfelessig

Der Weg vom Apfel zum Essig verläuft in drei Schritten: Zuerst wird Apfelsaft hergestellt, dann Apfelmost und im dritten Schritt dann der Essig. Die Herstellung ist ein Langzeitversuch und dauert ungefähr zwei bis drei Monate.

Ausgangsstoff sollten süße, reife Äpfel sein. Es dürfen keine angefaulten Früchte verwendet werden und keine, die mit Schädlingsbekämpfungsmitteln gespritzt wurden.

1 Was alles gebraucht wird.

1 Vom Apfel zum Apfelsaft

Material
5 kg Äpfel, Messer, Saftpresse, Bürste, sauberes Gefäß

Versuchsanleitung
Wasche die Äpfel gründlich mehrmals unter fließendem Wasser und reibe sie mit einer weichen Bürste ab. Nur so kann verhindert werden, dass sich später Schimmel auf dem Apfelmost bildet.

Schneide nach dem Waschen die Äpfel in Viertelstücke und drücke sie durch die Saftpresse.

2 Vom Apfelsaft zum Apfelmost

Material
Apfelsaft, Rückstände von den Apfelstücken, 1 g Trockenreinzuchthefe, frisches Schwarzbrot, sauberes Gefäß, großer Luftballon

2 So kann Apfelsaft gären.

Versuchsanleitung
Gib den Apfelsaft mitsamt den Rückständen von den Apfelstücken in ein größeres Gefäß aus Glas oder Steingut. Füge die Hefe und eine zerkrümelte Scheibe Schwarzbrot als Gärungshilfe hinzu.

Verdünne die Mischung mit etwas Wasser. Stülpe über das Gefäß nun einen Luftballon, um es luftdicht zu verschließen. Nach einigen Tagen setzt die Gärung ein, die bis zu vier Wochen dauert. Dabei entwickelt sich Kohlenstoffdioxid, das im Luftballon aufgefangen wird.

Aufgabe
Woran erkennt man, dass die Gärung abgeschlossen ist?

3 Vom Apfelmost zum Apfelessig

Material
Apfelmost, breites, flaches Gefäß, Leinentuch

Versuchsanleitung
Fülle den Apfelmost in ein breites, flaches Gefäß. Fülle das Gefäß nur bis zu drei Viertel auf und stelle es offen an einen warmen Ort. Lege nach vier Tagen ein Leinentuch über das Gefäß. Schüttle das Gefäß täglich vorsichtig, damit die Essigbakterien „frischen Sauerstoff bekommen". Nach einem Monat ist der Essig fertig und du kannst ihn durch ein sauberes Leinentuch filtrieren.

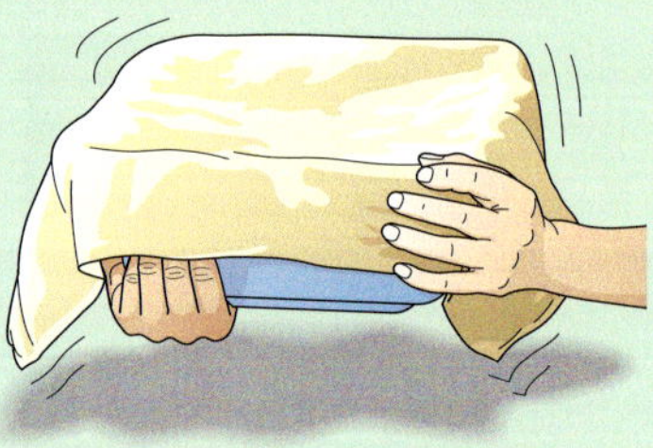

3 Das Gefäß wird bedeckt.

Fülle deinen selbst hergestellten Apfelessig in eine dunkle Glasflasche. Er kann trüb sein, Schimmel sollte sich allerdings auf keinen Fall bilden. Verschließe die Flasche mit einem Naturkorken.

Aufgaben
1. Woran kannst du erkennen, dass der Essig „fertig" ist?

2. Beobachte den abgefüllten Essig über einen längeren Zeitraum. Wie lange ist er haltbar?

Sauer macht lustig – vom Apfel zum Apfelessig

1 „An apple a day keeps the doctor away."

Der Apfel – ein Allround-Talent

Das Lieblingsobst der Deutschen ist der Apfel. Jeder Deutsche isst im Durchschnitt ungefähr 35 kg Äpfel im Jahr. Kaum eine andere Frucht ist so gesund und vielseitig verwendbar.

Aber bitte mit Schale

Schon in und direkt unter der Schale befinden sich fast alle Vitamine. Deshalb sollte man einen Apfel vor dem Verzehr nicht schälen. Die Schale ist außerdem reich an Mineralstoffen und so genannten „Spurenelementen". Wenn wir in einen Apfel beißen, nehmen wir all diese Stoffe zu uns. Aber das „Gesundheitsbömbchen" Apfel kann noch mehr.

Der Apfel – rund und gesund

Äpfelsäure und Citronensäure schmecken – wie ihre Namen schon sagen – säuerlich und damit erfrischend. Ihnen werden wichtige Funktionen als Helfer gegen Krankheiten zugeschrieben. Ballaststoffe wie beispielsweise Cellulose fördern die Darmtätigkeit. Pektine können im Darm Giftstoffe absorbieren.

Vom Apfel zum Apfelsaft

Presst man reife Äpfel aus, so gewinnt man Apfelsaft. Ein Apfel, der 100 g wiegt, enthält 85 ml Flüssigkeit. In Deutschland trinkt jeder Einwohner 12 Liter Apfelsaft im Jahr. Ein beliebtes Getränk ist das Apfelsaftschorle, eine Mischung aus Apfelsaft und Mineralwasser.

Apfelsaft mit Alkohol – der Apfelmost

Apfelmost entsteht aus Apfelsaft. Der frisch gepresste Saft wird dabei vergoren. Hefen, das sind einzellige Pilze, wandeln den Zucker im Apfelsaft zu Alkohol um. Diesen Vorgang nennt man **Gärung**. Bei der Gärung entsteht das Gas Kohlenstoffdioxid. Bei einer gleich bleibenden Temperatur von 18 bis 20 °C dauert es etwa drei Wochen, bis der Apfelsaft zum Apfelmost vergoren ist. Die alkoholische Gärung ist beendet, wenn der Hefeschaum, der sich an der Oberfläche gebildet hat, auf den Boden des Gefäßes sinkt.

Vom Apfelmost zum Apfelessig

Essigbakterien kommen überall in der Luft vor. Lässt man Apfelmost offen an einem warmen Ort stehen, zeigt sich nach wenigen Tagen an der Oberfläche des Apfelmosts eine glibberige Masse, die **Essigmutter**. Sie besteht im Wesentlichen aus Essigbakterien. Diese benötigen für ihre „Arbeit" Sauerstoff und Wärme. Die ideale Temperatur für die Essigbildung beträgt 26 bis 28 °C. Über 35 °C sterben die Bakterien ab, unter 25 °C hören sie zu arbeiten auf.

Aufgaben

1 Informiere dich darüber, welche Bedeutung Vitamine, Mineralstoffe, Ballaststoffe und Spurenelemente für eine gesunde Ernährung haben.

2 Begründe, warum es so wichtig ist, dass du Äpfel isst.

3 Welche Handelssorten von Essig gibt es im Verkauf?

2 Apfelessig, Weinessig und Bakterien

Zeitpunkt

Schon die alten Ägypter liebten es sauer

1 Ägypter bei der Weinernte

Apfelessig – schon seit der Steinzeit bekannt

Wissenschaftler fanden bei Ausgrabungen in Gefäßen aus der jüngeren Steinzeit Spuren von Essig. Vermutlich legten die Steinzeitmenschen ihre Jagdbeute in Essig ein, damit diese nicht so schnell verdarb. Sicher überliefert ist allerdings, dass die alten Ägypter den Essig nutzten, um saure Speisen zuzubereiten. Auf Wandmalereien und in Keilschriften findet man auch Hinweise darauf, dass sie den Essig als Konservierungsmittel einsetzten.

In der Bibel, sowohl im Alten als auch im Neuen Testament, ist von Apfelwein und Essig die Rede. Jesus bekam bei seiner Kreuzigung ein Schwämmchen mit Essig an die Lippen gepresst. Das wird oft als Geste der Quälerei verstanden. Verdünnter Essig hatte aber damals eine wichtige Funktion als Mittel gegen Austrocknung.

Posca – das Erfrischungsgetränk der alten Römer

Im Jahr 50 nach Christus verfasste der Römer COLUMELLA sein Werk „De re rustica" („Über die Landwirtschaft"). Es war ein viel gelesener Leitfaden für die Hauswirtschaft und den Ackerbau. COLUMELLA beschreibt in seinem Buch drei Herstellungsarten von Essig, der damals zu den gängigen Zutaten in der Küche gehörte. Römische Legionäre tranken auf ihren Feldzügen täglich als Erfrischungsgetränk Posca. Dabei handelte es sich um ein Essig-Wasser-Gemisch, das, durch Kräuter aromatisiert, sehr erfrischend schmeckte. Posca hatte darüber hinaus aber noch eine andere Wirkung: Es desinfizierte Magen und Darm, was die Legionäre beim Verzehr der fremden, ungewohnten Kost in Germanien und Britannien schützte.
Bei Trink- und Essgelagen im alten Rom waren sauer eingelegte Speisen nicht wegzudenken. Aber auch warmer Apfelmost oder Apfelwein, der Mulsum, galt mit Honigzusatz als Aperitif.

Im Mittelalter liebte man es sauer

Im Mittelalter bereitete man viele Gerichte mit Essig zu. Das machte die fetten Speisen leichter verdaulich und länger haltbar. Kühlschränke kannte man damals ja noch nicht.

2 Essigverkäufer im 17. Jahrhundert

Die einfachen Bauern nahmen mit Essig versetztes Wasser mit aufs Feld. Das war ein erfrischendes Getränk zu Brot und Speck. Im 14. Jahrhundert begann man im französischen Orléans im großen Stil mit der Essigproduktion. Deshalb wird das traditionelle Herstellungsverfahren auch heute noch „Orléansverfahren" genannt. Die Franzosen sprechen von „vinaigre" und meinen damit, dass der Wein (vin) sauer (aigre) wird.

3 HILDEGARD VON BINGEN (1098–1179)

1 Aus Zitronensaft kann Citronensäure gewonnen werden.

3 Universalindikator färbt sich in sauren Lösungen rot.

Eine Säure entfaltet ihre Wirkung im Wasser
Zitronensaft schmeckt sauer. Aus Zitronensaft kann ein weißer Feststoff gewonnen werden, die **Citronensäure** (▷ B 1).

Hält man ein trockenes Universalindikatorpapier an Citronensäure, so zeigt sich am Papier keine Veränderung. Erst wenn die Citronensäure in Wasser gelöst ist, färbt sich Universalindikator rot (▷ V 1). Die Rotfärbung des Indikators weist auf eine saure Lösung hin. Diese saure Lösung ist aus der Säure und Wasser entstanden.

▶ Die Rotfärbung eines Universalindikators zeigt eine saure Lösung an.

Verschiedene Säuren im Labor
Im Labor gibt es Flaschen mit Salzsäure, Schwefelsäure, Phosphorsäure, Salpetersäure und anderen Säuren. Prüft man diese Säuren mit Universalindikator, färbt sich dieser rot.

Es handelt sich bei diesen „Säuren" um wässrige Lösungen von Säuren. Säuren sind feste, flüssige oder gasförmige Reinstoffe, die mit Wasser saure Lösungen bilden.

Je nach Konzentration der Säure ist der Wasseranteil sehr unterschiedlich. Konzentrierte Schwefelsäure enthält etwa 2–4% Wasser, konzentrierte Salzsäure enthält etwa 64% Wasser. Der Wasseranteil verdünnter Salzsäure liegt über 90%.

▶ Durch Lösen von Säuren in Wasser entstehen saure Lösungen.

Meist arbeitet oder experimentiert man mit sauren Lösungen, die häufig verkürzt als Säuren bezeichnet werden.

Versuch

1 Halte trockenes Universalindikatorpapier
a) in feste Citronensäure,
b) in eine wässrige Lösung von Citronensäure. (Schutzbrille!)

Aufgaben

1 Ist Zitronensaft eine Säure, eine saure Lösung oder ein Reinstoff?

2 Ist Essig eine Säure oder eine saure Lösung?

4 Konzentrierte Salzsäure

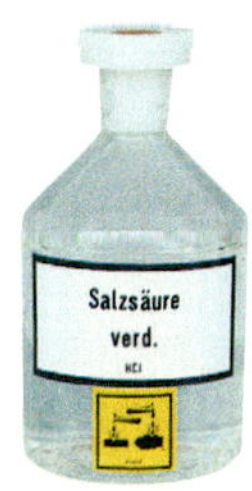

5 Verdünnte Salzsäure

2 Saure Lösungen im Alltag

Eigenschaften saurer Lösungen

1 Saure Lösungen und Metalle

Material

Schutzbrille, Reagenzgläser, durchbohrter Stopfen mit Gasableitungsrohr, kleines Reagenzglas, Reagenzglasgestell, Gasbrenner, Gasanzünder, Papierhandtuch, Magnesiumband, Eisennagel, Kupferblech, Citronensäurelösung, verd. Salzsäure, verd. Essigsäure

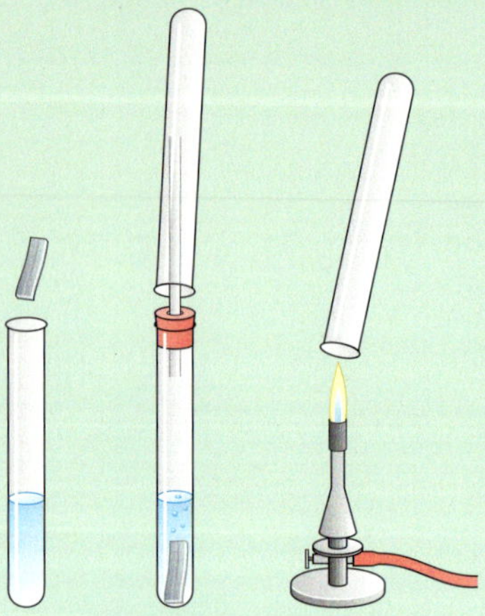

1 Saure Lösung und Metall

Versuchsanleitung

a) Fülle jeweils drei Reagenzgläser etwa 3 cm hoch mit Citronensäurelösung, verd. Essigsäure, verd. Salzsäure und stelle die Reagenzgläser in das Reagenzglasgestell.
b) Gib zu jeder Säure in jeweils einem Reagenzglas ein Stückchen Magnesiumband, einen Eisennagel, ein Stück Kupferblech. Beobachte etwa 10 Minuten.
c) Fülle ein Reagenzglas zu etwa einem Drittel mit verd. Essigsäure. Stelle das Reagenzglas in das Reagenzglasgestell. Gib zu der Säure ein Stück Magnesiumband. Verschließe das Reagenzglas mit dem durchbohrten Stopfen mit Ableitungsrohr. Stülpe über das Ableitungsrohr ein kleines Reagenzglas. Führe nach einiger Zeit das kleine Reagenzglas mit der Öffnung an die Brennerflamme (▷ B 1).
d) Wiederhole den Versuch c) mit Citronensäurelösung bzw. verd. Salzsäure.

Aufgabe

Beschreibe und deute deine Beobachtungen.

Entsorgung

Das Kupferblech wird abgespült und abgetrocknet und kann wieder verwendet werden. Die anderen Lösungen werden sachgerecht entsorgt.

2 Elektrische Leitfähigkeit

Material

Schutzbrille, Kochplatte, Porzellanschale mit flachem Boden, Tiegelzange, Spatellöffel, Batterie (4,5 V) oder Spannungsquelle, 4 Krokodilklemmen, Unterputzkabel (mit abisolierten Enden), 3 Experimentierkabel, Glühlämpchen (4 V; 0,04 A) mit Fassung, 3 Bechergläser (100 ml), Glasstab, dest. Wasser, Citronensäure, verd. Essigsäure, verd. Salzsäure

Versuchsanleitung

a) Gib in die Porzellanschale Citronensäure. Erwärme die Säure auf der Herdplatte bis zum Schmelzen. Rühre die Citronensäure mit dem Glasstab. Halte die Schale dabei mit der Tiegelzange fest.

2 Citronensäure wird unter Umrühren geschmolzen.

b) Prüfe mithilfe des Unterputzkabels, ob die Schmelze den elektrischen Strom leitet.
c) Prüfe, ob eine Citronensäurelösung, verd. Essigsäure, verd. Salzsäure ebenfalls den elektrischen Strom leiten.

3 Saures auf Marmor

Aufgabe

Legt man eine Zitronenscheibe auf einen Marmorfußboden, so erhält man nach einiger Zeit einen Abdruck der Zitronenscheibe. Mit Essigreinigern und anderen sauren Reinigern dürfen Marmorfußböden deshalb nicht gepflegt werden.

Gibt man ein Marmorstückchen in eine saure Lösung, so bildet sich ein Gas.
Es ist jetzt deine Aufgabe herauszufinden, ob es sich bei dem Gas um Sauerstoff, Wasserstoff oder Kohlenstoffdioxid handelt.

Du erhältst das folgende Material (▷ B 3).
a) Plane die Versuche.
b) Stelle deine Planung dem Lehrer vor und führe danach die Versuche durch, wenn er dich dazu auffordert. Vergiss die Schutzbrille nicht!
c) Denke an die korrekte Entsorgung der Chemikalien.

Material

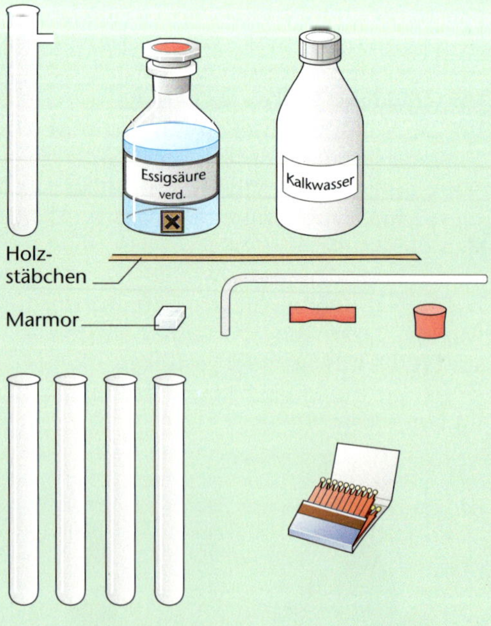

3 Material zu Versuch 3

Saure Lösungen reagieren mit unedlen Metallen
Saure Lösungen werden in Behältern aus Glas oder Kunststoff aufbewahrt. Warum werden sie nicht in Gefäße aus Eisen gefüllt, obwohl diese Gefäße nicht so leicht zerbrechen?

Gibt man einen Eisennagel in eine Citronensäurelösung, so bilden sich nach kurzer Zeit Bläschen am Eisennagel. Die Gasbläschen kann man auffangen und mit der Knallgasprobe als Wasserstoff nachweisen. Auch mit Magnesium und Zink bilden saure Lösungen Wasserstoff (▷ B 1, B 2), aber nicht mit Gold, Silber oder Platin.

1 Magnesium in Citronensäurelösung

2 Zink in Essigsäurelösung

In Gefäßen aus edlen Metallen könnte man also saure Lösungen aufbewahren, aber nicht in Gefäßen aus unedlen Metallen. Die unedlen Metalle reagieren mit sauren Lösungen. Im Alltag sagt man auch, die Metalle werden „zerfressen".

Saure Lösungen reagieren mit unedlen Metallen unter Bildung von Wasserstoff.

Zeichnen mit sauren Lösungen
In unedle Metalle lassen sich mit sauren Lösungen Zeichnungen oder Namen einätzen. Dazu wird eine Metallplatte mit Wachs beschichtet, das von der sauren Lösung nicht angegriffen wird. Der Schriftzug oder das Bild wird mit einem spitzen Gegenstand in das Wachs bis auf die Metallplatte geritzt. Die Platte wird in eine stark saure Lösung gestellt. Das freigelegte Metall reagiert mit der sauren Lösung. Das Bild oder der Schriftzug gräbt sich in das Metall.

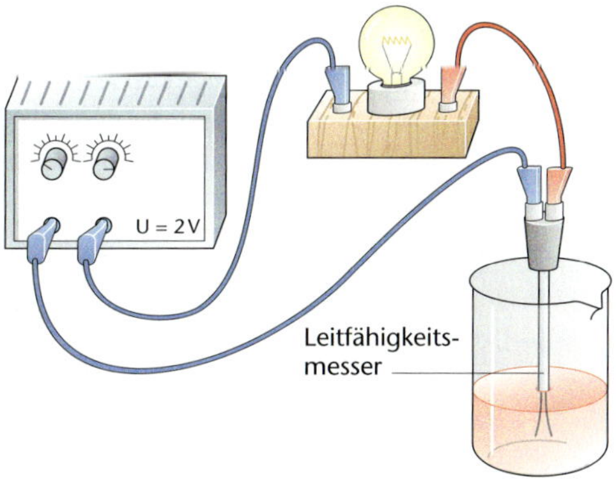

3 Saure Lösungen leiten den elektrischen Strom.

Anschließend wird die Platte abgewaschen und das Wachs entfernt.

Säuren reagieren mit Kalk
Kalk besteht hauptsächlich aus Calciumcarbonat, das man in der Natur vor allem als Marmor und Kalkspat findet. Tropft man verdünnte Salzsäure auf Marmor, so wird dieser sehr rasch zersetzt. Dabei entsteht Kohlenstoffdioxid, das durch die Kalkwasserprobe nachgewiesen wird.

Saure Lösungen leiten den elektrischen Strom
Feste Citronensäure und geschmolzene Citronensäure zeigen keine elektrische Leitfähigkeit. Löst man jedoch Citronensäure in Wasser, stellt man eine hohe elektrische Leitfähigkeit fest. Auch andere saure Lösungen zeigen eine elektrische Leitfähigkeit (▷ B 3).

Saure Lösungen leiten den elektrischen Strom.

Aufgaben

1 Welche Gemeinsamkeiten weisen saure Lösungen auf?

2 Saure Lebensmittel (Obst im eigenen Saft, Erbsensuppe, Bratheringe), aber auch Cola-Getränke werden in Metalldosen aufbewahrt. Warum reagiert das Metall der Konservendosen nicht mit den sauren Flüssigkeiten? Sammle leere Konservendosen und untersuche die Innenflächen der Dosen. Vorsicht, Schnittgefahr! Recherchiere, aus welchen Metallen die Dosen bestehen.

4 Zeichnung auf einer Metallplatte

Werkstatt

Alles sauer, oder?

1 WC-Reiniger und Rohrreiniger

Material

Schutzbrille, Schutzhandschuhe, Pipette, 2 Petrischalen, Zahnstocher, Universalindikatorpapier, destilliertes Wasser, Rohrreiniger (fest), WC-Reiniger (fest)

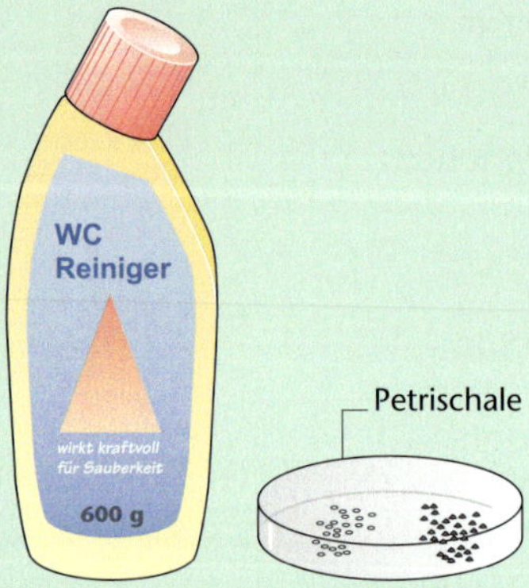

1 Bestandteile des WC-Reinigers lassen sich sortieren.

Versuchsanleitung

Schütte ein wenig Rohrreiniger und ein wenig WC-Reiniger in je eine Petrischale. Sortiere die unterschiedlichen Bestandteile mit einem Zahnstocher an jeweils verschiedene Stellen der Petrischale (▷ B 1). Lasse die Bestandteile einige Zeit liegen und achte auf Veränderungen.
Gib vorsichtig einige Tropfen destilliertes Wasser auf die jeweiligen Stoffproben und prüfe mit Universalindikatorpapier (▷ B 2).
Welche Bestandteile wirken sauer?

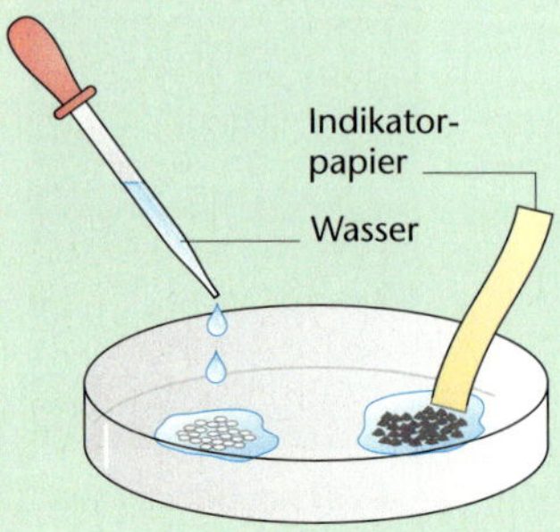

2 Prüfen mit Indikatorpapier

2 Welche Stoffe beseitigen Kalk?

Material

Schutzbrille, Schutzhandschuhe, 5 Bechergläser, Spatellöffel, Folienstift, destilliertes Wasser, kleine Marmorstücke, Essigessenz, verdünnte Salzsäure, Rohrreiniger, Citronensäurelösung, WC-Reiniger

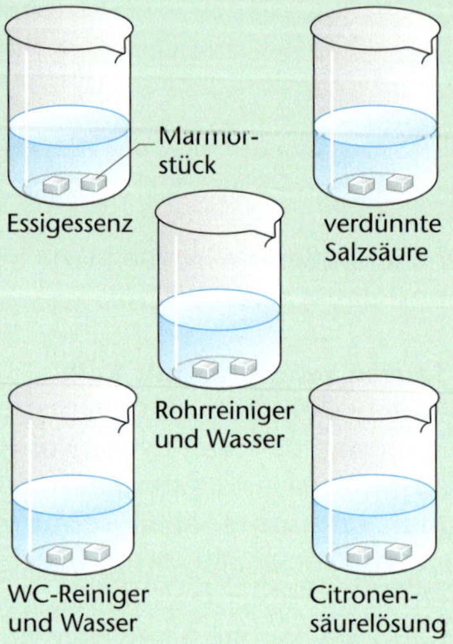

3 Was löst Kalk?

Versuchsanleitung

Gib in jedes Becherglas zwei kleine Stücke Marmor und übergieße sie
a) mit Essigessenz,
b) mit verdünnter Salzsäure,
c) mit Wasser und Rohrreiniger,
d) mit Wasser und WC-Reiniger,
e) mit Citronensäurelösung
(▷ B 3). Beschrifte die Bechergläser. Lege eine Tabelle an.

Aufgabe

Welche Stoffe sind geeignet, Kalkablagerungen zu beseitigen? Vergleiche diese Stoffe mit den Inhaltsstoffen von Haushaltschemikalien, die Kalk beseitigen.

3 Haushaltsstoffe – sauer oder nicht sauer?

Material

Schutzbrille, mehrere Bechergläser (50 ml), Spatellöffel, Universalindikatorpapier, Pinzette, Folienstift, Stoffe aus dem Haushalt (z. B. Seife, Essig, Weißwein, Mineralwasser usw.), destilliertes Wasser

Versuchsanleitung

Gib in je ein Becherglas eine Probe eines Stoffes aus dem Haushalt und beschrifte die Gläser.
Haushaltsmittel, die Feststoffe sind, müssen erst in ein wenig destilliertem Wasser gelöst werden.
Prüfe die Stoffe mit Universalindikatorpapier. Benutze eine Pinzette, um das Indikatorpapier in die Lösung zu halten.
Lege eine Tabelle an und trage die Ergebnisse ein (▷ B 4).

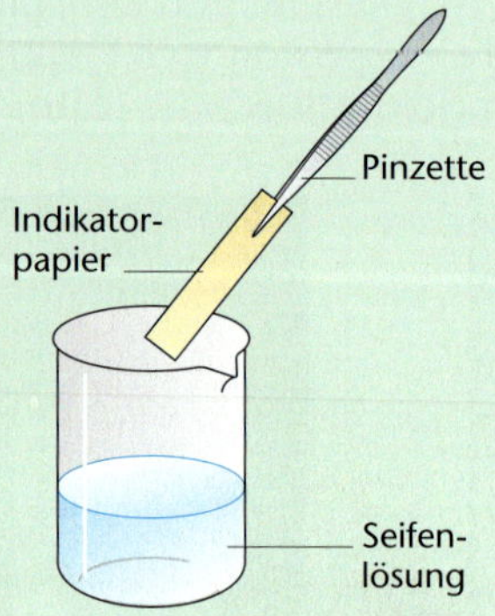

Haushaltsstoff	sauer	nicht sauer
Feinseife		
Kernseife		
Entkalker		
Essigessenz		
Speiseessig		
Weißwein		
Mineralwasser		
Maschinenspülmittel		
Klarspüler		

4 Sauer oder nicht sauer?

Der Indikator zeigt eine andere Farbe
Das Gefahrensymbol auf einem Rohrreiniger zeigt an, dass beim Umgang Vorsicht geboten ist. Löst man etwas Rohrreiniger in Wasser und prüft mit Universalindikatorpapier, so zeigt sich eine kräftig blaue Farbe. Sie zeigt an, dass eine alkalische Lösung entstanden ist.

Die Reaktion von Natrium mit Wasser
Gibt man ein entrindetes Stück Natrium auf Wasser, reagiert es so heftig, dass es durch die Reaktionswärme schmilzt und kugelförmig wird (▷ B 1; V 1). Zischend bewegt sich das Natriumstück auf der Wasseroberfläche hin und her und verschwindet schnell. Es lassen sich Schlieren und eine Blaufärbung des Universalindikators beobachten. Die Lösung ist alkalisch.

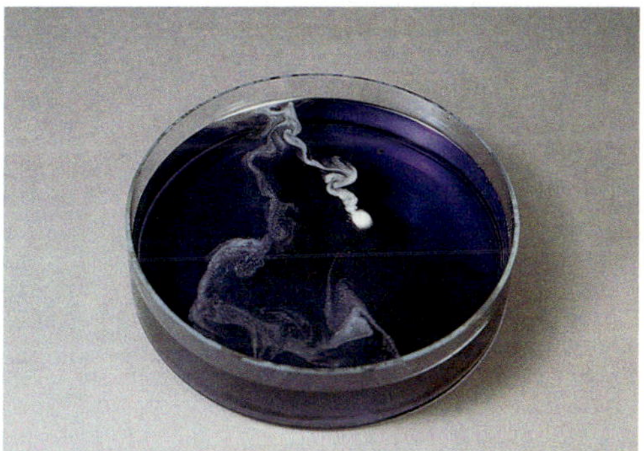

1 Natrium reagiert heftig mit Wasser.

Drückt man das Natrium mit einem Halbschalenlöffel unter Wasser, so erkennt man eine heftige Gasentwicklung (▷ B 2; V 2). Die Knallgasprobe zeigt, dass es sich hierbei um Wasserstoff handelt.
Das zischende Geräusch und die Bewegung des Natriumstücks auf der Wasseroberfläche (▷ B 1; V 1) entstehen durch die heftige Wasserstoffentwicklung.

Eine Lauge entsteht
Bei der Reaktion von Natrium mit Wasser entsteht Wasserstoff. Die Schlierenbildung weist darauf hin, dass noch ein weiterer Stoff entstanden ist.
Dampft man die Lösung ein, so bleibt ein weißer Belag zurück, der keine Ähnlichkeit mit Natrium hat. Der weiße Stoff ist **Natriumhydroxid NaOH**.

Natriumhydroxid ist stark wasseranziehend (hygroskopisch; ▷ B 3). Löst man Natriumhydroxid wieder in Wasser und prüft mit Universalindikator, zeigt die Blaufärbung eine alkalische Lösung an.

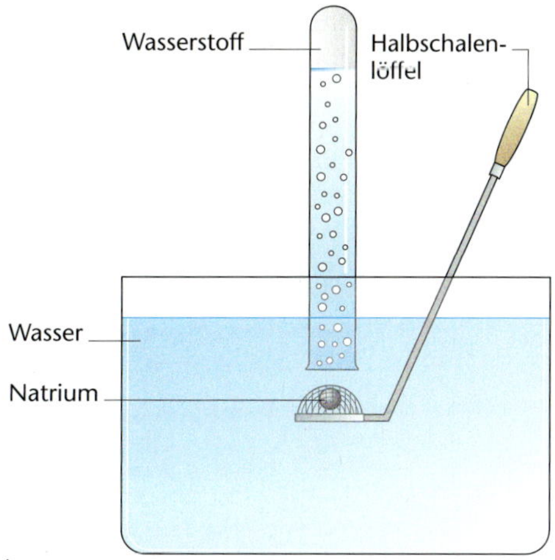

2 Natrium reagiert mit Wasser unter Bildung von Wasserstoff.

Diese Lösung nennt man **Natronlauge**. Bei der Reaktion von Natrium mit Wasser ist Natronlauge entstanden:

$$2\ Na + 2\ H_2O \longrightarrow 2\ NaOH + H_2$$

Die Lösung von Natriumhydroxid in Wasser nennt man Natronlauge. Universalindikator ergibt mit Natronlauge eine Blaufärbung.

Laugen leiten den elektrischen Strom
Löst man Natriumhydroxid in Wasser, so zeigt die Lösung eine gute elektrische Leitfähigkeit (V 3).

Versuche

1 Ein etwa linsengroßes, frisch entrindetes Stück Natrium wird (hinter einer Schutzscheibe) in einer pneumatischen Wanne auf Wasser gegeben. Die Lösung wird mit Universalindikator geprüft. (Schutzscheibe! Schutzbrille!)

2 Ein linsengroßes, frisch entrindetes Stück Natrium wird mithilfe eines trockenen Halbschalenlöffels unter Wasser gedrückt. Das entstehende Gas wird in einem Reagenzglas aufgefangen (▷ B 2) und die Knallgasprobe durchgeführt. (Vorsicht! Natrium kann sich entzünden! Schutzscheibe! Schutzbrille!)
Ein Teil der entstandenen Lösung wird in einer Porzellanschale eingedampft.

3 Festes Natriumhydroxid wird in Wasser gelöst und die elektrische Leitfähigkeit geprüft. (Schutzbrille!)

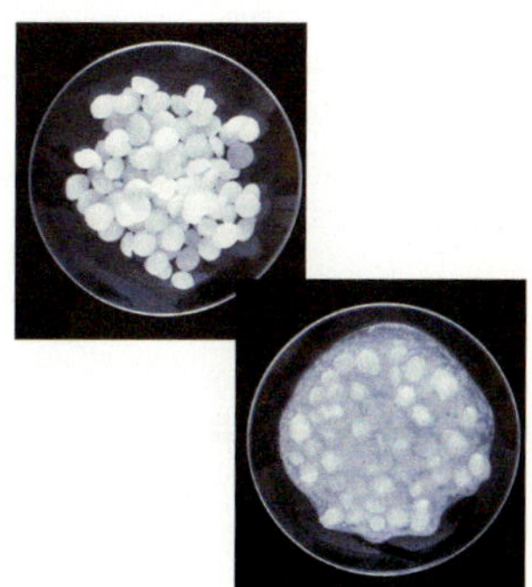

3 Natriumhydroxid ist stark hygroskopisch.

Werkstatt

Wir stellen Laugen her

1 Bildet Magnesium eine Lauge?

Material

Schutzbrille, Reagenzglas, Reagenzglasgestell, feines Schleifpapier, Tropfpipette, Universalindikatorlösung, destilliertes Wasser, Magnesiumband

Versuchsanleitung

Schleife von einem Magnesiumband vorsichtig die Oberfläche mit einem Schleifpapier blank und gib es mit wenig Wasser in ein Reagenzglas. Füge einige Tropfen Universalindikatorlösung hinzu und stelle das Reagenzglas in ein Reagenzglasgestell. Beobachte.

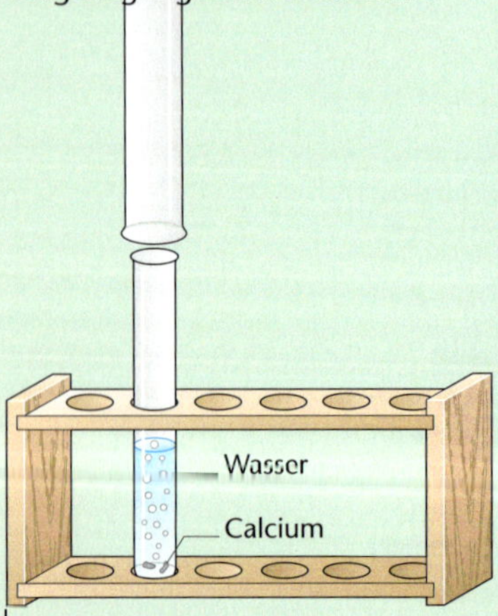

1 Calciumlauge entsteht.

2 Bildet Calcium eine Lauge?

Material

Schutzbrille, 3 Reagenzgläser, davon ein Reagenzglas mit größerem Durchmesser, Reagenzglasgestell, Gasbrenner, Pinzette, Trichter, Filterpapier, Porzellanschale, Dreifuß, Keramik-Drahtnetz, Calcium (gekörnt), destilliertes Wasser, Universalindikatorlösung

Versuchsanleitung

a) Fülle in ein Reagenzglas etwa 5 ml Wasser und stelle es in das Reagenzglasgestell. Gib mit einer Pinzette zwei Körnchen Calcium in das Wasser und halte sofort das größere Reagenzglas mit der Öffnung über die Öffnung des Reagenzglases im Gestell (▷ B 1). Führe mit dem entstandenen Gas dann die Knallgasprobe durch.

b) Stelle ein Reagenzglas mit Trichter und Filterpapier in ein Reagenzglasgestell. Filtriere die Lösung aus Versuchsteil a) in das Reagenzglas im Gestell (▷ B 2).

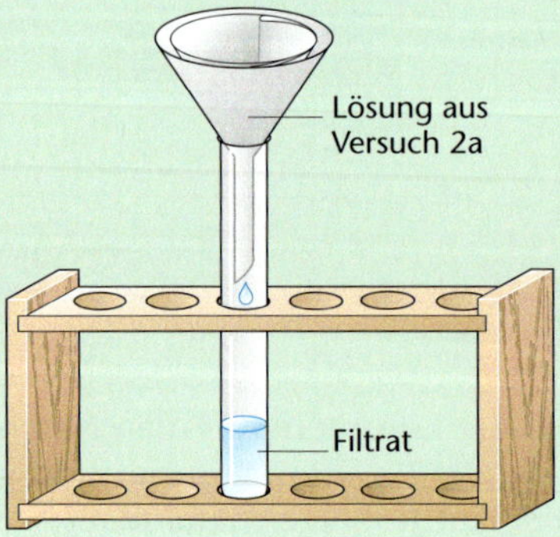

2 Die Lösung wird filtriert.

Gib zu einem Teil des Filtrates einige Tropfen Universalindikatorlösung.
Gieße den anderen Teil in eine Porzellanschale und dampfe die Lösung vorsichtig mit der nicht leuchtenden Flamme ein (▷ B 3). Entferne den Brenner, bevor der Feststoff ganz trocken ist (Spritzgefahr!)

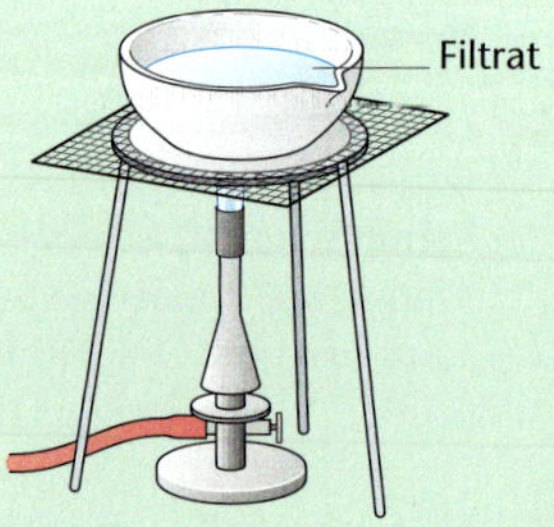

3 Die Lösung wird eingedampft.

Aufgabe

Wie heißt der eingedampfte Feststoff?

3 Wir stellen Kalkwasser her

Material

Schutzbrille, 2 Erlenmeyerkolben (250 ml), Trichter, Filterpapier, Spatellöffel, Universalindikatorpapier, destilliertes Wasser, Calciumhydroxidpulver

Versuchsanleitung

Gib eine Spatelspitze Calciumhydroxidpulver in ca. 100 ml destilliertes Wasser in einem Erlenmeyerkolben. Rühre um. Bilde aus zwei Filterpapieren einen Doppelfilter. Filtriere die Lösung in den zweiten Erlenmeyerkolben. Evtl. muss der Vorgang wiederholt werden. Prüfe eine Probe der Lösung mit Universalindikatorpapier. Bewahre die Lösung für weitere Versuche auf.

Aufgabe

Wie kann man leicht überprüfen, ob Kalkwasser entstanden ist?

4 Wir arbeiten mit selbst hergestelltem Kalkwasser

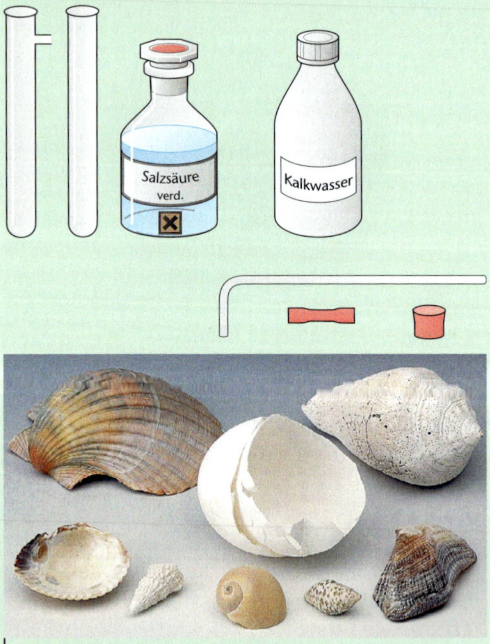

4 Material zu Versuch 4

Aufgabe

Welches Gas entsteht, wenn verdünnte Salzsäure auf kalkhaltige Materialien tropft? Du erhältst die gezeigten Materialien (▷ B 4).
a) Plane den Versuch.
b) Stelle deine Planung der Lehrerin/dem Lehrer vor und führe danach den Versuch durch (Schutzbrille!). Beachte, dass du wenig verdünnte Salzsäure brauchst. Die zerkleinerten kalkhaltigen Probestückchen müssen von der Flüssigkeit nur überdeckt werden.

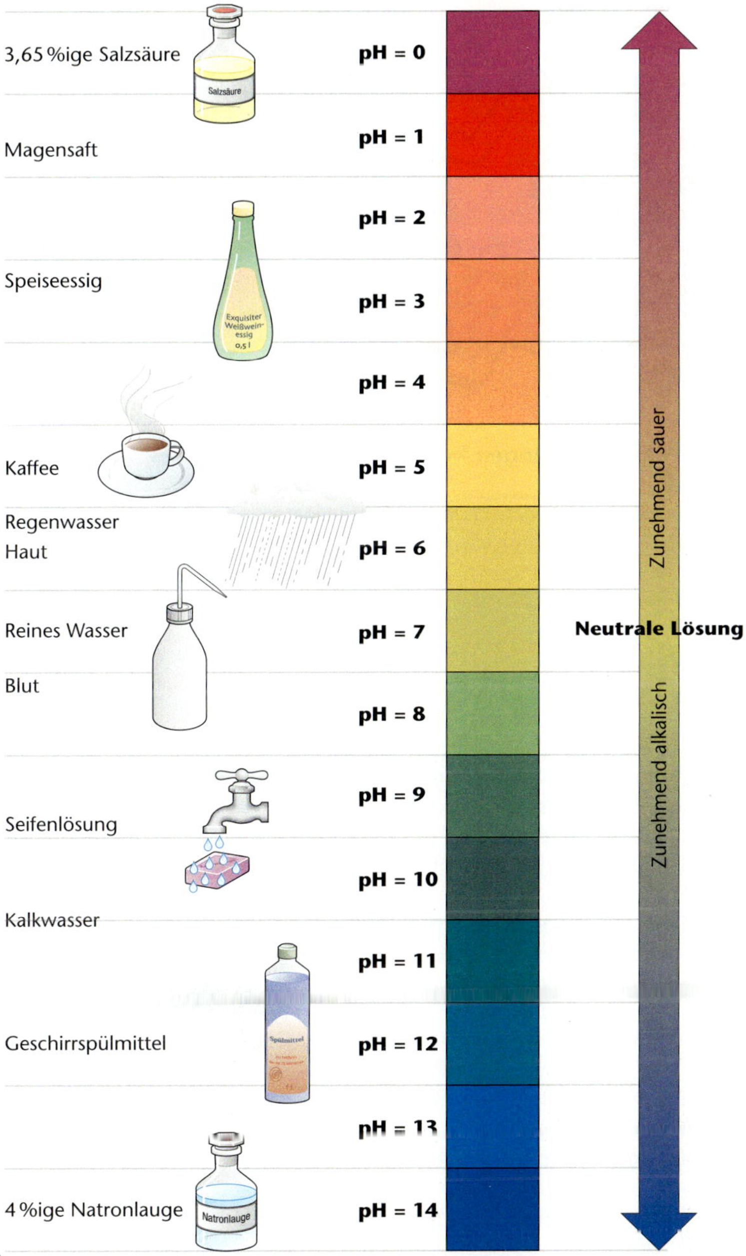

1 Die pH-Werte einiger Lösungen

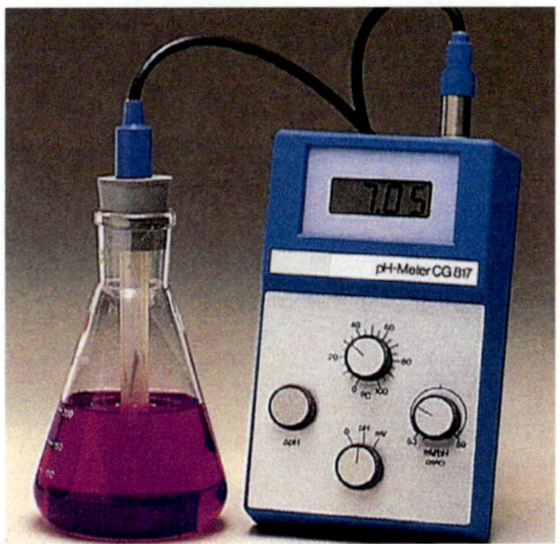

2 pH-Meter

Indikatoren und pH-Wert-Skala

Indikatoren zeigen über eine charakteristische Farbe an, ob eine Lösung sauer oder alkalisch ist. Zur genauen Beschreibung, wie sauer oder alkalisch eine Lösung ist, wird der **pH-Wert** benutzt. Meist wird eine pH-Skala von 0 bis 14 eingesetzt.

Der pH-Wert von Lösungen

Saure Lösungen besitzen einen pH-Wert, der kleiner als 7 ist. Je niedriger der pH-Wert ist, desto saurer ist die Lösung.
Alkalische Lösungen besitzen dagegen einen pH-Wert, der größer als 7 ist. Je stärker alkalisch eine Lösung ist, desto größer ist der pH-Wert (bis 14).
Neutrale Lösungen, wie z. B. reines Wasser, haben den pH-Wert 7.

Der pH-Wert ist ein Maß für den sauren (pH $<$ 7), alkalischen (pH $>$ 7) oder neutralen (pH = 7) Charakter einer Lösung.

Der pH-Wert ist entscheidend

Für viele Pflanzen und Tiere ist ein bestimmter pH-Wert lebensnotwendig. Viele Fische können nur in Gewässern überleben, die einen pH-Wert zwischen 5 und 9,5 aufweisen. In Aquarien ist der Bereich sogar noch enger gesteckt. Viele Zierfische benötigen zum Überleben einen pH-Wert von 6,5 bis 8,5. Abweichungen hiervon können zum Erkranken oder sogar Sterben der Fische führen.

Auch viele Pflanzen benötigen zum Gedeihen einen möglichst optimalen pH-Wert. Für Birke und Tanne liegt dieser beispielsweise zwischen 5 und 6.

Aber auch im Lebensumfeld des Menschen kann der pH-Wert eine Rolle spielen. So sollte das Wasser in einem Schwimmbad einen pH-Wert von etwa 7,2 haben. Liegt er über 7,8, werden die Schleimhäute gereizt. Der Badende empfindet ein Brennen in der Nase und den Augen. Liegt der pH-Wert aber unter 6,8, können Metallteile der Schwimmbadanlage angegriffen werden.

Man sieht also, wie wichtig es ist, den pH-Wert möglichst genau bestimmen zu können. Im Chemieunterricht geschieht dies in der Regel mit dem Universalindikator. Schneller und genauer kann der pH-Wert allerdings mit einem elektrischen pH-Meter (▷ B 2) bestimmt werden.

Strategie

Mit Indikatoren dem pH-Wert auf der Spur

Saure und alkalische Lösungen unterscheiden sich in ihrem pH-Wert. Der pH-Wert von sauren Lösungen ist kleiner als 7, der von alkalischen Lösungen ist größer als 7. Den Nachweis liefern Indikatoren.

A. Untersuchung von sauren und alkalischen Lösungen
Manche Indikatoren zeigen durch einen Farbumschlag an, ob eine Lösung sauer oder alkalisch ist. Beispiele dafür sind Rotkohlsaft, Lackmus und Phenolphthalein.
Viel gebräuchlicher sind Universalindikatoren. Sie bestehen aus Farbstoffgemischen und zeigen durch verschiedene Farbumschläge den pH-Wert genauer an.
Universalindikator gibt es als Flüssigkeit, in Form von Papierstreifen und Stäbchen.

Indikator	pH-Bereich des Farbumschlags	Farbänderung
Rotkohlsaft		
Lackmus		
Phenolphthalein		

- Vergleiche den Farbumschlag und den zugehörigen pH-Bereich von Rotkohlsaft, Lackmus und Phenolphthalein. Diskutiere die Einsatzmöglichkeiten.
- Anstelle der Indikatoren mit **einem** Farbumschlag kannst du Universalindikator verwenden. Welche Vorteile sind damit verbunden?
- Bei welchen Experimenten wird bevorzugt flüssiger Indikator verwendet? In welchen Bereichen kommen Papierstreifen und Teststäbchen zum Einsatz?

B. pH-Wert-Messungen in Gewässerproben
Nach wie vor ist es wichtig, in Seen und Flüssen den pH-Wert zu bestimmen. In einem Koffer für Gewässeruntersuchungen findest du geeignete Indikatoren.

- Für Untersuchungen von Gewässern werden meist pH-Messstäbchen verwendet, die nur für einen bestimmten pH-Bereich genaue Ergebnisse liefern. Worauf musst du achten, wenn du eine pH-Wertbestimmung mit Teststäbchen durchführst?
- Für Fische ist der pH-Wert des Aquariumwassers lebenswichtig. Sammle Informationen.

C. pH-Werte in Industrie und Technik
In Labors der chemischen Industrie und bei der Abwasserkontrolle in Kläranlagen kommt es sehr darauf an, dass die pH-Wertmessung möglichst genau erfolgt.

- Welche Vorteile bieten pH-Messgeräte gegenüber den Indikatoren?
- Große Betriebe besitzen eigene Klärwerke. Dennoch kommt es immer wieder zu Verunreinigungen der Flüsse und Seen. Informiere dich über derartige Unfälle und deren Auswirkungen.

Säuren und Laugen in Haushalt und Umwelt

Säuren und ihre Eigenschaften
Saure Lösungen:
- färben Universalindikator rot (▷ B 1),
- leiten den elektrischen Strom,
- reagieren mit unedlen Metallen unter Bildung von Wasserstoff,
- reagieren mit Kalk unter Bildung von Kohlenstoffdioxid.

Laugen und ihre Eigenschaften
Alkalische Lösungen:
- färben Universalindikator blau,
- leiten den elektrischen Strom (▷ B 2).

Indikatoren
Indikatoren zeigen durch einen Farbumschlag an, ob eine Lösung sauer oder alkalisch ist. Im Labor wird meistens der Universalindikator eingesetzt.

1 Saure Lösung

2 Leitfähigkeit

Der pH-Wert
Der pH-Wert ist ein Maß für den sauren, alkalischen oder neutralen Charakter einer Lösung (▷ B 3).

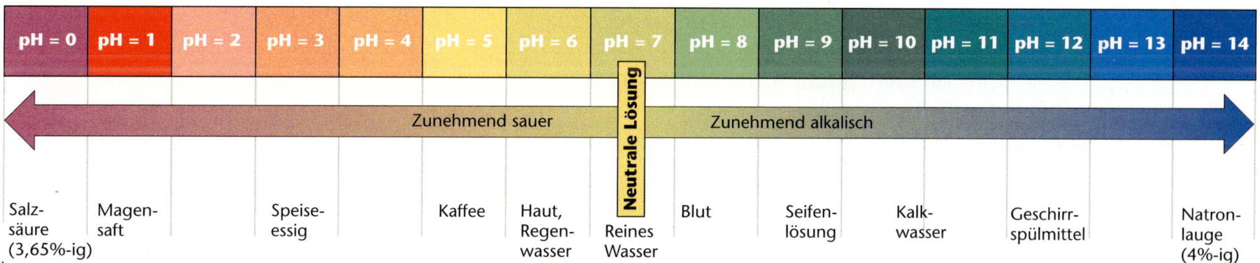

3 Die pH-Werte von Lösungen

Aufgaben

4 Zu Aufgabe 1

5 Zu Aufgabe 2

6 Zu Aufgabe 4

1 An welchen Farben des Universalindikators erkennt man, ob eine Lösung alkalisch, sauer oder neutral ist (▷ B 4)?

2 Welches in Bild 5 angegebene Symbol muss auf jeden Fall auf einer Chemikalienflasche, die eine stark saure Lösung enthält, stehen?

3 Erkläre den Begriff Lauge und nenne die charakteristischen Eigenschaften einer Lauge.

4 Woraus bestehen die Schneckenhäuser der Weinbergschnecke (▷ B 6)? Unter Einwirkung einer sauren Lösung schäumt das Schneckenhaus auf. Erkläre den Vorgang.

5 Die Abwässer der Haushalte passieren in der Kläranlage unter anderem eine biologische Reinigungsstufe.
a) Informiere dich, was hier geschieht.
b) Begründe, warum vor einer biologischen Reinigung der pH-Wert kontrolliert werden muss.
c) Zähle Stoffe aus dem Haushalt auf, die den pH-Wert des Abwassers beeinflussen könnten.

Für die Erstellung eines Versuchsprotokolls oder für Hefteinträge ist es oft notwendig, Versuchsaufbauten zu zeichnen. Ein exakt gezeichneter Versuchsaufbau hilft bei der Auswertung von Versuchsergebnissen und dient als Vorlage für den Aufbau ähnlicher Experimente.

Wie man einen Versuchsaufbau zeichnet
Wegen der einheitlichen Darstellung sollten die chemischen Geräte und ihre Zusammenstellung in einer Schnittzeichnung dargestellt werden (▷ B 3). Im Gegensatz zum realen Versuchsaufbau (▷ B 2) gibt eine Schnittdarstellung vom Versuchsaufbau (▷ B 1) das Wesentliche übersichtlich wieder.
Dabei reicht es oft aus, die für den Aufbau wichtigen Laborgeräte als Schnittzeichnungen darzustellen. Viele andere Geräte (z. B. Brenner, Dreifuß, Stativ) können in vereinfachter Form gezeichnet oder ganz weggelassen werden.
Die Versuchsskizze sollte jedoch immer beschriftet werden.

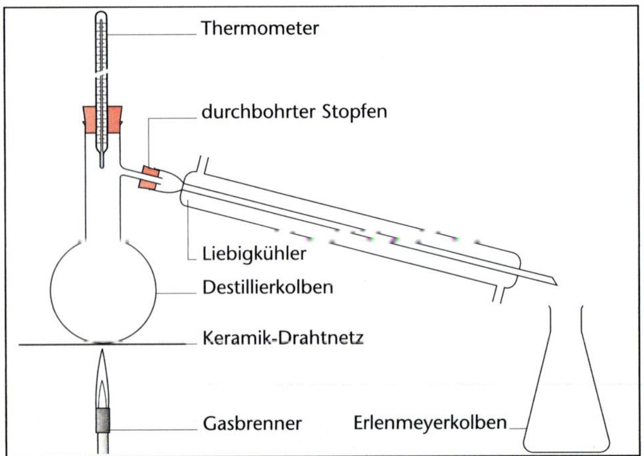

1 Schnittzeichnung vom Versuchsaufbau

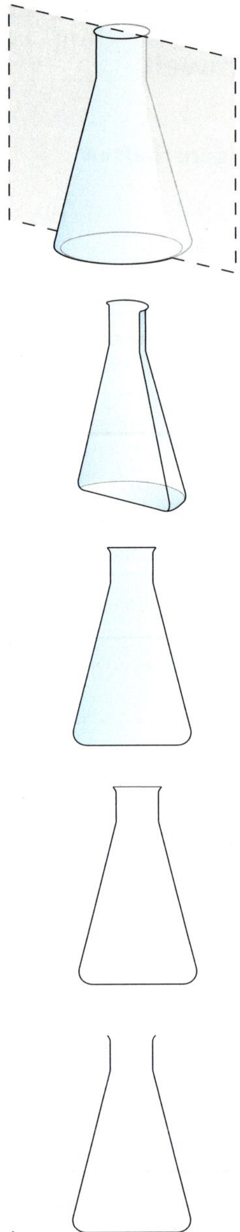

Duch einen Erlenmeyerkolben wird in der **perspektivischen Darstellung** eine Schnittebene (graue Fläche) gelegt.

So sieht die perspektivische Abbildung des Erlenmeyerkolbens nach dem Schnitt aus. Man erkennt die Innenseite, die Schnittkanten und Rundung der Öffnung oben.

Die **Frontalansicht** zeigt nur noch die Schnittkanten und die Innenseite.

In der **Schnittzeichnung** werden die geschnittenen Kanten mit dicken Linien und die nicht geschnittenen Kanten mit dünnen Linien dargestellt.

Bei weiterer Vereinfachung entfallen auch die nicht geschnittenen Kanten. Dadurch wird die Gefäßöffnung besser sichtbar.

3 Eine Schnittzeichnung wird erstellt.

2 Realer Versuchsaufbau

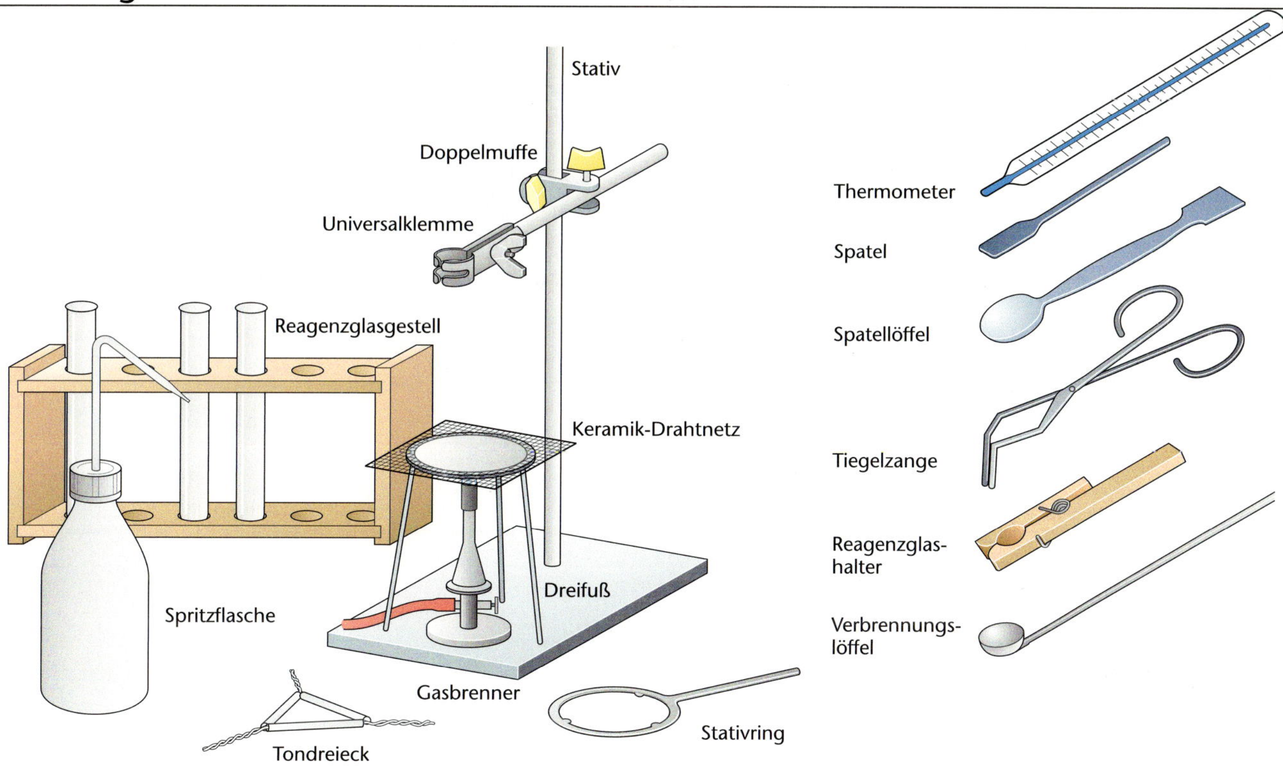

Schnittzeichnungen einiger Laborgeräte

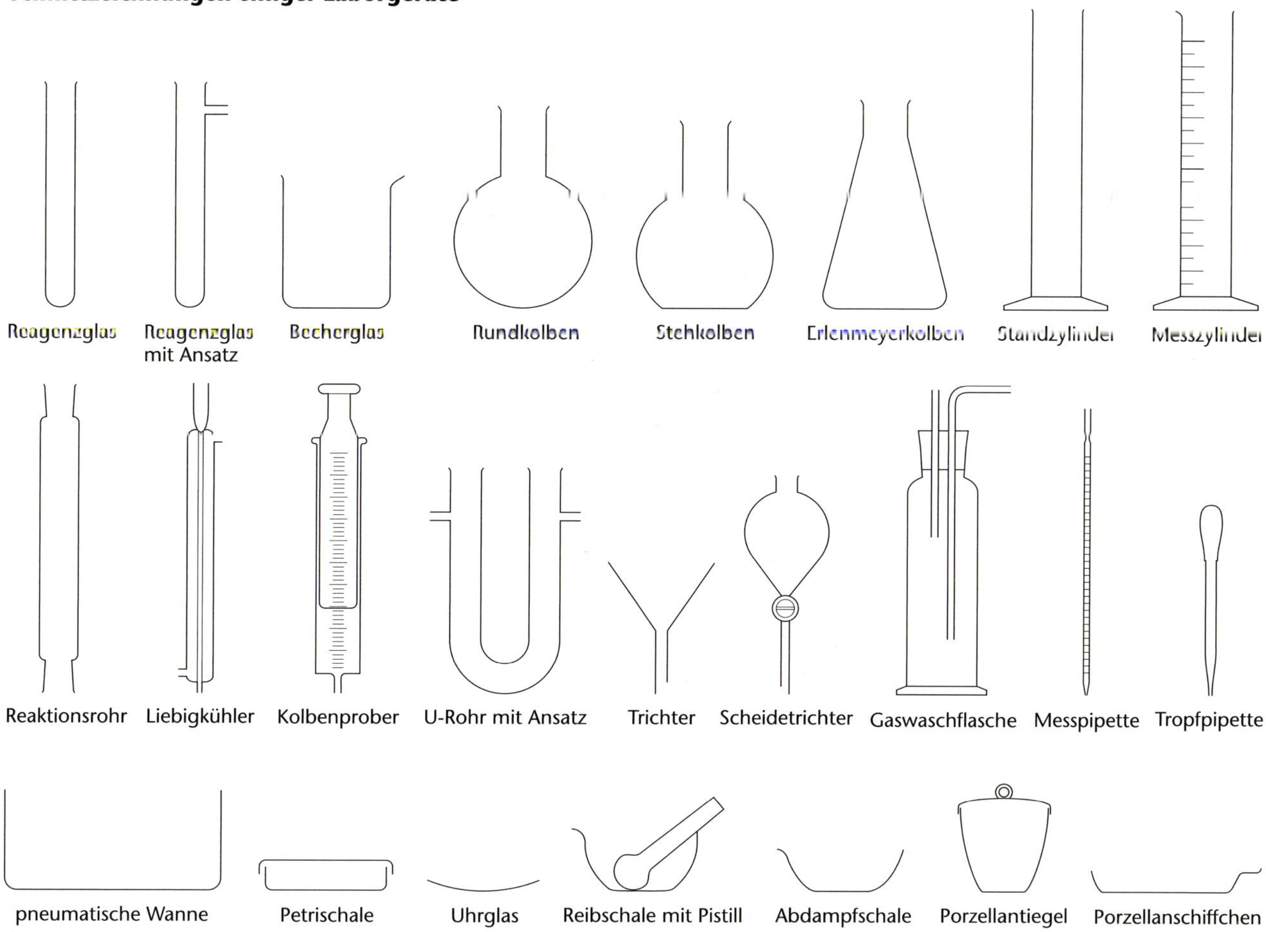

Entsorgungsplan

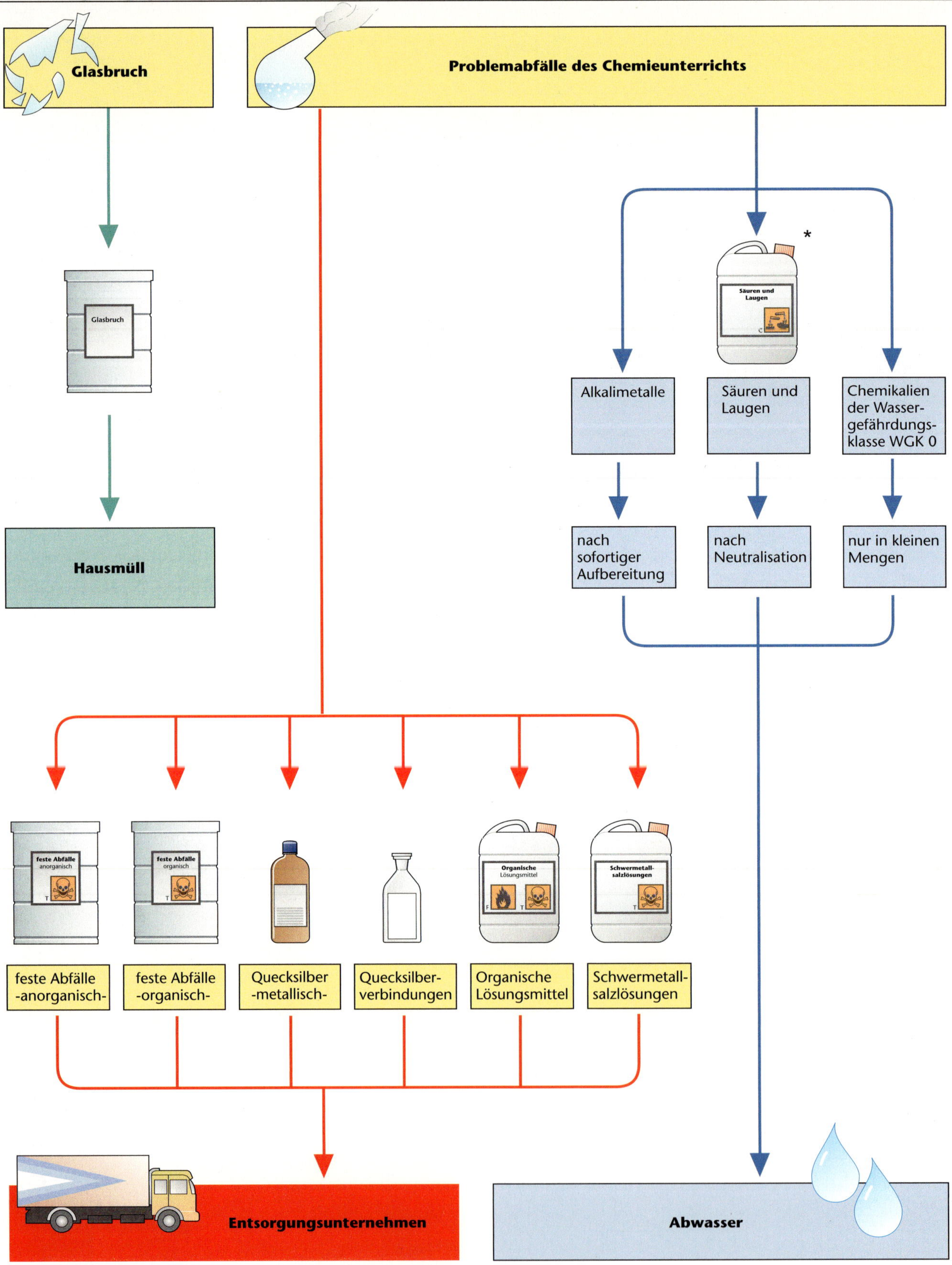

* Problemabfälle müssen in geeigneten Sammelgefäßen aus Kunststoff oder Glas gesammelt werden.

Dezimale Vielfache und Teile von Einheiten

Kurzel	Vorsatz	Faktor
p	Piko	$10^{-12} = \frac{1}{1\,000\,000\,000\,000}$
n	Nano	$10^{-9} = \frac{1}{1\,000\,000\,000}$
µ	Mikro	$10^{-6} = \frac{1}{1\,000\,000}$
m	Milli	$10^{-3} = \frac{1}{1\,000}$
c	Zenti	$10^{-2} = \frac{1}{100}$
d	Dezi	$10^{-1} = \frac{1}{10}$
da	Deka	10
h	Hekto	$10^{2} = 100$
k	Kilo	$10^{3} = 1\,000$
M	Mega	$10^{6} = 1\,000\,000$
G	Giga	$10^{9} = 1\,000\,000\,000$
T	Tera	$10^{12} = 1\,000\,000\,000\,000$

Griechische Zahlwörter
(nach chemischer Nomenklatur)

$\frac{1}{2}$	hemi	10	deca
1	mono	11	undeca
2	di	12	dodeca
3	tri	13	trideca
4	tetra	14	tetradeca
5	penta	15	pentadeca
6	hexa	16	hexadeca
7	hepta	17	heptadeca
8	octa	18	octadeca
9	nona	19	enneadeca
10	deca	20	eicosa

Umrechnung von Zeiteinheiten

Jahr a	Tag d	Stunde h	Minute min	Sekunde s
1 a =	365 d			
	1 d =	24 h		
		1 h =	60 min	
			1 min =	60 s

Umrechnung von Volumeneinheiten

Kubikmeter m^3	Kubikdezimeter dm^3	Kubikzentimeter cm^3	Kubikmillimeter mm^3
$1\,m^3$ =	$1\,000\,dm^3$		
	$1\,dm^3$ (l) =	$1\,000\,cm^3$ (ml)	
		$1\,cm^3$ =	$1\,000\,mm^3$

Umrechnung von Masseneinheiten

Tonne t	Kilogramm kg	Gramm g	Milligramm mg
1 t =	1 000 kg		
	1 kg =	1 000 g	
		1 g =	1 000 mg

Umrechnung von Druckeinheiten

Megapascal MPa	Bar bar	Hektopascal hPa	Pascal Pa
1 MPa =	10 bar		
	1 bar =	1 000 hPa	
		1 hPa =	100 Pa

Größe und Einheiten

Größe: Name	Zeichen	Beziehung	Erläuterungen	Einheiten: Name	Zeichen
Masse	*m*			Gramm Kilogramm	g kg
Volumen	*V*		Produkt aus drei Längen	Kubikmeter Liter Milliliter	m^3 1 l = $1\,dm^3$ 1 ml = $1\,cm^3$
Stoffmenge	*n*	$n = \frac{m}{M}$	*M*: molare Masse *m*: Masse der Stoffportion	Mol	mol
Dichte	*ρ*	$\rho = \frac{m}{V}$	*m*: Masse der Stoffportion *V*: Volumen der Stoffportion		g/cm^3 $1\,g/m^3 = 0{,}001\,g/cm^3$
Celsiustemperatur	ϑ			Grad Celsius	°C
thermodynamische Temperatur	*T*	$T = (\frac{\vartheta + 273{,}15}{°C})\,K$		Kelvin	K
Stromstärke	*I*	$I = \frac{U}{R}$		Ampere Milliampere	A mA
Spannung	*U*	$U = R \cdot I$	*I*: Stromstärke *R*: Widerstand	Volt Millivolt	V mV

Elementname	Symbol	Ordnungszahl	Atommasse in u	Dichte in g/cm³ (Gase in g/l)	Schmelztemperatur in °C	Siedetemperatur in °C
Actinium	Ac	89	227,0278	10,10	1050	3200
Aluminium	Al	13	26,9815	2,70	660	2467
Antimon	Sb	51	121,7570	6,68	630	1750
Argon	Ar	18	39,9480	1,66	–189	–186
Arsen	As	33	74,9216	5,72	613 s	817 p
Astat	At	85	210,0000	–	302	337
Barium	Ba	56	137,3300	3,51	725	1640
Beryllium	Be	4	9,0122	1,85	1278	2970
Bismut	Bi	83	208,9804	9,8	271	1560
Blei	Pb	82	207,2000	11,4	327	1740
Bor	B	5	10,8110	2,34	2300	2550 s
Brom	Br	35	79,9040	3,12	–7	59
Cadmium	Cd	48	112,4100	8,65	321	765
Caesium	Cs	55	132,9054	1,88	28	669
Calcium	Ca	20	40,0780	1,54	839	1484
Cer	Ce	58	140,1200	6,65	799	3426
Chlor	Cl	17	35,4530	2,95	–101	–35
Chrom	Cr	24	51,9961	7,20	1857	2672
Cobalt	Co	27	58,9332	8,9	1495	2870
Eisen	Fe	26	55,8470	7,87	1535	2750
Fluor	F	9	18,9984	1,58	–219	–188
Francium	Fr	87	223,0000		27	677
Gallium	Ga	31	69,7230	5,90	30	2403
Germanium	Ge	32	72,6000	5,32	937	2830
Gold	Au	79	196,9665	19,32	1064	3080
Hafnium	Hf	72	178,4900	13,3	2227	4602
Helium	He	2	4,0026	0,17	–272 p	–269
Indium	In	49	114,8180	7,30	156	2080
Iod	I	53	126,9045	4,93	113	184
Iridium	Ir	77	192,2200	22,41	2410	4130
Kalium	K	19	39,0983	0,86	63	760
Kohlenstoff	C	6	12,0110	2,25 [2)]	3650 [2)]	4827
Krypton	Kr	36	83,8000	3,48	–157	–152
Kupfer	Cu	29	63,5460	8,92	1083	2567
Lanthan	La	57	138,9055	6,17	921	3457
Lithium	Li	3	6,9410	0,53	180	1342
Magnesium	Mg	12	24,3050	1,74	649	1107
Mangan	Mn	25	54,9380	7,20	1244	1962
Molybdän	Mo	42	95,9400	10,2	2610	5560
Natrium	Na	11	22,9898	0,97	98	883
Neon	Ne	10	20,1790	0,84	–249	–246
Nickel	Ni	28	58,6934	8,90	1455	2730
Niob	Nb	41	92,9064	8,57	2468	4742

Elementname	Symbol	Ordnungszahl	Atommasse in u	Dichte in g/cm³ (Gase in g/l)	Schmelztemperatur in °C	Siedetemperatur in °C
Osmium	Os	76	190,2300	22,5	2700	5300
Palladium	Pd	46	106,4000	12,0	1554	2970
Phosphor	P	15	30,9738	1,82 3)	44[3)]	280
Platin	Pt	78	195,0800	21,4	1772	3827
Polonium	Po	84	209,0000	9,4	254	962
Praseodym	Pr	59	140,9077	6,77	931	3512
Protactinium	Pa	91	231,0358	15,4	–	–
Quecksilber	Hg	80	200,5900	13,6	–39	357
Radium	Ra	88	226,0254	5,0	700	1140
Radon	Rn	86	222,0000	9,23	–71	–62
Rhenium	Re	75	186,2070	20,5	3180	5627
Rhodium	Rh	45	102,9055	12,4	1966	3727
Rubidium	Rb	37	85,4678	1,53	39	686
Ruthenium	Ru	44	101,0700	12,3	2310	3900
Sauerstoff	O	8	15,9994	1,33	–219	–183
Scandium	Sc	21	44,9559	3,0	1541	2831
Schwefel (rhomb.)	S	16	32,0660	2,07	113	444
Schwefel (monokl.)	S	16	32,0660	1,96	119	444
Selen	Se	34	78,9600	4,81	217	685
Silber	Ag	47	107,8680	10,5	962	2212
Silicium	Si	14	28,0855	2,32	1410	2355
Stickstoff	N	7	14,0067	1,17	–210	–196
Strontium	Sr	38	87,6200	2,60	769	1384
Tantal	Ta	73	180,9479	16,6	2996	5425
Technetium	Tc	43	98,9062	11,5	2172	4877
Tellur	Te	52	127,6000	6,0	449	990
Thallium	Tl	81	204,3700	11,8	303	1457
Thorium	Th	90	232,0381	11,7	1750	4790
Titan	Ti	22	47,8800	4,51	1660	3287
Uran	U	92	238,0290	19,0	1132	3818
Vanadium	V	23	50,9415	5,96	1890	3380
Wasserstoff	H	1	1,0079	0,083	–259	–253
Wolfram	W	74	183,8400	19,3	3410	5660
Xenon	Xe	54	131,3000	5,49	–112	–107
Yttrium	Y	39	88,9059	4,47	1522	3338
Zink	Zn	30	65,3900	7,14	419	907
Zinn	Sn	50	118,7100	7,30	232	2270
Zirconium	Zr	40	91,2240	6,49	1852	4377

1) Dichteangaben für 20 °C und 1013 hPa
2) Angaben gelten für Graphit; Diamant: Schmelztemp. 3550, Dichte 3,51
3) Angaben gelten für weißen Phosphor; roter Phosphor: Schmelztemp. 590 p, Dichte 2,34

s = sublimiert
p = unter Druck
– = Werte nicht bekannt

Satz-ziffer	Bedeutung
R 1	In trockenem Zustand explosionsgefährlich
R 2	Durch Schlag, Reibung, Feuer oder andere Zündquellen explosionsgefährlich
R 3	Durch Schlag, Reibung, Feuer oder andere Zündquellen besonders explosionsgefährlich
R 4	Bildet hochempfindliche explosionsgefährliche Metallverbindungen
R 5	Beim Erwärmen explosionsfähig
R 6	Mit und ohne Luft explosionsfähig
R 7	Kann Brand verursachen
R 8	Feuergefahr bei Berührung mit brennbaren Stoffen
R 9	Explosionsgefahr bei Mischung mit brennbaren Stoffen
R 10	Entzündlich
R 11	Leicht entzündlich
R 12	Hochentzündlich
R 14	Reagiert heftig mit Wasser
R 15	Reagiert mit Wasser unter Bildung hoch entzündlicher Gase
R 16	Explosionsgefährlich in Mischung mit brandfördernden Stoffen
R 17	Selbstentzündlich an der Luft
R 18	Bei Gebrauch Bildung explosionsfähiger/leicht entzündlicher Dampf/Luftgemische möglich
R 19	Kann explosionsfähige Peroxide bilden
R 20	Gesundheitsschädlich beim Einatmen
R 21	Gesundheitsschädlich bei Berührung mit der Haut
R 22	Gesundheitsschädlich beim Verschlucken
R 23	Giftig beim Einatmen
R 24	Giftig bei Berührung mit der Haut
R 25	Giftig beim Verschlucken
R 26	Sehr giftig beim Einatmen
R 27	Sehr giftig bei Berührung mit der Haut
R 28	Sehr giftig beim Verschlucken
R 29	Entwickelt bei Berührung mit Wasser giftige Gase
R 30	Kann bei Gebrauch leicht entzündlich werden
R 31	Entwickelt bei Berührung mit Säure giftige Gase
R 32	Entwickelt bei Berührung mit Säure sehr giftige Gase
R 33	Gefahr kumulativer Wirkungen
R 34	Verursacht Verätzungen
R 35	Verursacht schwere Verätzungen
R 36	Reizt die Augen
R 37	Reizt die Atmungsorgane
R 38	Reizt die Haut
R 39	Ernste Gefahr irreversiblen Schadens
R 40	Verdacht auf krebserzeugende Wirkung
R 41	Gefahr ernster Augenschäden
R 42	Sensibilisierung durch Einatmen möglich
R 43	Sensibilisierung durch Hautkontakt möglich
R 44	Explosionsgefahr bei Erhitzen unter Einschluss
R 45	Kann Krebs erzeugen

Satz-ziffer	Bedeutung
R 46	Kann vererbbare Schäden verursachen
R 48	Gefahr ernster Gesundheitsschäden bei längerer Exposition
R 49	Kann Krebs erzeugen beim Einatmen
R 50	Sehr giftig für Wasserorganismen
R 51	Giftig für Wasserorganismen
R 52	Schädlich für Wasserorganismen
R 53	Kann in Gewässern längerfristig schädliche Wirkung haben
R 54	Giftig für Pflanzen
R 55	Giftig für Tiere
R 56	Giftig für Bodenorganismen
R 57	Giftig für Bienen
R 58	Kann längerfristig schädliche Wirkungen auf die Umwelt haben
R 59	Gefährlich für die Ozonschicht
R 60	Kann die Fortpflanzungsfähigkeit beeinträchtigen
R 61	Kann das Kind im Mutterleib schädigen
R 62	Kann möglicherweise die Fortpflanzungsfähigkeit beeinträchtigen
R 63	Kann das Kind im Mutterleib möglicherweise schädigen
R 64	Kann Säuglinge über die Muttermilch schädigen
R 65	Gesundheitsschädlich: Kann beim Verschlucken Lungenschäden verursachen
R 66	Wiederholter Kontakt kann zu spröder und rissiger Haut führen
R 67	Dämpfe können Schläfrigkeit und Benommenheit erzeugen.
R 68	Irreversibler Schaden möglich

Beispielhafte Kombinationen der R-Sätze (Auszug)

R 14/15	Reagiert heftig mit Wasser unter der Bildung hochentzündlicher Gase
R 15/29	Reagiert mit Wasser unter Bildung giftiger und hochentzündlicher Gase
R 20/21	Gesundheitsschädlich beim Einatmen und bei Berührung mit der Haut
R 20/21/22	Gesundheitsschädlich beim Einatmen, Verschlucken und Berührung mit der Haut
R 21/22	Gesundheitsschädlich bei Berührung mit der Haut und beim Verschlucken
R 23/24/25	Giftig beim Einatmen, Verschlucken und Berührung mit der Haut
R 36/37/38	Reizt die Augen, Atmungsorgane und die Haut
R 39/23	Giftig: ernste Gefahr irreversiblen Schadens durch Einatmen
R 39/24	Giftig: ernste Gefahr irreversiblen Schadens bei Berührung mit der Haut

Satzziffer	Bedeutung
S 1	Unter Verschluss aufbewahren
S 2	Darf nicht in die Hände von Kindern gelangen
S 3	Kühl aufbewahren
S 4	Von Wohnplätzen fernhalten
S 5	Unter … aufbewahren (geeignete Flüssigkeit vom Hersteller anzugeben)
S 6	Unter … aufbewahren (inertes Gas vom Hersteller anzugeben)
S 7	Behälter dicht geschlossen halten
S 8	Behälter trocken halten
S 9	Behälter an einem gut gelüfteten Ort aufbewahren
S 12	Behälter nicht gasdicht verschließen
S 13	Von Nahrungsmitteln, Getränken und Futtermitteln fern halten
S 14	Von … fern halten (inkompatible Substanzen vom Hersteller anzugeben)
S 15	Vor Hitze schützen
S 16	Von Zündquellen fern halten – nicht rauchen
S 17	Von brennbaren Stoffen fern halten
S 18	Behälter mit Vorsicht öffnen und handhaben
S 20	Bei der Arbeit nicht essen und trinken
S 21	Bei der Arbeit nicht rauchen
S 22	Staub nicht einatmen
S 23	Gas/Rauch/Dampf/Aerosol nicht einatmen (geeignete Bezeichnung[en] vom Hersteller anzugeben)
S 24	Berührung mit der Haut vermeiden
S 25	Berührung mit den Augen vermeiden
S 26	Bei Berührung mit den Augen gründlich mit Wasser abspülen und Arzt konsultieren
S 27	Beschmutzte, getränkte Kleidung sofort ausziehen
S 28	Bei Berührung mit der Haut sofort mit viel … abwaschen (vom Hersteller anzugeben)
S 29	Nicht in die Kanalisation gelangen lassen
S 30	Niemals Wasser hinzugießen
S 33	Maßnahmen gegen elektrostatische Aufladung treffen
S 35	Abfälle und Behälter müssen in gesicherter Weise beseitigt werden
S 36	Bei der Arbeit geeignete Schutzkleidung tragen
S 37	Geeignete Schutzhandschuhe tragen
S 38	Bei unzureichender Belüftung Atemschutzgerät anlegen
S 39	Schutzbrille/Gesichtsschutz tragen
S 40	Fußboden und verunreinigte Gegenstände mit … reinigen (vom Hersteller anzugeben)
S 41	Explosions- und Brandgase nicht einatmen
S 42	Beim Räuchern/Versprühen geeignetes Atemschutzgerät anlegen (geeignete Bezeichnung[en] vom Hersteller anzugeben)
S 43	Zum Löschen … (vom Hersteller anzugeben) verwenden (wenn Wasser die Gefahr erhöht, anfügen: „Kein Wasser verwenden")

Satzziffer	Bedeutung
S 45	Bei Unfällen oder Unwohlsein sofort Arzt zuziehen (wenn möglich, dieses Etikett vorzeigen)
S 46	Bei Verschlucken sofort ärztlichen Rat einholen und Verpackung oder Etikett vorzeigen
S 47	Nicht bei Temperaturen über … °C aufbewahren (vom Hersteller anzugeben)
S 48	Feucht halten mit … (geeignetes Mittel vom Hersteller anzugeben)
S 49	Nur im Originalbehälter aufbewahren
S 50	Nicht mischen mit … (vom Hersteller anzugeben)
S 51	Nur in gut belüfteten Bereichen verwenden
S 52	Nicht großflächig für Wohn- und Aufenthaltsräume zu verwenden
S 53	Exposition vermeiden. Vor Gebrauch besondere Anweisung einholen
S 56	Diesen Stoff und seinen Behälter der Problemabfallentsorgung zuführen
S 57	Zur Vermeidung einer Kontamination der Umwelt geeigneten Behälter verwenden
S 59	Informationen zur Wiederverwendung/Wiederverwertung beim Hersteller/Lieferanten erfragen
S 60	Dieser Stoff und/oder sein Behälter sind als gefährlicher Abfall zu entsorgen
S 61	Freisetzung in die Umwelt vermeiden. Besondere Anweisungen einholen/Sicherheitsdatenblatt zu Rate ziehen
S 62	Bei Verschlucken kein Erbrechen herbeiführen. Sofort ärztlichen Rat einholen und Verpackung oder dieses Etikett vorzeigen
S 63	Bei Unfall durch Einatmen: Verunfallten an die frische Luft bringen und ruhig stellen
S 64	Bei Verschlucken Mund mit Wasser ausspülen (nur wenn Verunfallter bei Bewusstsein ist)

Beispielhafte Kombinationen der S-Sätze (Auszug)	
S 1/2	Unter Verschluss und für Kinder unzugänglich aufbewahren
S 3/7	Behälter dicht geschlossen halten und an einem kühlen, gut gelüfteten Ort aufbewahren
S 3/14	An einem kühlen Ort entfernt von … aufbewahren (die Stoffe, mit denen Kontakt vermieden werden muss, sind vom Hersteller anzugeben)
S 3/9/14	An einem kühlen, gut gelüfteten Ort, entfernt von … aufbewahren (die Stoffe, mit denen Kontakt vermieden werden muss, sind vom Hersteller anzugeben)
S 3/9/49	Nur im Originalbehälter an einem kühlen, gut gelüfteten Ort aufbewahren
S 3/9/14/49	Nur im Originalbehälter an einem kühlen, gut gelüfteten Ort, entfernt von … aufbewahren (die Stoffe, mit denen Kontakt vermieden werden muss, sind vom Hersteller anzugeben)
S 7/8	Behälter trocken und dicht verschlossen halten
S 20/21	Bei der Arbeit nicht essen, trinken oder rauchen
S 24/25	Berührungen mit den Augen und der Haut vermeiden

Liste der Gefahrenstoffe

In der nachfolgenden Liste werden Gefahrstoffe aufgeführt, die in den Versuchsanleitungen des vorliegenden Buches vorkommen. Die in der zweiten Spalte stehenden Kennbuchstaben sind den Gefahrensymbolen zugeordnet. Die Bedeutungen der Kurzdarstellungen der R- und S-Sätze ist im Anschluss aufgeführt.

Aus der Nichterwähnung eines Stoffes darf nicht auf seine Unbedenklichkeit geschlossen werden. Vielmehr ist mit Chemikalien grundsätzlich besonnen umzugehen!

Bezeichnung des Stoffes	Kennbuchstabe des Gefahrensymbols	Gefahrenhinweise (R-Sätze)	Sicherheitsratschläge (S-Sätze)	MAK-Wert in mg/m³
Alkohol siehe Ethanol				
Aluminium, Pulver (nicht stabilisiert)	F	15-17	2-7/8-43	
Aluminium, Pulver (phlegmatisiert)	F	10-15	7/8-43	
Ammoniumthiocyanat	Xn	20/21/22-32	2-13	
Butan	F+	12	2/9-16	2350
Calcium	F	15	2-8-24/25-43	
Calciumhydroxid (gelöschter Kalk)	Xi	41	2-22-24-26-39	5G
Calciumoxid	Xi	41	2-22-24-26-39	5G
Citronensäure	Xi	36	24/25	
Eisen(III)-chlorid-6-Hydrat	Xn	22-38-41	1/2-26-39	
Essigsäure, 90 % und größer	C	10-35	1/2-23-26-45	25
Essigsäure, 25 % bis unter 90 %	C	34	1/2-23-26-45	25
Essigsäure, 10 % bis unter 25 %	Xi	36/38	1/2-23-26-45	25
Ethanol	F	11	2-7-16	960
Heizöl	Herstellereinstufung beachten			
Iod	Xn, N	20/21-50	2-23-25-61	1,1
Isopropylalkohol siehe 2-Propanol				
Kaliumpermanganat	O, Xn, N	8-22-50/53	2-60-61	
Kalkwasser, gesättigt	Herstellereinstufung beachten			
Kupfer(II)oxid	Xn	22	2-22	
Magnesiumband	F	11-15	2-7/8-43	
Magnesium, Pulver (nicht stabilisiert)	F	15-17	2-7/8-43	
Magnesium, Pulver (phlegmatisiert)	F	11-15	2-7/8-43	
Magnesiumspäne	F	11-15	2-7/8-43	
Natrium	F, C	14/15-34	1/2-5-8-43-45	
Natriumhydroxid (wasserfrei)	C	35	1/2-26-37/39-45	2
Natronlauge, 5 % und größer	C	35	1/2-26-37/39-45	2
Natronlauge, 2 % bis unter 5 %	C	34	1/2-26-37/39-45	2
Natronlauge, 0,5 % bis unter 2 %	Xi	36/38	1/2-26-37/39-45	2
2-Propanol	F, Xi	11-36-67	2-7-16-24/25-26	
Salzsäure, 25 % und größer	C	34-37	1/2-26-45	8
Salzsäure, 10 % bis unter 25 %	Xi	36/37/38	1/2-26-45	8
Sauerstoff (Druckgas)	O	8	2-17	
Schwefeldioxid, 20 % und größer	T	23-34	1/2-9-26-36/37/39-45	1,3
Schwefeldioxid, 5 % bis unter 20 %	Xn	20-34	1/2-9-26-36/37/39-45	1,3
Schwefeldioxid, 0,5 % bis unter 5 %	Xi	36/37/38	1/2-9-26-36/37/39-45	1,3
Schwefelsäure, 15 % und größer	C	35	1/2-26-30-45	
Schwefelsäure, 5 % bis unter 5 %	Xi	36/38	1/2-26-30-45	

Bezeichnung des Stoffes	Kennbuchstabe des Gefahrensymbols	Gefahrenhinweise (R-Sätze)	Sicherheitsratschläge (S-Sätze)	MAK-Wert in mg/m³
Silberoxid	Xi, O	8-41-44	1/2-26-39	0,01
Wasserstoff	F+	12	2-9-16-33	
Wundbenzin (oder Waschbenzin)	Herstellereinstufung beachten			
Zink (Späne)	F	15-17	2-7/8-43	
Zinkpulver (nicht stabilisiert)	F, N	15-17-50/53	2-43-46-60-61	
Zinkpulver, (stabilisiert)	N	50/53	60-61	

Auch viele Haushaltschemikalien wie z. B. Rohrreiniger, Entkalker oder Reinigungsbenzin sind Gefahrstoffe. Informationen über ihre Gefährlichkeit sind dem jeweiligen Etikett zu entnehmen.

Spalte 3: Gefahrenhinweise (R-Sätze, r = risk)
Es sind die Nummern der R-Sätze angegeben. Die Nummern sind durch einen Bindestrich getrennt; sind Nummern mit einem Schrägstrich versehen, handelt es sich um eine Kombination von R-Sätzen.

Spalte 4: Sicherheitsratschläge (S-Sätze, s = security)
Es sind die Nummern der S-Sätze angegeben. Die Nummern sind durch einen Bindestrich getrennt; sind Nummern mit einem Schrägstrich versehen, handelt es sich um eine Kombination von S-Sätzen.

Spalte 5: MAK-Wert
Es wird die maximale Arbeitsplatzkonzentration nach der MAK-Liste der Deutschen Forschungsgemeinschaft (DFG) angegeben.
F = Feinstaub, G = Gesamtstaub.

Gas (für technische Anwendungen)	Gewinde	alte Farbkennzeichnung	neue Farbkennzeichnung nach DIN-EN 1089-3 (zusätzliche Kennzeichnung „N" bis Juni 2006)	
			Flaschenschulter	Flaschenmantel*
Sauerstoff	rechts	blau	weiß	blau oder grau
Stickstoff	rechts	dunkelgrün	schwarz	grau, schwarz oder dunkelgrün
Druckluft	rechts	grau	leuchtend grün	grau
Argon	rechts	grau	dunkelgrün	grau oder dunkelgrün
Helium	rechts	grau	braun	grau
Kohlenstoffdioxid	rechts	grau	grau	grau
Wasserstoff	links	rot	rot	rot
Acetylen	Spezialgewinde	gelb	kastanienbraun	kastanienbraun, schwarz oder gelb

* Die einzig verbindliche Kennzeichnung des Flascheninhalts erfolgt durch den Gefahrgutaufkleber. Die Farbkennzeichnung dient als ergänzende und unterstützende Information. In Deutschland soll ab 01.07.2006 bei Sauerstoff, Stickstoff und Argon die Rumpffarbe grau verwendet werden.

Sicheres Experimentieren

2 a) An dem Gefahrensymbol ist zu erkennen, dass es sich um eine ätzende Flüssigkeit handelt.
Beim Entsorgen dieser Flüssigkeit sollten Schutzhandschuhe und Schutzbrille getragen werden, da der Stoff zu Verätzungen führen kann.

b) Nicht mehr identifizierbare Stoffe sollten vorsichtshalber als Problemabfall entsorgt werden.

Stoffe, Teilchen, Eigenschaften

2 Zur Beantwortung dieser Frage kannst du u. a. die Angaben zu den chemischen Elementen im Anhang des Buches und das Periodensystem zu Hilfe nehmen. Auch eigene Recherchen, z. B. im Internet oder einem Lexikon, können hilfreich sein.

a) **Wasser** ist eine farblose, geruchlose Flüssigkeit. Seine Schmelztemperatur t_{sm} beträgt 0 °C, seine Siedetemperatur t_{sd} 100 °C. Die Dichte beträgt 1,00 g/cm³.

b) **Blei** ist bei Zimmertemperatur ein dunkelgrauer, glänzender Feststoff. Blei zeigt die typischen Eigenschaften eines Metalls: Es ist elektrisch leitfähig, ein guter Wärmeleiter und leicht verformbar. Blei schmilzt bei 327 °C und siedet bei 1 740 °C. Mit einer Dichte von 11,40 g/cm³ zählt Blei zu den Schwermetallen.

c) **Eisen** ist ein grau glänzendes Metall. Eisen leitet den elektrischen Strom, es ist ein guter Wärmeleiter und leicht verformbar. Seine Schmelztemperatur t_{sm} beträgt 1 535 °C, seine Siedetemperatur t_{sd} 2 750 °C. Eisen gehört mit einer Dichte von 7,87 g/cm³ zu den Schwermetallen.

d) **Iod** liegt bei Zimmertemperatur in Form von glänzenden, grauschwarzen Plättchen vor. Bereits bei geringer Erwärmung sublimiert Iod. Dabei entsteht violetter Ioddampf. Iod schmilzt bei 113 °C und siedet bei 184 °C. Die Dichte beträgt 4,93 g/cm³.

10 Wenn in Filmen wie in „Titanic" Schiffe nachgebaut werden, so holt man sich die alten Pläne und baut nach diesen originalgetreu beispielsweise die Inneneinrichtung, den Bug oder das Heck eines Schiffes nach. Damit der Zuschauer meint, das Original vor sich zu haben, muss das nachgebaute Schiff bis in das kleinste Detail mit dem Original übereinstimmen. Dieses Modell kann man sehen und auch anfassen.
Beispiel: Filmstudio in München, dort ist das U-Boot-Modell aus dem Film „Das Boot" zu sehen.
Das Teilchenmodell in der Chemie wird nicht benutzt, um ein Original nachzubauen. Die Teilchen sind so klein, dass man sie selbst mit den stärksten Mikroskopen nicht sehen kann. Modelle in der Chemie sind demnach keine Abbildungen der Wirklichkeit. Diese Modelle sind Vorstellungs- und Erklärungshilfen.

11 Ein Dummy kann als Ersatz für einen Fahrer oder Beifahrer in Crash-Tests eingesetzt werden, weil er z. B. das Gewicht, die Größe, die Bewegungsabläufe eines Menschen aufweist. Ein Dummy verhält sich beim Crash-Test damit ähnlich wie ein menschlicher Körper.

Die chemische Reaktion

5 a) Schwarzes Silbersulfid wird beim Erhitzen zerlegt, es findet eine chemische Reaktion statt.
Aus einem Ausgangsstoff (einem Edukt) entstehen zwei Endstoffe (zwei Reaktionsprodukte). Bei der Zerlegung von Silbersulfid entstehen unter Wärmezufuhr die Reaktionsprodukte Silber (silbrig glänzende Kugel) und Schwefel (gelber Stoff). Das Reaktionsschema für die chemische Reaktion lautet:

Silbersulfid ⟶ Silber + Schwefel

b) Silbersulfid ist eine Verbindung, sie lässt sich in Silber und Schwefel zerlegen. Silber und Schwefel sind Elemente. Sie sind Grundstoffe, die sich nicht in weitere Stoffe zerlegen lassen.

c) Es hat eine endotherme Reaktion stattgefunden, da bei der Zerlegung von Silbersulfid ständig Energie (in Form von Wärme) zugeführt wird.
Im Reaktionsschema wird die endotherme Reaktion wie folgt angegeben:

Silbersulfid ⟶ Silber + Schwefel | endotherm

6 a) Beim Erhitzen von Kupfer und Schwefel findet eine chemische Reaktion statt. Aus zwei Ausgangsstoffen (zwei Edukten) entsteht ein Endstoff (ein Reaktionsprodukt).
Die Ausgangsstoffe (Edukte) sind Kupfer und Schwefel.
Der Endstoff (Reaktionsprodukt) ist Kupfersulfid.
Das Reaktionsschema für diese chemische Reaktion lautet:

Kupfer + Schwefel ⟶ Kupfersulfid | exotherm

b) Bei der Reaktion von Kupfer und Schwefel hat sich die Verbindung Kupfersulfid gebildet. Die Bildung einer Verbindung nennt man Synthese.

c) Der Ablauf einer exothermen Reaktion kann mit folgender Modellvorstellung verglichen werden: Eine Kugel soll über einen Hügel nach unten gebracht werden. Sie kann den Hügel nicht von alleine überwinden. Dazu benötigt man Energie. Oben, von der Spitze des Hügels aus, kann die Kugel dann von selbst ins Tal rollen.
Die chemische Reaktion kommt nicht von alleine in Gang. Die Ausgangsstoffe Kupfer und Schwefel müssen zuerst aktiv gemacht werden. Dazu benötigt man Aktivierungsenergie, man muss erwärmen. Hat die Reaktion eingesetzt, wird viel Energie (in Form von Wärme und Licht) frei. Sie reicht

aus, um die chemische Reaktion in Gang zu halten.

Reaktionen mit Sauerstoff

3 Bei der Verbrennung von rötlichem Kupfer über dem Gasbrenner findet eine Oxidation statt. Es entsteht Kupferoxid, welches an seiner grauschwarzen Farbe zu erkennen ist. Wird Kupfer jedoch über eine Kerzenflamme gehalten, entsteht kein Kupferoxid, sondern nur Ruß. Die Kerzenflamme ist nicht heiß genug, um die Oxidation von Kupfer zu bewirken. Die Aktivierungsenergie, die erforderlich ist, damit die Reaktion in Gang kommt, wird nicht erreicht. Stattdessen schlägt sich Ruß der Kerzenflamme (entsteht aus der Verbrennung des Kerzenwachses) am Kupfer nieder.

7 a) Im Körper des Menschen werden Nährstoffe, meist Glucose (Traubenzucker), oxidiert.

b) Die Oxidationen verlaufen im Vergleich zu Verbrennungen an der Luft sehr langsam und ohne Flammenerscheinung ab.

c) Die frei werdende Energie dient zur Aufrechterhaltung der Körpertemperatur und zur Bewegung.

Die chemische Zeichensprache

1 a) Mg: II-wertig; N: III-wertig
Das kgV von II und III ist 6.
II x **3** = 6 und III x **2** = 6
a) Die Formel lautet: Mg_3N_2

b) Magnesium + Stickstoff ⟶ Magnesiumnitrid

$$3\,Mg + N_2 \longrightarrow Mg_3N_2$$

4 a) Eisen ist hier III-wertig, Chlor ist I-wertig. Die Formel für Eisen(III)-chlorid ist somit $FeCl_3$. Bei der Reaktionsgleichung muss beachtet werden, dass Chlor nur als zweiatomiges Molekül vorkommt:

$$2\,FeCl_3 \longrightarrow 2\,Fe + 3\,Cl_2$$

b) Die Formel wird aus dem Namen abgeleitet: Schwefeltrioxid. Ein Schwefelatom ist mit drei Sauerstoffatomen verbunden, also lautet die Formel: SO_3.
In der Reaktionsgleichung muss beachtet werden, dass Sauerstoff nur als zweiatomiges Molekül vorkommt.

$$2\,S + 3\,O_2 \longrightarrow 2\,SO_3$$

Reduktion und Redoxreaktion

1 Magnesium und Zink
a) Magnesium + Eisenoxid ⟶ Magnesiumoxid + Eisen

$$3\,Mg + Fe_2O_3 \longrightarrow 2\,Fe + 3\,MgO$$

Zink + Eisenoxid ⟶ Zinkoxid + Eisen

$$3\,Zn + Fe_2O_3 \longrightarrow 2\,Fe + 3\,ZnO$$

b) Das Metall ist jeweils das Reduktionsmittel, das bei der Reaktion selbst oxidiert wird; Eisenoxid ist jeweils das Oxidationsmittel, das bei der Reaktion selbst reduziert wird.

Säuren und Laugen in Haushalt und Umwelt

5 a) Lebende Bakterien, und in manchen Kläranlagen auch Pflanzen (z. B. Binsen), bewirken die biologische Reinigung. Den Bakterien dient der Schmutz des zu klärenden Wassers als Nahrung. Dabei benötigen sie Sauerstoff, der in Form von Luftblasen zugeführt wird.

b) Stark saure oder alkalische Lösungen töten die Bakterien ab, es kann dann keine biologische Reinigung mehr erfolgen.

c) Rohrreiniger (alkalisch), Toilettenreiniger (sauer), Waschmittel (alkalisch), Entkalker (sauer) können den pH-Wert des Abwassers beeinflussen.

6.2 Okapia (Tschanz Hofman), Frankfurt – **6.3** Mauritius (Phototake), Mittenwald – **7.4** Superbild (Zscharnack), Unterhaching/München – **7.5** Hudora, Remscheid – **7.6** Mauritius (ace), Mittenwald – **7.7** Superbild, Unterhaching/München – **7.8** Corbis (Patrick Ward), Düsseldorf – **7.9** Superbild, Unterhaching/München – **7.10** Mauritius (Sipa), Mittenwald – **7.11** BPK, Berlin – **8.1-3** AKG, Berlin – **8.4** AKG (Erich Lessing), Berlin – **8.5** AKG (Werner Forman), Berlin – **9.6** Mauritius (Ley), Mittenwald – **9.7** AKG, Berlin – **9.8** Mauritius (age), Mittenwald – **9.9,10** Deutsches Museum (J.B. Porta), München – **9.11** Materialprüfamt Universität Kaisers, Kaiserslautern – **9.12** Okapia (Eberhard Morell), Frankfurt – **9.13** Deutsches Museum (J.B. Porta), München – **11.2** AKG, Berlin – **11.3** Allover (Lantelm), Kleve – **12.2** Mauritius (age), Mittenwald – **12.3** Dalloz Safety GmbH, Lübeck – **12.4** Aug. Hedinger GmbH & Co. KG, Stuttgart – **13.1** Okapia (Eberhard Morell), Frankfurt – **13.2** Mauritius (Ley), Mittenwald – **16.1** AKG, Berlin – **17.3** Höllerer, Stuttgart – **18.2** Aug. Hedinger GmbH & Co. KG, Stuttgart – **18.3** RWE Umwelt West GmbH, Grevenbroich – **18.4** Allover (Lantelm), Kleve – **18.5** HORST GmbH, Lorsch – **18.7** Aug. Hedinger GmbH & Co. KG, Stuttgart – **18.8,9** Eberhard Theophel, Gießen – **18.10** Mauritius (Fichtl), Mittenwald – **19.2** Bierbaum-Proenen GmbH & Co. KG, Köln – **19.3** Eberhard Theophel, Gießen – **22.1** Mauritius (Otto), Mittenwald – **24.1** Trienekens AG, Viersen – **26.2** BASF AG, Ludwigshafen – **27.3** Corbis (Susan Barr), Düsseldorf – **27.5** Katja Buß, Stuttgart – **27.6** FOCUS (EOS/Meckes), Hamburg – **29.1A** Mauritius (Phototheque-SDP), Mittenwald – **29.1B** Mauritius (Steputat), Mittenwald – **29.1C** Mauritius (age), Mittenwald – **36.1** Deutsches Museum, München – **38.1B** Manfred P. und Christina Kage, Lauterstein – **38.4** Ulrike Medenbach, Witten – **38.5** Otto Hahn, Bopfingen – **39.A** AKG, Berlin – **39.B** Helga Lade (CW Fotodesign), Frankfurt – **39.1A** Corbis, Düsseldorf – **40.1** Bilderberg (Walter Schiesswohl), Hamburg – **40.3,4** DaimlerChrysler, Stuttgart – **40.5** Image 100, Berlin – **40.6** AKG, Berlin – **41.7** VG Bild-Kunst, Bonn 2005 (René Magritte, Die persönliche Werte) – **44.1** AKG (Sotheby's), Berlin – **46.3A** Okapia (Manfred Metzger), Frankfurt – **46.3B** Hermann Eisenbeiss, Bad Kohlgrub – **47.6** Bilderberg, Hamburg – **47.7,8** Mauritius (age), Mittenwald – **47.9B** Manfred P. und Christina Kage, Lauterstein – **48.1** Harald Kaiser (Harald Kaiser), Alfdorf-Vordersteinenberg – **49.1** Image 100, Berlin – **50.2** Carl Jürgen Bautsch, Hamburg – **51.1** Silvestris (S. Kerscher) Dießen – **52** Okapia (Wilhelm Irsch), Frankfurt – **52.2** Okapia (Yoav Levy/Phototake), Frankfurt – **52.4** Bilderberg (Gert Wagner), Hamburg – **54.1** Mauritius (Superstock), Mittenwald – **54.3** Fotoagentur Version (Herby Sachs), Köln – **55.4** AURA (Ammon), Luzern – **55.5** Vario-Press (Jens Trautmann), Bonn – **55.6** Mauritius (Kumicak), Mittenwald – **58.5** Corbis (Sygma/John Van Hasse), Düsseldorf – **58.6** Picture-Alliance (dpa / wolkswagen), Frankfurt – **59.8** Mauritius (Pöhlmann), Mittenwald – **60.2** Mauritius (AGE), Mittenwald – **61.3** Mauritius, Mittenwald – **62.5** Stockfood Photo Stock Agency (S.&P. Eising), München – **65.4,5** Ulrike Medenbach, Witten – **66.1** Mauritius (Dr.Pott), Mittenwald – **68.1** Mauritius (Hubacher), Mittenwald – **69.3** AKG, Berlin – **70.2** Visum (Patrick Morrow), Hamburg – **70.6, 71.6** Westfalen AG, Münster – **73.1** Picture-Alliance (dpa), Frankfurt – **73.2,3** AKG, Berlin – **74.1** Corbis (Bettmann), Düsseldorf – **74.3** BPK (Kupferstich), Berlin – **76.1A,B** Picture-Alliance (dpa), Frankfurt – **77.1,2** AKG, Berlin – **77.3** Bayer AG, Leverkusen – **77.4** AKG (Waldemar Abegg), Berlin – **79.2** Mauritius (ACE), Mittenwald – **79.3** Bayer AG, Leverkusen – **79.4** Stockfood Photo Stock Agency (S.&P. Eising), München – **79.6** Mauritius (ACE), Mittenwald – **80.1** Helga Lade (BAV), Frankfurt – **81.2** Superbild (Number_Three), Unterhaching/München – **81.3** Mauritius (Gilsdorf), Mittenwald – **81.4** Mauritius (AGE), Mittenwald – **81.5** Helga Lade, Frankfurt – **82.1A** Helga Lade (K. Röhrig), Frankfurt – **84** Heinrich Hoffmann, Der Struwwelpeter, Frankfurt 1910 – **84.1** Picture-Alliance, Frankfurt – **84.2** FIRE Foto - Thomas Gaulke, München – **84.3** Dieter Rixe, Braunschweig – **84.4** Picture-Alliance, Frankfurt – **87.1** Corbis (© Royalty-Free/ CORBI), Düsseldorf – **90.1** AKG, Berlin – **90.2,3** Deutsches Museum, München – **91.3** Corbis (Stephanie Maze), Düsseldorf – **92.1B** Getty Images/Bongarts, Hamburg – **92.4A** Thomas Seilnacht, Bern – **92.6B** Eberhard Theophel, Gießen – **93.2** Mauritius, Mittenwald – **94.1** Corbis (YIORGOS KARAHALIS/Re), Düsseldorf – **96** Mauritius (age), Mittenwald – **96.3** Bilderberg (M.Kirchgessner), Hamburg – **97.1** Ulrich Niehoff, Bienenbüttel – **97.2** Prof. Dr. Peter Menzel, Esslingen – **97.5** Keystone (Volkmar Schulz), Hamburg – **97.6** Prof. Dr. Peter Menzel, Esslingen – **98.3** Mauritius (Spectrum), Mittenwald – **99.1,2** NWS, Stuttgart – **99.3** NWS (Gerst), Stuttgart – **100.1** Wolfgang Redeleit, Bienenbüttel – **100.2A** Visum (Steinmetz), Hamburg – **100.2B** Corbis (Jecan), Düsseldorf – **100.3** FOCUS (Hans Silvester), Hamburg – **101.1** ullstein bild, Berlin – **101.2** Keystone, Hamburg – **102.2** Picture-Alliance (dpa), Frankfurt – **102.4A** FOCUS (SPL), Hamburg – **102.4B** Joachim Nittka, Augsburg – **103.3A** Thomas Seilnacht, Bern – **104.2** FIRE Foto - Thomas Gaulke (Thomas Gaulke), München – **105.2** Bilderberg (Klaus Bossemeyer), Hamburg – **105.3** Dieter Schmidtke, Schorndorf – **105.4** SPIEGEL-Verlag, Hamburg – **106.1** Deutsches Museum, München – **106.2** ullstein bild, Berlin – **106.3** AKG, Berlin – **106.4** Mauritius, Mittenwald – **106.5** Avenue Images GmbH (PhotoDisc), Hamburg – **109.1** AKG, Berlin – **109.2** Helga Lade (MAN), Frankfurt – **109.3** Landesmuseum für Technik und Arbeit, Mannheim – **110.1** Inter Topics (Mansell), Hamburg – **112.1** Duvieu, foxnaturalconcept@free.fr, Nantes – **112.2** Mauritius, Mittenwald – **112.3** Deutsches Museum, München – **113.1** Corbis (Meyer zur Capellen/z), Düsseldorf – **114.1** AKG, Berlin – **115.1** FOCUS (SPL), Hamburg – **115.4A** Mauritius, Mittenwald – **118.2C** Humboldt-Universität zu Berlin, Berlin – **119.2** FOCUS (Geoff Tompkinson), Hamburg – **124.1** AKG (Erich Lessing), Berlin – **124.2** Helga Lade (Weiss), Frankfurt – **124.3** Helga Lade (Flac), Frankfurt – **124.6** Corbis (Yogi, Inc./), Düsseldorf – **125.7** Mauritius (Peebles), Mittenwald – **125.8** RS Uhren-Handelsgesellschaft mbH, Düsseldorf – **125.9** Helga Lade (H.R.Bramaz), Frankfurt – **126** Das Fotoarchiv, Essen – **132.4** FOCUS (Martin Bond), Hamburg – **133.6** Picture-Alliance (dpa), Frankfurt – **134.1** AKG, Berlin – **134.2A,B** AKG (Erich Lessing), Berlin – **134.2C** AKG, Berlin – **134.3** Corbis (Dan Guravich), Düsseldorf – **135.2** Mauritius (PowerStock), Mittenwald – **135.3** Mauritius (age), Mittenwald – **135.4** Mauritius (Mitterer), Mittenwald – **136.1** Fotex (Boris Lehner), Hamburg – **136.2** AKG, Berlin – **137.2B,D** Hermann Eisenbeiss, Bad Kohlgrub **137.4** Mauritius (AGE), Mittenwald – **138.1** Stockfood Photo Stock Agency (Eising), München – **138.2** Huober Brezel, Erdmannhausen – **139.3** Corbis, Düsseldorf – **141.1** Corbis (Norman/zefa), Düsseldorf – **142.1,2** AKG, Berlin – **142.3** Picture-Alliance (KNA Import), Frankfurt – **143.1B** MEV, Augsburg – **143.2A** Stockfood Photo Stock Agency (Schliack, Amos), München – **143.2C** Gert Elsner, Stuttgart – **143.2D** Hengstenberg, Esslingen – **151.6** Corbis (George McCarthy), Düsseldorf – **152.1** Phywe Systeme GmbH & Co. KG, Göttingen – **161.1** Westfalen AG, Münster

Alle weiteren Fotos stammen von Werkstattfotografie Neumann und Zörlein, Stuttgart oder aus dem Archiv des Ernst Klett Verlags.

Elementsymbol mit Ordnungszahl	Beschreibung der Abbildung
1 H	**Wasserstoff** wird in roten Stahlflaschen aufbewahrt.
2 He	**Helium** wird in grau/gelben Stahlflaschen aufbewahrt.
3 Li	**Lithium** wird wegen seiner hohen Reaktionsfähigkeit unter Paraffinöl aufbewahrt.
4 Be	elementares **Berylium**
5 B	elementares **Bor**
6 C	**Kohlenstoff** in der Modifikation Graphit
7 N	**Stickstoff** wird in grün/schwarzen Stahlflaschen aufbewahrt.
8 O	**Sauerstoff** wird in blau/weißen Stahlflaschen aufbewahrt.
9 F	**Fluor** wird in grau/gelben Stahlflaschen aufbewahrt.
10 Ne	**Neon** erzeugt bei der elektrischen Entladung in Leuchtröhren rotes Licht.
11 Na	**Natrium** wird wegen seiner hohen Reaktionsfähigkeit unter Paraffinöl aufbewahrt.
12 Mg	**Magnesium**band
13 Al	**Aluminium**folie wird als Verpackungsmaterial für Lebensmittel verwendet.
14 Si	**Silicium** ist der Grundbestandteil in Mikrochips.
15 P	schwarzer und gelber **Phosphor**
16 S	**Schwefel** in Stangenform
17 Cl	**Chlor** ist gelb-grün und besitzt eine bleichende Wirkung.

Elementsymbol mit Ordnungszahl	Beschreibung der Abbildung
18 Ar	**Argon** erzeugt bei der elektrischen Entladung in Leuchtröhren blaues Licht.
19 K	**Kalium** wird wegen seiner hohen Reaktionsfähigkeit unter Paraffinöl aufbewahrt.
20 Ca	elementares **Calcium**
21 Sc	elementares **Scandium**
22 Ti	Künstliche Hüftgelenke sind zumeist aus **Titan.**
23 V	**Vanadium** ist als Legierungsbestandteil in Werkzeugen enthalten.
24 Cr	Sanitär-Armaturen werden häufig mit einer **Chrom**schicht überzogen.
25 Mn	**Mangan**haltiger Stahl erzeugt Härte und Festigkeit. Dieser wird z. B. für technische Federn verwendet.
26 Fe	Nägel sind oft aus **Eisen**
27 Co	In Rasierklingen ist **Cobalt** als Legierungsbestandteil enthalten. Es sorgt für verschleißfestes Schneiden.
28 Ni	In wiederaufladbaren Nickel-Metallhydrid-Batterien (Akkumulatoren) dienen **Nickel**verbindungen als Anode.
29 Cu	**Kupfer**draht
30 Zn	**Zink**beschichtung z. B. auf Gießkannen dienen als Rostschutz.
31 Ga	**Gallium** ist bei Raumtemperatur zähflüssig.
32 Ge	Wegen seines hohen Brechungsindexes werden **Germanium**verbindungen dem Glas von optischen Linsen beigemengt.
33 As	**Arsen** ist als Arsen-Gallium-Legierung in Leuchtdioden enthalten. Dort ist es für die rote Farbe verantwortlich.
34 Se	**Selen** ist in Selen-Hefe-Tabletten enthalten, welche die Regenerierung von Haut, Haaren und Nägeln fördern.

Elementsymbol mit Ordnungszahl	Beschreibung der Abbildung
35 Br	**Brom** besitzt eine braun-gelbe Farbe. Es liegt bei Raumtemperatur als Flüssigkeit und Gas vor.
36 Kr	**Krypton** ist als Füllgas in vielen Glühlampen enthalten.
37 Rb	**Rubidium** wird wegen seiner hohen Reaktionsfähigkeit in zugeschmolzenen Glasröhrchen aufbewahrt.
38 Sr	**Strontium** wird wegen seiner hohen Reaktionsfähigkeit unter Paraffinöl aufbewahrt.
39 Y	**Yttrium**verbindungen verursachen die rote Farbe in manchen Lasern.
40 Zr	**Zirconium** verbrennt unter hellem Leuchten und wird deshalb in Blitzlampen eingesetzt.
41 Nb	**Niob** wird als Legierungsbestandteil in chirugischen Geräten (z. B. Arztscheren) verwendet.
42 Mo	**Molybdän** wird als Anodenwerkstoff in Elektronenröhren (z. B. Bildröhren) verwendet.
43 Tc	radioaktives **Technetium**
44 Ru	**Ruthenium**legierungen sind besonders hart und werden deshalb z. B. für Federn von Füllfederhaltern verwendet.
45 Rh	**Rhodium** dient als Beschichtungsmaterial für viele medizinische Geräte (z. B. Mundspiegel beim Zahnarzt).
46 Pd	Zahnkrohnen bestehen meist aus **Palladium**-Gold-Legierungen.
47 Ag	Silberbesteck besteht aus einer **Silber**legierung oder ist mit einer Silberschicht überzogen.
48 Cd	**Cadmium** bildet die Kathode in wiederaufladbaren Nickel-Cadmium-Batterien.
49 In	**Indium**verbindungen werden vor allem in der Halbleiterindustrie z. B. zur Herstellung von Transistoren eingesetzt.
50 Sn	Konservendosen (Weißblech) bestehen aus **Zinn**legierungen.
51 Sb	**Antimon**-Blei-Schmelzen dehnen sich beim Erstarren aus und dienen deshalb als Gußwerkstoffe für Bleilettern.

Elementsymbol mit Ordnungszahl	Beschreibung der Abbildung
52 Te	**Tellur** wird bei der Herstellung von Autoreifen zur Vulkanisierung benötigt.
53 I	**Iod** ist schwarz-violett und sublimiert bei Raumtemperatur zu violettfarbigem Ioddampf.
54 Xe	**Xenon** wird als Füllgas für Hochdrucklampen verwendet.
55 Cs	**Caesium** wird wegen seiner hohen Reaktionsfähigkeit in zugeschmolzenen Glasröhrchen aufbewahrt.
56 Ba	**Barium** wird wird wegen der hohen Reaktionsfähigkeit unter Paraffinöl aufbewahrt.
72 Hf	elementares **Hafnium**
73 Ta	Aufgrund seiner chemischen Wiederstandsfähigkeit wird **Tantal** in Kondensatoren verwendet.
74 W	Wegen seines hohen Schmelzpunktes wird **Wolfram** als Glühdraht in Glühlampen verwendet.
75 Re	Wegen seines hohen Schmelzpunktes wird **Rhenium** als Glühdraht in elektrischen Feuerzeugen verwendet.
76 Os	**Osmium** wird gerne als Platin-Legierungsbestandteil z. B. für Kompassnadeln verwendet.
77 Ir	Viele chirugische Geräte (z. B. Injektionsnadeln) bestehen aus **Iridium**legierungen.
78 Pt	Die Hohlräume des Autoabgaskatalysators sind oft mit **Platin** beschichtet. Dabei wirkt Platin als Katalysator.
79 Au	**Gold**barren
80 Hg	**Quecksilber** wird zur Füllung von vielen Flüssigkeitsthermometern verwendet.
81 Tl	**Thallium** ist sehr giftig und fruchtschädigend. Es wird daher in einem verschlossenen Gefäß aufbewahrt.
82 Pb	**Blei** bildet in Autobatterien die Anode.
83 Bi	**Bismut** wird als Schmelzdraht in Schmelzsicherungen verwendet.

Periodensystem der Elemente

mittlere Atommasse in u — 186,2
Ordnungszahl — 75 **Re** — Elementsymbol

Metalle / Halbmetalle / Nichtmetalle

fest / gasförmig / flüssig

Elementname — Rhenium

	I (1)	II (2)	III A (3)	IV A (4)	V A (5)	VI A (6)	VII A (7)	VIII A (8/9/1…	
1	1,0 1 **H** Wasserstoff								
2	6,9 3 **Li** Lithium	9,0 4 **Be** Beryllium							
3	23,0 11 **Na** Natrium	24,3 12 **Mg** Magnesium							
4	39,1 19 **K** Kalium	40,1 20 **Ca** Calcium	45,0 21 **Sc** Scandium	47,9 22 **Ti** Titan	50,9 23 **V** Vanadium	52,0 24 **Cr** Chrom	54,9 25 **Mn** Mangan	55,8 26 **Fe** Eisen	58,9 27 **Co** Cobalt
5	85,5 37 **Rb** Rubidium	87,6 38 **Sr** Strontium	88,9 39 **Y** Yttrium	91,2 40 **Zr** Zirconium	92,9 41 **Nb** Niob	95,9 42 **Mo** Molybdän	98 43 **Tc** 4,2·10⁶ a Technetium	101,1 44 **Ru** Ruthenium	102,9 45 **Rh** Rhodium
6	132,9 55 **Cs** Caesium	137,3 56 **Ba** Barium	57–71 Lanthanoide	178,5 72 **Hf** Hafnium	180,9 73 **Ta** Tantal	183,8 74 **W** Wolfram	186,2 75 **Re** Rhenium	190,2 76 **Os** Osmium	192,2 77 **Ir** Iridium
7	223 87 **Fr** 22 min Francium	226 88 **Ra** 1600 a Radium	89–103 Actinoide	261 104 **Rf** 78 s Rutherfordium	262 105 **Db** 34 s Dubnium	266 106 **Sg** 21 s Seaborgium	267 107 **Bh** 17 s Bohrium	269 108 **Hs** 9 s Hassium	268 109 **Mt** 70 m… Meitnerium

Lanthanoide	138,9 57 **La** Lanthan	140,1 58 **Ce** Cer	140,9 59 **Pr** Praseodym	144,2 60 **Nd** Neodym	145 61 **Pm** 17,7 a Promethium	150,4 62 **Sm** Samarium	152,0 63 **Eu** Europium
Actinoide	227 89 **Ac** 22 a Actinium	232 90 **Th** $1{,}4 \cdot 10^{10}$ a Thorium	231 91 **Pa** $3{,}3 \cdot 10^{4}$ a Protactinium	238 92 **U** $4{,}5 \cdot 10^{9}$ a Uran	237 93 **Np** $2{,}1 \cdot 10^{6}$ a Neptunium	244 94 **Pu** $8{,}0 \cdot 10^{7}$ a Plutonium	243 95 **Am** 7370 a Americium